普通高等教育“十三五”规划教材
暨智能制造领域人才培养规划教材

人工智能与计算智能及其应用

·本书获得武汉科技大学研究生教材专项基金资助·

主　编　李公法　陶　波　熊禾根
副主编　曾　飞　许　爽　黄　莉
　　　　蒋国璋　孙　瑛

华中科技大学出版社
中国·武汉

内容简介

本书分为4篇，共10章，内容包括：总论，主要介绍人工智能与计算智能概述；符号主义，主要介绍了知识表示、用搜索求解问题、专家系统、逻辑学的原理及其应用；机器学习与神经网络，主要介绍了机器学习和人工神经网络；计算智能，主要介绍了遗传算法、群集智能算法、记忆型搜索算法。为了方便读者理论联系实际，第2～10章后附有应用案例，以二维码形式链接。

本书可作为普通高校理工科研究生、本科生学习、了解人工智能的教材，也可供计算机及相关专业工程技术人员参考。

图书在版编目(CIP)数据

人工智能与计算智能及其应用/李公法，陶波，熊禾根主编. —武汉：华中科技大学出版社，2020.6(2023.7重印)
普通高等教育"十三五"规划教材暨智能制造领域人才培养规划教材
ISBN 978-7-5680-6081-3

Ⅰ.①人… Ⅱ.①李… ②陶… ③熊… Ⅲ.①人工智能-高等学校-教材 ②人工神经网络-计算-高等学校-教材 Ⅳ.①TP18

中国版本图书馆CIP数据核字(2020)第059398号

人工智能与计算智能及其应用
Rengong Zhineng yu Jisuan Zhineng ji Qi Yingyong

李公法　陶　波　熊禾根　主编

策划编辑：万亚军
责任编辑：邓　薇
封面设计：原色设计
责任监印：周治超
出版发行：华中科技大学出版社(中国·武汉)　电话：(027)81321913
武汉市东湖新技术开发区华工科技园　邮编：430223
录　　排：华中科技大学惠友文印中心
印　　刷：武汉邮科印务有限公司
开　　本：787mm×1097mm　1/16
印　　张：15
字　　数：381千字
版　　次：2023年7月第1版第3次印刷
定　　价：49.80元

本书若有印装质量问题，请向出版社营销中心调换
全国免费服务热线：400-6679-118　竭诚为您服务

前　言

人工智能作为研究机器智能和智能机器的一门综合性高技术学科，产生于20世纪50年代，曾经在20世纪末经历了一个轰轰烈烈的研究和发展时期，并且取得了不少令人鼓舞的成果。至今，它仍然是计算机科学中备受人们重视和非常具有吸引力的前沿学科，并不断衍生出很多新的研究方向。

计算智能属于现代人工智能的一个分支。由于人工智能内容体系复杂、庞大，且各个学派自身存在局限性，因此人工智能的应用发展非常缓慢，而在此基础上，计算智能发展了起来。计算智能是信息科学、生命科学、认知科学等不同学科相互交叉的产物，它在我们生活的许多领域有着广泛的应用，例如大规模复杂系统优化、科学技术与社会问题优化及控制，以及在计算机网络、机器人、仿生学、智能交通、城市规划等领域的应用。

使计算机程序具有智能、能够模拟人的思维和行为，一直是计算机科学工作者的理想和追求。尽管人工智能的发展道路崎岖不平，一直充满艰辛，但不畏艰难地从事人工智能研究的科学工作者们并没有放弃对这个理想的追求；尽管计算机科学其他分支的发展也非常迅猛，并不断涌现新的学科领域，但是当这些学科的发展进一步深化的时候，人们不会忘记这样一个共同的目标：要使计算机更加智能化。因此，不同知识背景和专业的人们都密切关注人工智能这门具有崭新思想和实用价值的综合性学科，并正在这个领域中发现某些新思想和新方法。

人工智能的研究范畴不只局限于计算机科学和技术，还涉及心理学、认知科学、思维科学、信息科学、系统科学和生物科学等多个学科，并利用这些学科知识来研究智能行为的基本理论和实现技术。目前，研究人员已在知识处理、模式识别、自然语言处理、博弈、自动定理证明、自动程序设计、专家系统、知识库、智能机器人、智能计算、数据挖掘和知识发现等多个领域取得了举世瞩目的成果，并且人工智能呈现出多元化的发展方向。近几年来，随着计算机网络，尤其是Internet的发展，多媒体、分布式人工智能和开放分布式环境下的多智体(multi-agent)及知识挖掘等计算机主流技术的兴起，使得人工智能研究更加活跃、发展更加成熟，并拓宽了其研究和应用的领域。

在看到人工智能与计算智能不断发展的同时，我们应该清楚地认识到探索“智力的形成”是人类面临的最困难、最复杂的课题之一。摆在人工智能学科面前的任务是极其艰巨和复杂的，这需要广大的计算机科学工作者不畏艰难，勇于探索，辛勤耕耘，共同开创人工智能发展的美好未来。

本书共4篇10章，主要由武汉科技大学机械自动化学院组织编写，参与编写的有：李公法(第8章及其应用案例)、陶波(第7章及其应用案例)、熊禾根(第9章及其应用案例)、曾飞(第3章及其应用案例)、许爽(第2章及其应用案例、第4章及其应用案例)、黄莉(第6章及其应用案例、第10章及其应用案例)、蒋国璋(第5章及其应用案例)、孙瑛(第1章及其应用案例)。本书由李公法、陶波、熊禾根担任主编。

本书结合一线教师们多年的教学经验，借鉴目前流行的同类教材，考虑未来人工智能的发展趋势进行编写，是一本综合性较强的教材，适合多种专业同类课程的学生使用。本书参考了许多较新的同类教材和文献，力求保持新颖性和实用性，强调基本概念和基本观点，注重理论和实际相结合，配备有大量辅助教学的演示及应用案例(见章后二维码链接)。

本书编者在编写本书时经过了漫长的总结经验和收集意见的过程，得到了多位教师和学生大量的帮助，在此向他们表示衷心的感谢。

由于水平所限，书中难免存在不足之处，恳请各位读者批评指正。

编者

2019 年 12 月

目录

第1篇 总 论

第2篇 符号主义

第3篇 机器学习与神经网络

第4篇 计算智能

第 1 篇

总　　论

第 1 章　人工智能与计算智能概述

1.1　人工智能与计算智能简介

1.1.1　人工智能简介

人工智能(artificial intelligence,AI)是研究、开发用于模拟、延伸和扩展人的智能的理论、方法、技术及应用系统的一门新的技术科学。从能力方面来说,人工智能是指相对于人的自然能力而言的,用人工的方法在机器(计算机)上实现的智能;从科学的角度来说,人工智能是一门研究如何构造智能机器或智能系统,使它能模拟、延伸和扩展人类智能的学科。从智能化水平看,人工智能大体可分为运算智能、感知智能和认知智能三个层次。

运算智能即快速计算和记忆存储能力,旨在协助存储和快速处理海量数据,是感知和认知的基础,以科学运算、逻辑处理、统计查询等形式化、规则化运算为核心。在这些方面,计算机早已超过人类,但如集合证明、数学符号证明一类的复杂逻辑推理,则仍需要人类直觉的辅助。

感知智能即视觉、听觉、触觉等感知能力,旨在让机器"看"懂与"听"懂,并据此辅助人类高效地完成"看"与"听"的相关工作,以图像理解、语音识别、语言翻译为代表。由于对深度学习方法的研究已取得突破和重大进展,因此感知智能开始逐步趋于实用,目前其水平已接近人类的水平。

认知智能即"能理解、会思考",旨在让机器学会主动思考及行动,以实现全面辅助或替代人类工作,以理解、推理和决策为代表,强调会思考、能决策等。因其综合性更强,更接近人类智能,故认知智能研究难度更大,长期以来进展一直比较缓慢。

人工智能是计算机科学的一个分支,它企图了解智能的实质,并生产出一种新的能以与人类智能相似的方式做出反应的智能机器,该领域的研究内容包括机器人、语音识别、图像识别、自然语言处理和专家系统等。人工智能自诞生以来,理论和技术日益成熟,应用领域也不断扩大,可以设想,未来人工智能带来的科技产品,将会是人类智慧的"容器"。人工智能可以对人的意识、思维等信息过程进行模拟。人工智能不是人的智能,但能像人一样思考,也可能超过人的智能。

人工智能是指通过研究使计算机来模拟人的某些思维过程和智能行为(如学习、推理、思考、规划等),并以此作为计算机实现智能的原理,制造类似于人脑的智能计算机,使计算机能实现更高层次的应用。人工智能涉及计算机科学、心理学、哲学和语言学等学科,可以说几乎涉及自然科学和社会科学的所有学科,其研究范围已远远超出了计算机科学的范畴。

人工智能与思维科学的关系是实践和理论的关系，人工智能处于思维科学的技术应用层次，是它的一个应用分支。从思维观点看，人工智能要取得突破性发展不仅需要逻辑思维，还要考虑形象思维、灵感思维。数学常被认为是多种学科的基础科学，应用于语言、思维领域，人工智能学科也必须借用数学工具。数学不仅在标准逻辑、非标准逻辑等范围发挥作用，同时也进入人工智能领域，它们将互相促进从而更快地发展。

1.1.2 计算智能简介

自计算机问世以来，人工智能一直是计算机科学家追求的目标之一。作为人工智能的一个重要领域，计算智能(computational intelligence，CI)因其智能性、并行性和健壮性，具有很好的自适应能力和很强的全局搜索能力，得到了众多研究者的广泛关注，目前计算智能已经在算法理论和算法性能方面取得了很多突破性的进展，并且已经被广泛应用于各种领域，在科学研究和生产实践中发挥着重要的作用。

计算智能是受到大自然智慧和人类智慧的启发而设计出的一类算法的统称。随着技术的进步，在科学研究和工程实践中遇到的问题变得越来越复杂，采用传统的计算方法来解决这些问题面临着计算复杂度高、计算时间长等问题，特别是对于一些 NP(non-deterministic polynomial)难问题，传统算法根本无法在可以忍受的时间内求出精确的解。因此，为了在求解时间和求解精度上取得平衡，计算机科学家提出了很多具有启发式特征的计算智能算法。这些算法或模仿生物界的进化过程，或模仿生物的生理构造和身体机能，或模仿动物的群体行为，或模仿人类的思维、语言和记忆过程，或模仿自然界的物理现象，希望通过模拟大自然和人类的智慧实现对问题的优化求解，即在可接受的时间内求解出可以接受的解。这些算法共同组成了计算智能优化算法。

计算智能是以生物进化的观点认识和模拟智能。按照这一观点，智能是在生物的遗传、变异、生长及外部环境的自然选择中产生的。在用进废退、优胜劣汰的过程中，适应度高的(头脑)结构被保存下来，智能水平也随之提高。因此说计算智能就是基于结构演化的智能。

计算智能的主要方法有人工神经网络、遗传算法、遗传程序、演化程序、局部搜索、模拟退火等。这些方法具有以下共同的要素：自适应的结构、随机产生的或指定的初始状态、适应度的评测函数、修改结构的操作、系统状态存储器、终止计算的条件、指示结果的方法、控制过程的参数。计算智能的这些方法具有自学习、自组织、自适应的特征，以及简单、通用、鲁棒性强、适于并行处理的优点，在并行搜索、联想记忆、模式识别、知识自动获取等方面得到了广泛的应用。

1.2 人工智能的不同学派

从 1956 年人工智能学科被正式提出算起，人工智能的研究发展已有 60 多年的历史。这期间，不同学科或学科背景的学者对人工智能形成了各自的理解，提出了不同的观点，由此产生了不同的学术流派。其中对人工智能研究影响较大的主要有符号主义、连接主义和行为主义三大学派。

1.2.1 符号主义

符号主义(Symbolism)是一种基于逻辑推理的智能模拟方法,又称为逻辑主义(Logicism)、心理学派(Psychlogism)或计算机学派(Computerism),其原理主要为物理符号系统假设和有限合理性原理。长期以来,符号主义一直在人工智能中处于主导地位。

符号主义学派认为人工智能源于数学逻辑。数学逻辑从19世纪末起就获得迅速发展,到20世纪30年代开始用于描述智能行为。计算机出现后,数学逻辑又在计算机上实现了逻辑演绎系统。符号主义学派认为人类认知和思维的基本单元是符号,而认知过程就是在符号表示上的一种运算。符号主义致力于用计算机的符号操作来模拟人的认知过程,其实质就是模拟人的左脑抽象逻辑思维,通过研究人类认知系统的功能机理,用某种符号来描述人类的认知过程,并把这种符号输入到能处理符号的计算机中,从而模拟人类的认知过程,实现人工智能。

符号主义学派的代表性成果是启发式程序LT逻辑理论家,它证明了38条数学定理,表明我们可以应用计算机研究人的思维过程,模拟人类智能活动。1956年,符号主义者首先采用"人工智能"这一术语,后来又先后发展了启发式算法、专家系统、知识工程理论与技术,这些算法、理论与技术在20世纪80年代取得很大发展。尤其是专家系统的成功开发与应用,对人工智能走向工程应用具有特别重要的意义。在其他的学派出现以后,符号主义仍然是人工智能的主流派。这个学派的研究者代表有纽厄尔、肖·西蒙和尼尔逊等。

1.2.2 连接主义

连接主义(Connectionism)又称为仿生学派(Bionicsism)或生理学派(Physiologism),是一种连接基于神经网络及网络间的连接机制与学习算法的智能模拟方法,其原理主要为神经网络和神经网络间的连接机制及学习算法。这一学派认为人工智能源于仿生学,特别是对人脑模型的研究。

连接主义学派从神经生理学和认知科学的研究成果出发,把人的智能归结为人脑的高层活动的结果,强调智能活动是由大量简单的单元通过复杂的相互连接后并行运行的结果。其中人工神经网络就是典型代表性技术。

连接主义学派认为神经元不仅是大脑神经系统的基本单元,而且是行为反应的基本单元;思维过程是神经元的连接活动过程,而不是符号运算过程。该派学者对物理符号系统假设持反对意见,他们认为任何思维和认知功能都不是少数神经元决定的,而是通过大量突触相互动态联系着的众多神经元协同作用来完成的。

实质上,这种基于神经网络的智能模拟方法就是以借助工程技术手段来模拟人脑神经系统的结构和功能为特征,通过大量的非线性并行处理器来模拟人脑中众多的神经元,用处理器的复杂连接关系来模拟人脑中众多神经元之间的突触行为。这种方法在一定程度上实现了人脑形象思维的功能,即实现了人的右脑形象抽象思维功能的模拟。

连接主义的代表性成果是1943年由生理学家麦卡洛克(McCulloch)和皮茨(Pitts)创立的脑模型,即MP模型。他们总结了神经元的一些基本生理特性,提出神经元形式化的数学描述和网络的结构方法,从此开创了神经计算的时代,为人工智能创造了一条用电子装置模仿人脑结构和功能的新途径。1982年,美国物理学家霍普菲尔特(Hopfield)教授提出了离散的神经网络模型；1984 年，他又提出了连续的神经网络模型，使神经网络可以用电子线路来仿真，开拓了神经网络用于计算机的新途径。1986 年，鲁梅尔哈特（Rumelhart）等人提出了多层网络中的反向传播（BP）算法，使多层感知器的理论模型有所突破。同时，由于许多科学家加入人工神经网络的理论与技术研究中，这一技术在图像处理、模式识别等领域取得了重要的突破，为实现连接主义的智能模拟创造了条件。

1.2.3 行为主义

行为主义又称进化主义（Evolutionism）或控制论学派（Cyberneticsism），是一种基于"感知—行动"的行为智能模拟方法。

行为主义最早来源于 20 世纪初的一个心理学流派。行为主义学派认为行为是有机体用以适应环境变化的各种身体反应的组合，它的理论目标在于预见和控制行为。维纳和麦洛克等人提出的控制论和自组织系统，以及钱学森等人提出的工程控制论和生物控制论，影响了许多领域。控制论把神经系统的工作原理与信息理论、控制理论、逻辑及计算机联系起来，早期的研究工作重点是模拟人在控制过程中的智能行为和作用，对自寻优、自适应、自校正、自镇定、自组织和自学习等控制论系统进行研究，并进行"控制动物"的研制。到 20 世纪 60—70 年代，上述这些控制论系统的研究取得一定进展，并在 80 年代诞生了智能控制和智能机器人系统。

目前，行为主义人工智能的研究已经迅速发展起来，并取得了很多令人瞩目的成果。它所采用的结构上动作分解方法、分布并行的处理方法，以及由底至上的求解方法已成为人工智能领域中新的研究热点。

人工智能研究进程中的这三大学派推动了人工智能的发展。就人工智能三大学派的历史发展来看，符号主义学派认为认知过程在本体上就是一种符号处理过程，人类思维过程总可以用某种符号来进行描述，其研究是以静态、顺序、串行的数字计算模型来处理智能，寻求知识的符号表征和计算，它的特点是自上而下。而连接主义学派则是模拟发生在人类神经系统中的认知过程，提供一种完全不同于符号处理模型的认知神经研究范式，主张认知是相互连接的神经元的相互作用。行为主义学派与前两者均不相同，认为智能是系统与环境的交互行为，是对外界复杂环境的一种适应。这些理论与研究范式在实践之中都形成了自己特有的问题解决方法体系，并在不同时期都有成功的实践范例。就解决问题而言，符号主义有从定理机器证明、归结方法到非单调推理理论等一系列成就；而连接主义有归纳学习；行为主义有反馈控制模式及广义遗传算法等解题方法。这三大学派在人工智能的发展中始终保持着一种经验积累及实践选择的证伪状态。

1.3 人工智能与计算智能的发展历史

1.3.1 人工智能的发展历史

人工智能领域的研究是从 1956 年正式开始的，这一年在达特茅斯学院召开的会议上正式使用了"人工智能"这个术语，从此以后，研究者们发展了众多理论和原理，人工智能的概念也随之扩展。随后的几十年中，人们从问题求解、逻辑推理与定理证明、自然语言理解、博弈、自动程序设计、专家系统、学习及机器人学等多个角度展开了研究，已经建立了一些具有不同程度人工智能的计算机系统，例如能够求解微分方程、设计分析集成电路、合成人类自然语言的计算机系统；又如进行情报检索，提供语音识别、手写体字体识别的多模式接口，应用于疾病诊断的专家系统，以及太空飞行器和水下机器人的控制系统等。

人工智能术语从正式提出，并作为一个学科的名称使用至今有 60 余年的历史。其产生与发展的过程大致可分为萌芽期、形成期、发展期、起伏期和创新发展期五个阶段。

1. 萌芽期(1956 年以前)

自古以来，人类就力图根据认识水平和当时的技术条件，用机器来代替人的部分脑力劳动，以提高征服自然的能力。公元 850 年，古希腊就有制造机器人以帮助人们劳动的神话传说；在我国公元前 900 多年，也有歌舞机器人传说的记载，这说明古代人就有人工智能的幻想。

随着历史的发展，到 12 世纪末至 13 世纪初，西班牙的神学家和逻辑学家 Romen Luee 试图制造能解决各种问题的通用逻辑机。17 世纪，法国物理学家和数学家 B. Pascal 制成了世界上第一台会演讲的机械加法器并获得实际应用。随后，德国数学家和哲学家 Leibniz 在这台加法器的基础上发展并制成了进行全部四则运算的计算器。他还提出了逻辑机的设计思想，即通过符号体系，对对象的特征进行推理，这种“万能符号”和“推理计算”的思想是现代化“思考”机器的萌芽，因而他曾被后人誉为数理逻辑的第一个奠基人。19 世纪，英国数学家和力学家 Babbage 致力于差分机和分析机的研究，虽因条件限制未能完全实现，但其设计思想不愧为当时人工智能最高成就。

进入 20 世纪后，人工智能研究领域相继出现若干开创性的工作。1936 年，年仅 24 岁的英国数学家图灵(Turing)在他的一篇《理想计算机》的论文中，就提出了著名的图灵机模型，1945 年他进一步论述了电子数字计算机设计思想，1950 年他又在《计算机能思考吗?》(*Can Machines Think?*)一文中提出了机器能够思维的论述，可以说这些都是图灵为人工智能所做的杰出贡献。1938 年，德国青年工程师 Zuse 研制出了第一台累计数字计算机 Z-1，后来又对它进行了改进，到 1945 年他又发明了 Planka. kel 程序语言。此外，1946 年美国科学家 Mauchly 等人制成了世界上第一台电子数字计算机 ENIAC。还有同一时代美国数学家 Wiener 控制论的创立，美国数学家 Shannon 信息论的创立，英国生物学家 Ashby 所设计的“脑”等，这一切都为人工智能学科的诞生做出了理论和实验工具方面的巨大贡献。

2. 形成期(1956—1961)

1956 年在美国的达特茅斯学院的一次历史性的聚会被认为是人工智能学科正式诞生的标志，从此在美国开始形成了以人工智能为研究目标的几个研究组：如 Newell 和 Simon 的 Carnegie-RAND 协作组；Samuel 和 Gelernter 的 IBM 公司工程课题研究组；Minsky 和 McCarthy 的 MIT 研究组等。

1957 年，Newell、Shaw 和 Simon 等人的心理学小组编制出了一个称为逻辑理论机 LT(the logic theory machine)的数学定理证明程序，当时该程序证明了 Russell 和 Whitehead 的《数学原理》一书第二章中的 38 个定理(1963 年修订的程序在大机器上终于证完了该章中的全部 52 个定理)。后来他们又揭示了人在解题时的思维过程大致可归结为三个阶段：

先想出大致的解题计划；根据记忆中的公理、定理和推理规则组织解题过程；进行方法和目的的分析，修正解题计划。

不仅解数学题时如此思考，解决其他问题时思维活动也大致如此。基于这一思想，他们于1960年又编制了能解十种不同类型课题的通用问题求解程序GPS(general problem solving)。另外他们还发明了编程的表面处理技术和NSS国际象棋机。和这些工作有联系的Newell关于自适应象棋机的论文、Simon关于问题求解与决策过程中合理选择和环境影响的行为理论的论文，也是当时信息处理研究方面的巨大成就。后来他们的学生还做了许多工作，如人的口语学习和记忆的EPAM模型(1959年)、早期自然语言理解程序SAD-SAM等。此外他们还对启发式求解方法进行了探讨。

1956年Samuel研究的具有自学习、自组织、自适应能力的西洋跳棋程序是IBM公司工程课题研究组重要的课题，这个程序可以像一个优秀棋手那样，向前预测几步来下棋。它还能学习棋谱，在分析大约175000幅不同棋局后，可猜测出书上所有推荐的走步，准确度达48%，这是机器模拟人类学习过程卓有成就的探索。1959年这个程序曾战胜设计者本人，1962年还击败了美国某州的跳棋大师。

在MIT小组，McCarthy于1959年发明的表(符号)处理语言LISP，成为人工智能程序设计的主要语言，至今仍被广泛采用。1958年McCarthy建立的行动计划咨询系统，以及1960年Minsky的论文《走向人工智能的步骤》，对人工智能的发展都起了积极的推动作用。

此外，1956年Chomsky的文法体系，1958年Selfridge等人的模式识别系统程序等，都对人工智能的研究产生有益的影响。这些早期成果，充分表明人工智能作为一门新兴学科正在茁壮成长。

3. 发展期(1961年以后)

20世纪60年代以来，人工智能的研究活动越来越受到重视。为了揭示智能的有关原理，研究者们相继对问题求解、博弈、定理证明、程序设计、机器视觉、自然语言理解等领域的课题进行了深入的研究。几十年来研究者们不仅使研究课题有所扩展和深入，而且还逐渐搞清了这些课题共同的基本核心问题，以及它们和其他学科间的相互关系。1974年，Nillson对人工智能发展时期的一些工作写过一篇综述论文，他把人工智能的研究归纳为四个核心课题和八个应用课题，并分别对它们进行了论述。

这一时期中，某些课题的研究中曾出现一些较有代表性的工作。1965年，Robinson提出了归结(消解)原理，推动了自动定理证明这一课题的发展。20世纪70年代初，Winograd、Schank和Simmon等人在自然语言理解方面做了许多发展工作，较重要的成就是Winograd提出的积木世界中理解自然语言的程序。关于知识表示技术，代表性的成果有：Green(1996年)的一阶谓词演算语句，Quillian(1996年)的语义记忆的网络结构，Minsky(1974年)的框架系统的分层组织结构，Simmon(1973年)等人的语义网结构，Schank(1972年)的概念网结构等。自1965年DENDRAL系统研制以来，专家系统一直受到人们的重视，这是人工智能走向实际应用最引人注目的课题。1977年，Feigenbaum提出了知识工程(knowledge engineering)的研究方向，引导了专家系统和知识库系统更深入的研究和开发工作。此外，智能机器人、自然语言理解和自动程序设计等课题，也是这一时期较集中的研究课题，也取得了不少成果。

从20世纪80年代中期开始，经历了10多年的低潮之后，人工神经网络的有关研究取得了突破性的进展。1982 年,生物物理学家 Hopfield 提出了一种新的全互联的神经元网络模型,被称为 Hopfield 模型。该模型的能量单调下降特性,可用于求解优化问题的近似计算。1985 年,Hopfield 利用这种模型成功地求解了“旅行商(TSP)”问题。1986 年,Rumelhart 提出了反向传播(back propagation,BP)学习算法,解决了多层人工神经元网络的学习问题,成为广泛应用的神经元网络学习算法。从此,掀起了新的人工神经元网络的研究热潮,很多新的神经元网络模型被提出,并被广泛应用于模式识别、故障诊断、预测和智能控制等多个领域。

这一时期学术交流的发展对人工智能的研究有很大的推动作用。1969 年国际人工智能联合会成立,并举行第一次学术会议 IJCAI(International Joint Conference on Artificial Intelligence)-69,该会议随后每两年召开一次(自 2015 年起改为每年召开一次)。随着人工智能研究的发展,1974 年,欧洲人工智能学会成立,并召开了第一次会议 ECAI(European Conference on Artificial Intelligence),该会议随后也是每两年召开一次。此外许多国家也都有本国的人工智能学术团体。在人工智能刊物方面,1970 年,*Artificial Intelligence* 国际性期刊被创办;爱丁堡大学还不定期出版 *Machine Intelligence* 杂志;还有 IJCAI 会议文集,ECAI 会议论文集等被出版。此外,ACM、AFIPS 和 IEEE 等刊物也刊载了人工智能方面的论著。

美国是人工智能的发源地,随着人工智能的发展,世界各国有关学者也都相继加入这一行列,英国在 20 世纪 60 年代就起步人工智能的研究,到 20 世纪 70 年代,在爱丁堡大学还成立了“人工智能”系。日本和西欧一些国家对人工智能的研究虽起步较晚,但发展都较快。我国是 1978 年才开始人工智能课题的研究,主要在定理证明、汉语自然语言理解、机器人及专家系统方面设立课题,并取得一些初步成果。我国也先后成立中国人工智能学会、中国计算机学会人工智能与模式识别专业委员会、中国自动化学会模式识别与机器智能专业委员会等学术团体,以开展这方面的学术交流。此外,我国还着手新建了若干个与人工智能研究有关的国家重点实验室,这些都促进了我国人工智能的研究,为这一学科的发展作出贡献。

4. 起伏期

1980 年,卡内基梅隆大学为数字设备公司设计了一套名为 XCON 的专家系统。这是一种采用人工智能程序的系统,可以简单地理解为“知识库+推理机”的组合,即 XCON 是一套具有完整专业知识和经验的计算机智能系统。这套系统在 1986 年之前能为公司每年节省下来超过 4000 美元经费。有了这种商业模式后,衍生出了像 Symbolics、Lisp Machines 等硬件和 IntelliCorp 等软件公司。在这个时期,仅专家系统产业的价值就高达 5 亿美元。

然而,命运的车轮再一次碾过人工智能,让其回到原点。仅仅在维持了 7 年之后,XCON 这个曾经轰动一时的人工智能系统就宣告结束其历史进程。到 1987 年时,苹果和 IBM 公司生产的台式机性能都超过了 Symbolics 等厂商生产的通用计算机。从此,专家系统“风光不再”。

人工智能再次崛起:20 世纪 90 年代中期开始,随着 AI 技术尤其是神经网络技术的逐步发展,以及人们对 AI 开始抱有客观理性的认知,人工智能技术开始进入平稳发展时期。1997 年 5 月 5 日,IBM 公司研制的计算机系统“深蓝”战胜了国际象棋世界冠军卡斯帕罗夫,又一次在公众领域引发了现象级的 AI 话题讨论,这是人工智能发展的一个重要里程碑事件。

2006 年，Hinton 在神经网络的深度学习领域取得突破，使人类又一次看到机器赶超人类的希望，这也是标志性的技术进步。

5. 创新发展期

2011 年，IBM 公司开发的人工智能程序“沃森”（Watson）参加了一档智力问答节目并战胜了两位人类冠军。沃森存储了 2 亿页数据，能够将与问题相关的关键词从看似相关的答案中抽取出来。这一人工智能程序已被 IBM 公司广泛应用于医疗诊断领域。

2016 到 2017 年，Google 的 AlphaGo 赢了韩国棋手李世石，再度引发 AI 热潮。AlphaGo 是由 Google DeepMind 开发的人工智能围棋程序，具有自我学习能力。它能够搜集大量围棋对弈数据和名人棋谱，学习并模仿人类下棋。此外，Google DeepMind 已进军医疗保健等领域。

2017 年，深度学习大热。AlphaGoZero（第四代 AlphaGo）在无任何数据输入的情况下，开始自学围棋 3 天后便以 100：0 横扫了第二版本的“旧狗”，学习 40 天后又战胜了在人类高手看来不可企及的第三个版本“大师”。

人工智能的发展潜力巨大，技术的发展总是超乎人们的想象，要准确地预测人工智能的未来是不可能的。人工智能作为一个整体的研究才刚刚开始，离我们的目标还很遥远，但人工智能在自动推理、机器学习、自然语言处理等方面将会有大的突破。时至今日，人工智能的发展日新月异，此刻 AI 已经走出实验室，离开棋盘，已通过智能客服、智能医生、智能家电等服务场景在诸多行业进行深入而广泛的应用。可以说，AI 正在全面进入我们的日常生活，属于未来的力量正席卷而来。

1.3.2 计算智能的发展历史

计算智能起步于 20 世纪 50 年代，以著名的“图灵测试”为标志，经过半个多世纪的发展，在世界范围内引起了巨大的关注。有研究根据其重要算法的提出与完善历程，将计算智能的研究大致归为三个发展阶段。

1950—1969 年为起步阶段，在这个阶段，计算智能的基本算法如遗传算法、进化策略、进化规划、神经网络感知器、模糊逻辑理论被率先提出。

1970—1989 年为发展阶段，这个阶段中，遗传算法、进化策略等理论基础不断完善，算法之间的区别越来越不明显。模拟退化算法和禁忌搜索算法的提出提供了新的优化手段；前馈型神经网络结构和后向传播学习算法的提出，将神经网络的研究推向一个新的高度。

1990 年之后为继续发展阶段，在这个阶段，各种算法不断更新。蚁群算法的提出为解决离散组合优化问题提供了重要工具；粒子群优化算法在连续优化问题上得到了广泛应用。

计算智能的自身性能和应用范围在不断拓展和提升。基于理解差异，计算智能领域的研究受到逻辑主义、行为主义和连接主义三大学派的影响。

1.4 人工智能与计算智能的应用领域

人工智能的知识领域广阔，很难面面俱到，但是各个领域的思想和方法有许多可以互相借鉴的地方。随着人工智能理论研究的发展和成熟，人工智能的应用领域更为宽广，应用效果更为显著。从应用的角度看，人工智能的研究主要集中在以下几个方面。

1. 在管理系统中的应用

人工智能应用于企业管理的意义不在于提高效率，而是用计算机实现人们非常需要做，但工业工程信息却做不了或很难做到的事。

智能教学系统(ITS)是人工智能与教育结合的主要形式。也是今后教学系统的发展方向。信息技术的飞速发展和新的教学体系开发模式的提出及不断完善，推动人们综合运用媒体技术、网络技术和人工智能技术开发新的教学体系。计算机智能教学体系就是其中的代表。

2. 在工程领域中的应用

医学专家系统是人工智能与专家系统理论和技术在医学领域中的重要应用，具有极大的科研价值和应用价值，它可以帮助医生解决复杂的医学问题，作为医生诊断、治疗的辅助工具。目前，医学智能专家系统通过其在医学影像方面的重要应用，将其应用在其他医学领域中，并将其不断完善和发展。

地质勘探、石油化工等领域也是人工智能发挥主要作用的领地。

3. 在技术研究中的应用

在超声无损检测(NDT)技术和无损评价(NDE)领域中，目前，主要采用专家系统对超声损伤中缺陷的性质、形状、大小进行判断和分类。

人工智能在电子技术领域的应用可谓由来已久。随着网络的迅速发展，网络技术的安全是关注的重点。因此，必须在传统技术的基础上进行技术的改进和变更，大力发展数据控制技术和人工免疫技术等高效的人工智能技术，以及开发更高级的AI通用和专用语言。

人工智能领域未来将越来越集中关注人类意识系统的开发，主要包括以下几个应用领域。

(1) 计算机视觉。用摄影机和计算机代替人眼对目标进行识别、跟踪和测量等，并进一步做图像处理，使结果成为更适合人眼观察或传送给仪器检测的图像。计算机视觉技术运用由图像处理操作及机器学习等技术所组成的序列，将图像分析任务分解为便于管理的小块任务。

(2) 机器学习。机器学习是指计算机模拟人类的学习活动，通过对已有的案例进行学习，借助归纳和总结的方法，对本身的能力加强或改进，使机器获得新知识和新技能，以达到在下一次执行相同或类似任务时，比现在做得更好或效率更高的目的。机器学习是从数据中自动发现模式，模式一旦被发现便可以做预测，处理的数据越多，预测也会越准确。目前颇受瞩目的AlphaGo深度学习就是集中于深层神经网络的机器学习的分支之一。

(3) 文本语言处理。对自然语言文本的处理是指计算机拥有与人类类似的对文本进行处理的能力。例如从文本中提炼出核心信息——计算机可从自然语言写成的文本中自主解读出含义，做到对文本的“理解”；又如自动识别文档中被提及的人物、地点等，或将合同中的条款提取出来制作成表。

(4) 自然语言处理。通过建立语言模型预测语言表达的概率分布，确定某一串给定字符或单词表达某一特定语义的最大可能性。选定的特征可以与文中某些元素结合以识别文字，通过识别这些元素，将某类文字同其他文字区分开，例如区分垃圾邮件和正常邮件。

（5）机器人技术。即机器＋人工智能，将机器视觉、自动规划等认知技术整合至极小却高性能的传感器制动器及设计巧妙的硬件中，使机器人具有与人类一起工作的能力，能在各种未知环境中灵活处理不同任务。近年来，随着算法等核心技术的提升，机器人技术已取得重要突破。

（6）生物识别技术。生物识别可融合计算机、光学、声学、生物传感器、生物统计学等方面的知识，利用人体固有的身体特性如指纹、人脸、虹膜、静脉、声音、步态等进行个人身份鉴定，最初应用于司法鉴定。近年来，随着暴恐、偷盗等各种危害社会治安的事件逐渐增多，对体征形态的数据进行采集、比对、分析的需求愈加迫切，生物识别技术由此迎来发展良机。

目前，计算智能算法在国内外得到广泛的关注，已经成为人工智能及计算机科学的重要研究方向。计算智能还处于不断发展和完善的过程，目前还没有牢固的数学基础，国内外众多研究者也是在不断的探索中前进。计算智能技术在自身性能的提高和应用范围的拓展中不断完善。对于计算智能的研究、发展与应用，无论是研究队伍的规模、发表的论文数量，还是网上的信息资源，发展速度都很快，已经得到了国际学术界的广泛认可，并且在优化计算、模式识别、图像处理、自动控制、经济管理、机械工程、电气工程、通信网络和生物医学等多个领域取得了成功的应用，应用领域涉及国防、科技、经济、工业和农业等各个方面。

第 2 篇

符 号 主 义

第2章 知识表示

"知识就是力量"这句名言在人工智能领域中能够得到很好的体现。人工智能的求解是以知识为基础的，一个程序具备的知识越多，它的求解能力就越强，所以知识表示是人工智能研究的一个重要课题。

2.1 知识和知识表示的概念

2.1.1 知识的含义

知识是人类在实践中认识客观世界（包括人类自身）的、具有规律的、经过加工的信息，包括事实、信念和规则。知识一般可分为陈述性知识、过程性知识和控制性知识。

1. 陈述性知识

陈述性知识，也称为描述性知识，是描述客观事物的特点及其关系的知识。陈述性知识主要包括三个层次：符号表征、概念和命题。

符号表征是最简单的陈述性知识。所谓符号表征，是指代表一定事物的符号。例如，数学中的数字，化学元素的符号、物理公式中的符号等都是符号表征。

概念是对一类事物本质特征的反映，是较为复杂的陈述性知识。

命题是指一个陈述的语义，是对事物之间关系的陈述。我们把用语言、符号或式子表达的，可以判断真假的陈述句叫作命题。其中判断为真的语句叫作真命题，判断为假的语句叫作假命题。例如，"北京是中国的首都"就是真命题。

2. 过程性知识

过程性知识，也称为程序性知识，是关于问题求解的操作步骤和过程的知识。这类知识主要用来解决"做什么""如何做"的问题，可用来进行操作和实践。

过程性知识与陈述性知识的区别主要表现在以下几个方面。

(1) 陈述性知识是"是什么"的知识，以命题及其命题网络来表征；过程性知识是"怎样做"的知识，以产生式来表征。

(2) 陈述性知识是一种静态的知识，它的激活是输入信息的再现；而过程性知识是一种动态的知识，它的激活是信息的变形和操作。

(3) 陈述性知识激活的速度比较慢，是一个有意的过程，需要学习者对有关事实进行再认或再现；而过程性知识激活的速度很快，是一种自动化的信息变形活动。

3. 控制性知识

控制性知识，也称为控制策略，是有关各种处理过程的策略和结构的知识，用于选择问题求解的方法和技巧，协调整个问题求解的过程。

从计算机程序组织来看，一般智能系统可以看作三级结构，即数据级、知识库级和控制级。数据级是关于求解的特殊问题及其当前状态的陈述性知识。知识库级是具体领域问题求解的知识，它常常是一种过程，说明怎样操纵数据来达到问题求解，反映动作的过程。控制级是过程性知识的控制策略，相应于控制性知识或元知识。

2.1.2 知识表示的含义

知识表示研究用机器表示知识的可行的、有效的、通用的原则和方法，即把人类知识形式转化为机器能处理的数据结构，是一组对知识的描述和约定。

自然语言是人类进行思维活动的主要信息载体，可以理解为人类的知识表示。将自然语言所承载的知识输入到计算机一般先经过对实际问题建模的过程，然后基于建立的模型实现面向机器的符号表示——一种数据结构，这种数据结构就是知识表示问题。计算机对这种符号进行处理后，形成原问题的解，再经过模型还原，最后得到基于自然语言（包括图形、图像等）表示的问题解决方案。其处理过程如图 2.1 简要表示。

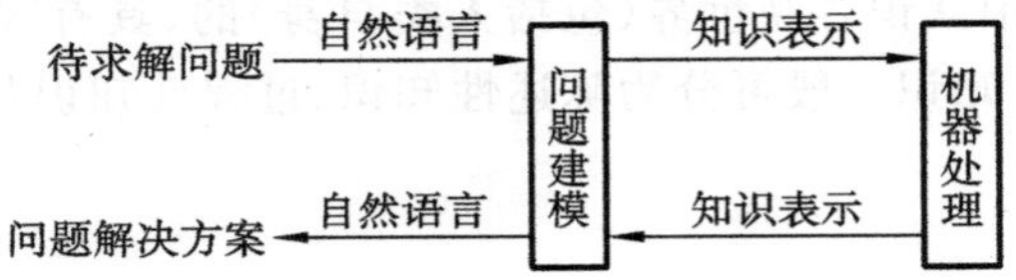

图 2.1　基于知识问题求解的一般处理过程

知识表示方法可分为陈述性知识表示法、过程性知识表示法、符号表示法和连接机制表示法。

陈述性知识表示法：将知识表示与知识的运用分开处理，在表示知识时，并不涉及如何运用知识的问题，是一种静态的描述方法。

过程性知识表示法：将知识表示与知识运用相结合，知识寓于程序中，是一种动态的描述方法。

符号表示法：用各种包含具体含义的符号，以各种不同的方式和次序组合起来表示知识。

连接机制表示法：用神经网络技术表示知识的一种方法。该方法把各种物理对象以不同的方式和次序连接起来，并在其间互相传递及加工各种包含具体含义的信息，以此来表示相关的概念和知识。

对于同一知识，一般都可以用多种方法进行表示，但不同的方法对同一知识的表示效果是不一样的，因为不同领域中的知识一般都有不同的特点，影响的因素也很多，而每一种表示方法也都有各自的长处和不足，因而，有些领域的知识可能采用这种方法表示比较合适，而有些领域知识可能采用另一种表示方法比较合适，有时还需要把几种表示方法结合起来，作为一个整体来表示知识，达到取长补短的效果。

2.1.3 影响知识表示方法选择的因素

一般来说，在选择知识表示方法时，应对以下几个方面进行考虑。

1. 充分表示领域知识

确定一个知识表示方法时，首先应考虑的是它能否充分地表示我们所要解决的问题所在领域的知识。为此，需要深入地了解领域知识的特点及每一种表示方法的特征，以便做到“对症下药”。例如，在医疗诊断领域中，其知识一般具有经验性、因果性的特点，适合用产生式表示法进行表示；而在设计类(如机械产品设计)领域中，由于一个部件一般由多个子部件表示，部件与子部件既有相同的属性又有不同的属性，即它们既有共性又有个性，因而在进行知识表示时，应该把这个特点反映出来，此时单用产生式表示法来表示就不能反映出知识间的这种结构关系，这就需要把框架表示法与产生式表示法结合起来。

2. 有利于对知识的利用

知识的表示与知识的利用是密切相关的两个方面。“表示”的作用是将领域中相关知识形式化并用适当的内部形式存储到计算机中，而“利用”是使用这些知识进行推理、求解现实问题。“表示”的目的是“利用”，而“利用”的基础是“表示”。

3. 便于对知识的获取、组织、维护和管理

组织依赖于知识的表示方法，维护即对知识的质量、数量、性能方面进行补充、修改和删除，管理是为了保证知识的一致性、完整性。

4. 便于理解与实现

在选择知识表示方法时，应考虑其是否便于理解与实现，应选择大家普遍采用的表示法。目前用得较多的知识表示方法主要有：状态空间表示法、一阶谓词逻辑表示法、语义网络表示法、框架表示法、产生式表示法、脚本表示法、过程表示法、Petri 网表示法、面向对象表示法等。

2.2 状态空间表示法

状态空间表示法是知识表示的基本方法之一，是对问题求解框架的一种图形表示。状态空间表示法把求解的问题表示成问题状态、操作、约束、初始状态和目标状态。求解一个问题就是从初始状态出发，不断应用可用的操作，在满足约束的条件下达到目标状态。例如下棋、走迷宫及玩各种游戏。下棋时，棋子的排布情况为初始状态，走的每一步为操作符，每走一步，棋局都会发生变化，棋子理想的最终排布情况为目标状态。问题的求解过程可以看成问题状态在状态空间的移动。在这种表示形式下，问题的求解过程就是在图中搜索操作序列的过程，控制性知识体现在搜索策略中。

2.2.1 状态空间的构成

1. 状态

状态(state)描述陈述性知识,描述一个问题在开始、结束或中间的某一时刻所处的状况或状态,通常表示为

$$Q=\{q_1,q_2,\cdots,q_n\}$$

给定每个分量以确定的一组值时,就得到一个具体的状态,每一个状态都是一个节点,表示问题解法中每一步问题状况的数据结构。

2. 算符

算符(operator),也称操作,是对应过程性知识,即状态转换规则,把问题从一种状态变化为另一种状态的手段。操作可以是一个机械步骤、一个运算、一条规则或一个过程。操作可理解为状态集合上的一个函数,它描述了状态之间的关系。通常表示为

$$F=\{f_1,f_2,\cdots,f_n\}$$

3. 问题的状态空间

状态空间(state space)是由问题的全部及一切可用算符(操作)所构成的集合,它包含三种说明的集合,即所有可能的问题初始状态集合 S、操作集合 F 及目标状态集合 G。可将状态空间记为三元状态 $(S、F、G)$。

4. 问题的解

求解一个问题即从问题的初始状态集 S 出发,经过一系列的算符运算,到达目标状态。由初始状态到目标状态所用算符的序列就构成了问题的解。

2.2.2 状态空间图

状态空间的图示形式称为状态空间图,其中的相关术语如下。

(1) 节点(node):图形上的汇合点,用来表示状态、事件和时间关系的汇合。

(2) 弧线(arc):节点间的连接线,表示算符。

(3) 有向图(directed graph):一对节点用弧线连接起来,从一个节点指向另一个节点。

(4) 后继节点(descendant node)与父辈节点(parent node):如果某条弧线从节点 n_i 指向节点 n_j,那么节点 n_j 就叫作节点 n_i 的后继节点或后裔,而节点 n_i 叫作节点 n_j 的父辈节点或祖先。

(5) 路径(path):某个节点序列$(n_{i1},n_{i2},\cdots n_{ij},\cdots,n_{ik})$,当 $j=2,3,\cdots,k$ 时,如果对于每一个 $n_{i(j-1)}$ 都有一个后继节点存在,那么就把这个节点序列叫作从节点 n_{i1} 至节点 n_{ik} 的长度为 k 的路径。

(6) 代价(cost):给各弧线指定数值以表示加在相应算符上的代价。

(7) 图的显式/隐式说明:各节点及其具有代价的弧线可以/不可以由一张表明确给出。显然,显式说明对于大型的图是不实际的,而对于具有无限节点集合的图则是不可能的。

那么,状态空间表示法即从某个初始状态开始,每次加一个操作符,递增地建立起操作符的实验序列,直到达到目标状态为止。可将图搜索策略看成一种在图中寻找路径的方法,初始节点和目标节点分别代表初始数据库和满足终止条件的目标数据库。求得将一个数据库变换为另一个数据库的规则序列问题就等价于求得图中的一条路径问题。

2.2.3 利用状态空间表示法求解的具体思路和步骤

(1) 给出状态的描述方式,特别是初始状态描述。

(2) 明确操作符集合及其对状态描述的作用。

(3) 得出目标状态描述的特性。

(4) 估计全部状态空间数,并尽可能列出全部状态空间或予以描述。

(5) 当状态数量不是很大时,按问题的有序元组画出状态空间图,依照状态空间图搜索求解。

2.3 一阶谓词逻辑表示法

2.3.1 谓词逻辑

逻辑在知识的形式化表示和机器自动定理证明方面发挥了重要的作用,其中最常用的逻辑是谓词逻辑,命题逻辑可以看作谓词逻辑的一种特殊形式。谓词逻辑严格地按照相关领域的特定规则,以符号串形式描述该领域有关客体,这样的表达式能够把逻辑论证符号化,并用于证明定理、问题求解。

1. 命题

命题是具有真假意义的语句。

命题逻辑就是研究命题与命题之间关系的符号逻辑系统。通常用大写字母 P、Q、R、T 等来表示命题。如

P:今天天气好

P 就是表示"今天天气好"这个命题。表示命题的符号称为命题标识符,上例中 P 就是命题标志符。如果一个命题标识符表示确定的命题,就称为命题常量;如果命题标识符只表示任意命题的位置标志,就称为命题变元。因为命题变元可以表示任意命题,所以它不能确定真值,故命题变元不是命题。当命题变元 P 用一个特定的命题取代时,P 才能确定真值,这时也称对 P 进行指派。当命题变元表示原子命题时,该变元称为原子变元。

用命题逻辑可以表示简单的逻辑关系和推理。例如,用 R 表示"今天天气好",用 S 表示"去旅游",则命题公式"$R \rightarrow S$"表示"如果今天天气好,就去旅游",即如果前提条件 R"今天天气好"成立,则可以得到结论 S"去旅游"。

命题逻辑的表示方法非常简单,但具有一定的局限性,只能表示由事实组成的世界,无法表示不同对象的相同特征。在谓词逻辑中,命题是用谓词来表示的。谓词形式为 $P(x_1, x_2, \cdots, x_n)$,其中 P 是谓词符号,表示个体的属性、状态或关系;$x_1, x_2, \cdots, x_n$ 称为谓词的参

量或项，通常表示个体对象。有 n 个参量的谓词称为 n 元谓词。例如，Student(x)是一元谓词，表示"x 是学生"；Less(x,y)是二元谓词，表示"x 小于 y"。一般一元谓词表达了个体的性质，而多元谓词表达了个体之间的关系。

若谓词中的个体都为常量、变量或函数，则称它为一阶谓词；更进一步，如果谓词 P 中某个个体本身是一阶谓词，则称 P 为二阶谓词；以此类推。

个体变元的取值范围称为个体阈。个体阈可以是无限的，也可以是有限的。把各个个体阈综合在一起作为讨论范围的阈称为全总个体阈。

2. 项

(1) 单独一个个体是项(包括常量和变量)。

(2) 若 f 是 n 元函数符号，而 $t_1,t_2,\cdots,t_n$ 是项，则 $f(t_1,t_2,\cdots,t_n)$是项。

(3) 只有有限次使用(1)(2)得到的符号串才是项。

可见，项是把个体常量、个体变量和函数统一起来的概念。

3. 原子公式

设 P 为 n 元谓词符号，$t_1,t_2,\cdots,t_n$ 都是项，则称 $P(t_1,t_2,\cdots,t_n)$为原子谓词公式，简称原子公式或原子。

为了刻画谓词和个体之间的关系，在谓词逻辑中引入了两个量词：

(1) 全称量词(universal quantifiers)，表示为 $\forall x$，表示了该量词作用的辖域为个体域中"所有的个体 x"或"每一个个体 x"都要遵从所约定的谓词关系；

(2) 存在量词(existential quantifiers)，表示为 $\exists x$，表示了该量词要求"存在于个体域中的某些个体 x"或"某个个体 x"要服从所约定的谓词关系。$\forall$ 和 $\exists$ 后面跟着的 x 叫作量词的指导变元或作用变元。

谓词逻辑可以由原子和五种逻辑连接词(否定$\neg$、合取$\wedge$、析取$\vee$、条件$\rightarrow$、等价$\leftrightarrow$)，再加上量词来表示，所构造复杂的符号表达式就是谓词逻辑中的公式，即合式公式。

(1) $\neg$表示否定，复合命题"$\neg Q$"表示"非 Q"。

(2) $\wedge$表示合取，复合命题"$P\wedge Q$"表示"P 与 Q"。

(3) $\vee$表示析取，复合命题"$P\vee Q$"表示"P 或 Q"。

(4) $\rightarrow$表示条件，复合命题"$P\rightarrow Q$"表示"如果 P，那么 Q"。

(5) $\leftrightarrow$表示等价，复合命题"$P\leftrightarrow Q$"表示"如果 P，那么 Q；如果 Q，那么 P"。

在合式公式中，逻辑连接词的优先级别从高到低依次为：$\neg$、$\wedge$、$\vee$、$\rightarrow$、$\leftrightarrow$。

4. 公式

一阶谓词逻辑的合式公式递归定义如下：

(1) 单个谓词和单个谓词的否定称为原子谓词公式，原子谓词公式是合式公式；

(2) 若 A 是合式公式，则$\neg A$ 也是合式公式；

(3) 若 A、B 都是合式公式，则 $A\vee B$、$A\wedge B$、$A\rightarrow B$、$A\leftrightarrow B$ 也都是合式公式；

(4) 若 A 是合式公式，x 是任一个体变元，则$(\forall x)A$ 和$(\exists x)A$ 也都是合式公式。

在谓词逻辑中，由于公式中可能含有个体常量、个体变元及函数，因此不能像命题公式那样直接通过真值指派给出解释，必须首先考虑个体常量和函数在个体阈中的取值，然后才能针对常量和函数的具体取值为谓词分别指派真值。

在给出一阶逻辑公式的一个解释时，需要规定两件事情：公式中个体的定义域，公式中出现的常量、函数符号、谓词符号的含义。

5. 解释

设 D 为谓词公式 P 的非空个体阈，若对 P 中的个体常量、函数和谓词按如下规定赋值：

(1) 为每个个体常量指派 D 中的一个元素；

(2) 为每个 n 元函数指派一个从 D^n 到 D 的映射，其中

$$D^n = \{(x_1, x_2, \cdots, x_n) \mid x_1, x_2, \cdots, x_n \in D\}$$

为每个 n 元函数指派一个从 D^n 到 $\{T,F\}$ 的映射，其中 T 为项的集合，F 为函数集合。则称这些指派为公式 P 在 D 上的一个解释。

6. 合取范式

若干个互不相同的析取项的合取称为一个合取范式。设 A 为如下形式的谓词公式：

$$Q_1 \wedge Q_2 \wedge \cdots \wedge Q_n$$

其中，$Q_i(i=1,2,\cdots,n)$ 是形如 $L_1 \vee L_2 \vee \cdots \vee L_j \vee \cdots \vee L_m$ 的析取式，$L_j(j=1,2,\cdots,m)$ 为原子公式或其否定。则 A 称为合取范式。

例如：

$$(P \vee Q \vee \neg R) \wedge (\neg P \vee Q \vee R) \wedge (\neg P \vee \neg Q \vee R) \wedge (\neg P \vee \neg Q \vee \neg R)$$

就是一个合取范式。

7. 析取范式

若干个互不相同的合取项的析取称为一个析取范式。设 A 为如下形式的谓词公式：

$$Q_1 \vee Q_2 \vee \cdots \vee Q_n$$

其中，$Q_i(i=1,2,\cdots,n)$ 是形如 $L_1 \wedge L_2 \wedge \cdots \wedge L_j \wedge \cdots \wedge L_m$ 的合取式，$L_j(j=1,2,\cdots,m)$ 为原子公式或其否定。则 A 称为析取范式。

2.3.2 用谓词公式表示知识的一般步骤

(1) 定义谓词及个体，确定每个谓词及个体的确切含义。

(2) 根据所要表达的事物或概念，给每个谓词中的变元赋予特定的值。

(3) 根据所要表达的知识的语义，用适当的逻辑连接词将各个谓词连接起来形成谓词公式。

例如，用谓语逻辑表示下列知识：①武汉是一个美丽的城市，但它不是一个沿海城市；②如果马亮是男孩，张红是女孩，则马亮比张红长得高。

第 1 步：定义谓词。BCity(x)：x 是一个美丽的城市。HCity(x)：x 是一个沿海城市。Boy(x)：x 是男孩。Girl(x)：x 是女孩。High(x,y)：x 比 y 长得高。

第 2 步：将个体代入谓词中，得到 BCity(wuhan)、HCity(wuhan)、Boy(mal)、Girl(zhangh)、High(mal,zhangh)。

第 3 步：根据语义，用逻辑连接词连接谓词，形成谓词公式。即得到：$BCity(wuhan) \wedge (\neg HCity(wuhan))$，$(Boy(mal) \wedge Girl(zhangh)) \rightarrow High(mal, zhangh)$。

2.3.3 一阶谓词逻辑表示法的特点

逻辑表示法主要应用于定理自动证明、问题求解等方面，以及机器人学等领域。该表示法建立在某种形式逻辑的基础上，因而一阶谓词逻辑表示法具有以下特点。

1. 严密

谓词逻辑具有严格的形式定义及推理规则，利用这些推理规则及有关定理证明技术可从已知事实推出新的事实，或证明已作出的假设。

2. 自然

谓词逻辑是一种接近于自然语言的形式语言，人们比较容易接受，用它表示的知识比较容易理解。

3. 精确

谓词逻辑是二值逻辑，其谓词公式的真值只有“真”与“假”，因此可用它表示精确知识，并可以保证经演绎推理所得结论的精确性。

4. 易于实现

用谓词逻辑表示的知识可以比较容易地转换为计算机的内部形式，易于模块化，便于对知识进行增加、删除及修改。用它表示知识所进行的自然演绎推理及归纳总结演绎推理都易于在计算机上实现。

5. 效率低

由于推理是根据形式逻辑进行的，一阶谓词逻辑表示法把推理演算和知识含义截然分开，抛弃了表达内容所含的语义信息，往往使推理过程太冗长，降低系统效率。另外，谓词表示越细、表示越清楚，推理越慢、效率越低。

6. 灵活性差

一阶谓词逻辑表示法不便于表达或加入启发性知识和元知识，不便于表达不确定性的知识，但人类的知识大都具有不确定性和模糊性，这使得一阶谓词逻辑表示法表示知识的范围受到限制。

7. 组合爆炸

在一阶谓词逻辑表示法推理的过程中，随着事实数目的增大及盲目地使用推理规则，有可能发生组合爆炸。

2.4　语义网络表示法

2.4.1　语义网络表示法的概念及其结构

语义网络是为了描述概念、事物、属性、情况、动作、状态、规则等，以及它们之间的语义联系而引入的。

语义网络是一种通过概念及其语义联系（或语义关系）来表示知识的有向图，其中，节点和弧必须带有标注。有向图的各个节点用来表示各事物、概念、情况、属性、状态、事件和动作等，节点上的标注用来区分各节点所表示的不同对象，每个节点可以带有多个标注，以表征其所代表的对象的特征。

从结构上来看，语义网络一般由一些最基本的语义单元组成。这些最基本的语义单元被称为语义基元，可用如下三元组来表示：节点 1、弧、节点 2。如图 2.2 所示，其中 A 和 B 分别表示节点，而 R 表示 A 和 B 之间的某种语义联系。

当把多个语义基元用相应的语义联系关联在一起的时候，就形成了一个语义网络，如图 2.3 所示。

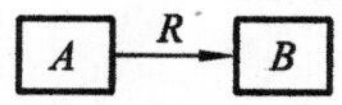

图 2.2　语义基元

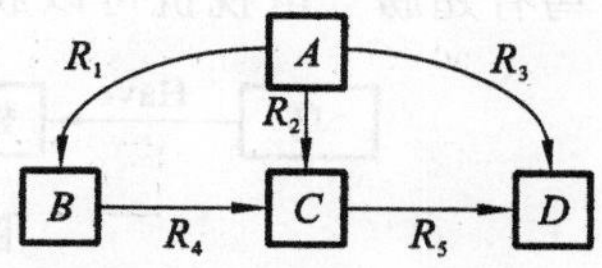

图 2.3　语义网络结构

内容组织上，语义网络由下列 4 个相关部分组成。

(1) 语法部分：决定表示词汇表中允许哪些符号存在，涉及各个节点和弧线。

(2) 结构部分：叙述符号排列的约束条件，指定各弧线连接的节点对。

(3) 过程部分：说明访问过程，这些过程能用来建立和修正描述，以及回答相关问题。

(4) 语义部分：确定与描述相关的（联想）意义的方法，即确定有关节点的排列及其占有物和对应弧线。

2.4.2　语义网络中常用的语义联系

语义网络除了可以描述事物本身之外，还可以描述事物之间的错综复杂的关系。基本语义联系是构成复杂语义联系的基本单元，也是语义网络表示知识的基础，因此，将一些基本的语义联系组合成任意复杂的语义联系是可以实现的。这里只给出一些经常使用的最基本语义关系。

1. 类属关系

类属关系是指具有共同属性的不同事物间的分类关系、成员关系或实例关系，它体现的是具体与抽象、个体与集体的层次分类。常用的类属关系有：

(1) AKO(A-kind-of)，表示一个事物是另一个事物的一种类型；

(2) AMO(A-member-of),表示一个事物是另一个事物的成员;

(3) ISA(Is-a),表示一个事物是另一个事物的实例。

2. 包含关系

包含关系也称为聚集关系,是指具有组织或结构特征的部分与整体之间的关系,它和类属关系的主要区别就是包含关系一般不具备属性的继承性。常用的包含关系有:Part-of,表示一个事物是另一个事物的一部分,或说是部分与整体的关系。用它连接的上下层节点的属性很可能是很大不相同的,即 Part-of 联系不具备属性的继承性。例如,“轮胎是汽车的一部分”的语义网络如图 2.4 所示。

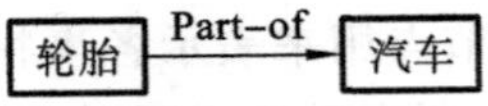

图 2.4 包含关系示例

3. 占有关系

占有关系是指事物或其属性之间的“具有”关系。常用的占有关系有:

(1) Have,表示一个节点具有另一个节点所描述的属性;

(2) Can,表示一个节点能做另一个节点的事情。

例如,“鸟有翅膀”“电视机可以放节目”,其对应的语义网络表示如图 2.5 所示。

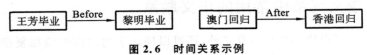

图 2.5 占有关系示例

4. 时间关系

时间关系是指不同事件在其发生时间方面有先后关系。节点间的属性不具有继承性。常用的时间关系有:

(1) Before,表示一个事件在一个事件之前发生;

(2) After,表示一个事件在一个事件之后发生。

例如,“王芳在黎明之前毕业”“香港回归之后,澳门也回归了”,其对应的语义网络表示如图 2.6 所示。

图 2.6 时间关系示例

5. 位置关系

位置关系是指不同事物在位置方面的关系。节点间不具备属性继承性。常用的位置关系有:

(1) Located-on,表示一个物体在另一个物体之上;

(2) Located-at,表示一个物体处在某一位置;

(3) Located-under,表示一个物体在另一物体之下;

（4）Located-inside，表示一个物体在另一物体之内；

（5）Located-outside，表示一个物体在另一物体之外。

例如，“华中师范大学坐落于桂子山上”，其对应的语义网络表示如图 2.7 所示。

图 2.7　位置关系示例

6. 相近关系

相近关系是指不同事物在形状、内容等方面相似或接近。常用的相近关系有：

（1）Similar-to：表示一事物与另一事物相似；

（2）Near-to：表示一事物与另一事物接近。

例如：“狗长得像狼”其对应的语义网络表示如图 2.8 所示。

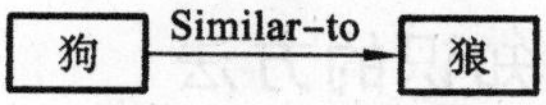

图 2.8　相近关系示例

7. 推论关系

推论关系是指从一个概念推出另一个概念的语义关系。

例如“由身体好”可推出“经常参加体育锻炼”，其对应的语义网络表示如图 2.9 所示。

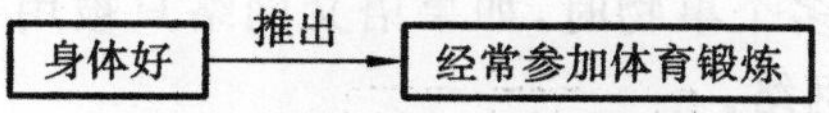

图 2.9　推论关系示例

8. 因果关系

因果关系是指由于某一事件的发生而导致另一事件的发生，适合表示规则性知识。通常用 If-then 联系表示两个节点之间的因果关系，其含义是“如果……，那么……”。

例如，“如果天晴，小明骑自行车上班”，其对应的语义网络如图 2.10 所示。

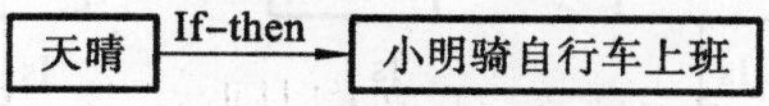

图 2.10　因果关系示例

9. 组成关系

组成关系是一种一对多的联系，用于表示一事物由其他一些事物构成，通常用 Composed of 联系表示。Composed-of 联系所连接的节点不具备属性继承性。

例如，“整数由正整数、负数和零组成”可用图 2.11 表示。

10. 属性关系

属性关系用于表示一个节点是另一个节点的属性，常用 Is 联系来表示。

例如：“老张 40 岁”“小刘很漂亮”，其对应的语义网络表示如图 2.12 所示。

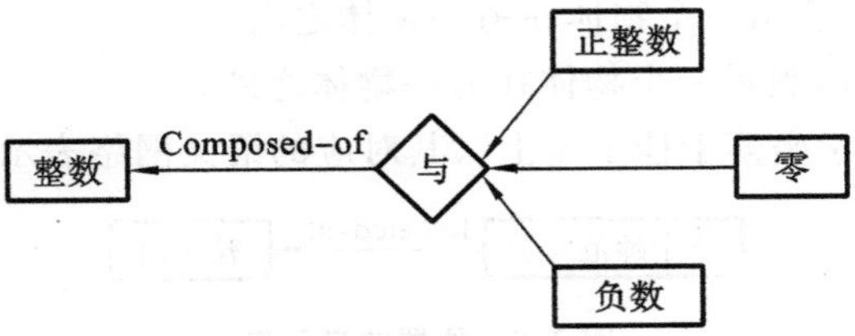

图 2.11　组成关系示例

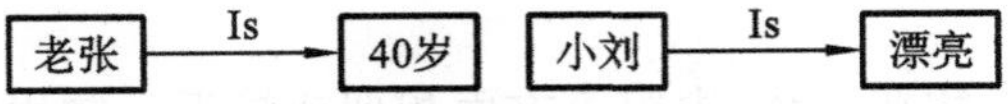

图 2.12　属性关系示例

在客观世界中，事物之间的联系是各种各样、千变万化的，在使用语义网络进行知识表示时，可根据需要随时对事物的各种联系进行定义。

2.4.3　语义网络表示知识的方法

1. 事实性知识的表示

通常把有关一个事物或一组相关事物的知识用一个语义网络来表示。对于一些简单的事实，例如“鸟有翅膀”“轮胎是汽车的一部分”，对它们进行描述需要两个节点，再用前面给出的基本语义联系或自定义的基本语义联系就可以表示了。对于一些稍微复杂一点的事实，比如在一个事实中涉及多个事物时，如果语义网络只被用来表示一个特定的事物或概念，那么就需要更多的语义网络。

概念的属性具有继承的特征，即下层概念可以继承上层概念的属性，这样在下层概念中只列出它独有的属性即可。

例如，山鸡是一种飞禽，飞禽是一种动物，其对应的语义网络表示如图 2.13 所示。

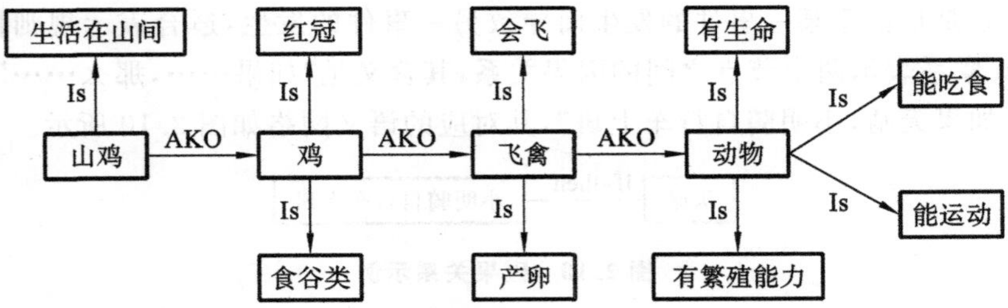

图 2.13　事实性知识表示示例

2. 情况、动作和事件的表示

为了描述那些复杂的知识，在语义网络的知识表示法中，通常采用引入附加节点的方法来解决。西蒙(Simon)在其提出的表示方法中增加了情况节点、动作节点和事件节点，允许用一个节点来表示情况。

1）情况的表示

在用语义表示那些不及物动词表示的语句或没有间接宾语的及物动词表示的语句时，

如果该语句的动作表示了一些其他情况，如动作作用的时间等，则需要增加一个情况节点用于指出各种不同的情况。例如，用语义网络表示知识“请在2006年6月前归还图书”。这条知识涉及一个对象“图书”，还表示了在“2006年6月前”“归还”这一情况。为了表明归还的时间，增加一个“归还”节点和一个情况节点，如图2.14所示。

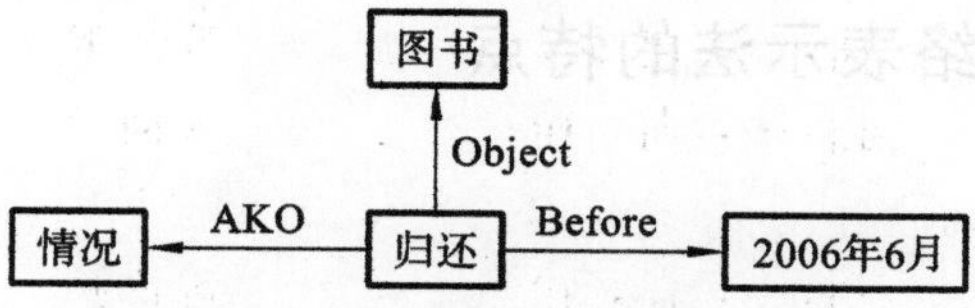

图2.14 带有情况节点的语义网络

2）动作的表示

有些表示知识的语句既有发出动作的主体又有接受动作的客体，在用语义网络表示这样的知识时，可以增加一个动作节点，用于指出动作的主体和客体。例如，用语义网络表示知识“校长送给李老师一本书”。这个知识涉及三个对象，就是“书”“李老师”和“校长”，为了表示这个事实，增加一个“送给”节点，其语义网络表示如图2.15所示。

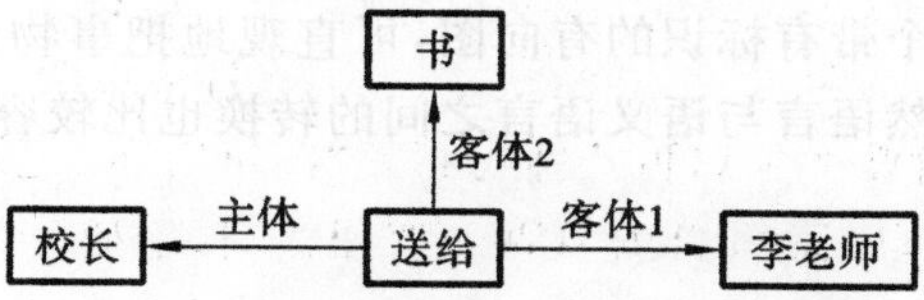

图2.15 带有动作节点的语义网络

3）事件的表示

如果要表示的知识可以看作发生的一个事件，那么可以增加一个事件节点来描述这条知识。例如，“中国与日本两国的国家足球队在中国进行了一场比赛，最后比分是3:2”，其语义网络表示如图2.16所示。

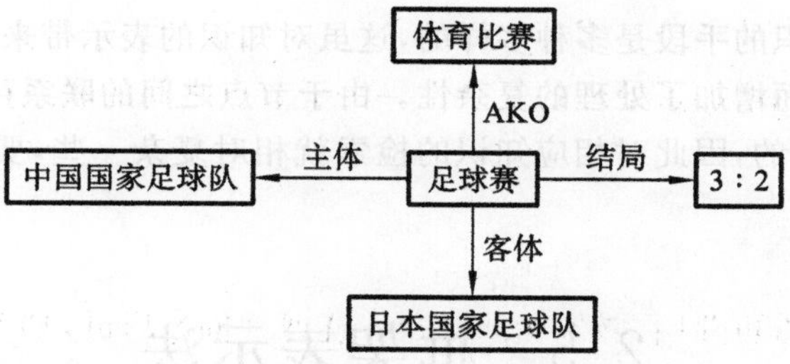

图2.16 带有事件节点的语义网络

2.4.4 语义网络下的推理

语义网络表示法是依匹配和继承来进行推理的。

1. 继承

把对事物的描述从抽象节点传递到具体节点，通常沿着类属关系ISA、AKO等具有继承关系的边进行。

2. 匹配

把待求解问题构造为网络片段，其中某些节点或边的标识是空的，称为询问点。将网络片段与知识库中的某个语义网络片段进行匹配，则与询问点相匹配的事实就是该问题的解。

2.4.5 语义网络表示法的特点

1. 结构性

语义网络表示法能把事物的属性及事物间的各种语义联系显式地表示出来。用其他表示方法能表达的知识几乎都可以用语义网络表示出来。

2. 联想性

语义网络最初是作为人类联想记忆模型提出来的。

3. 自然性

语义网络实际上是一个带有标识的有向图，可直观地把事物的属性及事物间的语义联系表示出来，便于理解，自然语言与语义语言之间的转换也比较容易实现。

4. 非严格性

与谓词逻辑相比，语义网络没有公认的形式表示体系。一个给定的语义网络所表达的含义完全依赖于处理程序如何对它进行解释。在推理过程中，有时不能区分事物的“类”与“个体”，因此通过语义网络而实现的推理不能保证其正确性。另外，目前采用的表示量词的语义网络表示方法在逻辑上都是不充分的，不能保证不存在二义性。

5. 处理上的复杂性

语义网络表示知识的手段是多种多样的，这虽对知识的表示带来了灵活性，但同时也由于表示形式的不一致而增加了处理的复杂性。由于节点之间的联系可以是线性的也可以是非线性的，甚至是递归的，因此对相应知识的检索就相对复杂一些，要求对网络的搜索有强有力的组织原则。

2.5 框架表示法

框架表示法是以框架理论为基础发展起来的一种结构化的知识表示，它适用于表示多种类型的知识。框架理论的基本观点是：人脑已存储大量的典型情景，当面对新的情景时，就从记忆中选择一个称作框架的基本知识结构，其具体内容依新的情景而改变，形成对新情景的认识，同时又将对新情景的认识存储于人脑中。

框架是一种描述所论对象（一个事物、一个事件或一个概念）属性的数据结构。

一个框架由若干个被称作“槽”的结构组成，每个槽又可根据实际情况划分为若干个“侧面”。一个槽用于描述所论对象某一方面的属性，一个侧面用于描述相应属性的一个方面，槽和侧面所具有的属性值分别称为槽值和侧面值。在一个用框架表示知识的系统中，一般都含有多个框架，为了指示和区分不同的框架及一个框架内的不同槽、不同侧面，需要分别给它们赋予不同的名字，分别称为框架名、槽名及侧面名。另外，无论对于框架还是槽或侧面，都可以为其加上一些说明性的信息，一般是指一些约束条件，用于指出什么样的值才能填入槽或者侧面中。

2.5.1　框架的一般表示形式

框架的一般表示形式如下：

＜框架名＞		
＜槽名 1＞	＜侧面名$_1$＞	值$_1$,值$_2$,…,值$_{p1}$
	＜侧面名$_2$＞	值$_1$,值$_2$,…,值$_{p2}$
	⋮	⋮
	＜侧面名$_{m1}$＞	值$_1$,值$_2$,…,值$_{pm1}$
＜槽名 2＞	＜侧面名$_1$＞	值$_1$,值$_2$,…,值$_{q1}$
	＜侧面名$_2$＞	值$_1$,值$_2$,…,值$_{q2}$
	⋮	⋮
	＜侧面名$_{m2}$＞	值$_1$,值$_2$,…,值$_{qm2}$
＜槽名 n＞	＜侧面名$_1$＞	值$_1$,值$_2$,…,值$_{r1}$
	＜侧面名$_2$＞	值$_1$,值$_2$,…,值$_{r2}$
	⋮	⋮
	＜侧面名$_{mn}$＞	值$_1$,值$_2$,…,值$_{rmn}$
约束：	＜约束条件$_1$＞	
	＜约束条件$_2$＞	
	⋮	
	＜约束条件$_n$＞	

槽或侧面的取值可以是二值逻辑的“真”或“假”，可以是实数值，也可以是文字或其他形式的定义域，还可以是一组子程序，称为框架的程序附件。例如，说明在填槽过程中需要干些什么，用 If-Added；填槽时如何计算槽值用 If-Needed。

2.5.2　框架网络

一般来说，单个框架只能表示简单对象的知识，在实际应用中，当对象比较复杂时，往往需要把多个相互联系的框架组织起来进行表示。

1. 横向联系

由于框架中的槽值或侧面值都可以是另一个框架的名字，这就在框架之间建立了联系，通过一个框架可以找到另一个框架。

2. 纵向联系

在对知识进行描述时，知识之间必然有一些共同的属性，因此可以将它们具有的共同属性抽取出来，构成一个上层框架，再对各类知识独有的属性分别构成下层框架，为了指明这种上、下关系，可在下层框架中设立一个专用的槽（一般称为“继承”槽），用于指出其上层框架是哪个。这样不仅在框架间建立了纵向联系，而且通过这种关系，下层框架可以继承上层框架的属性及值，避免了重复描述，节约了时间和空间。

3. 框架网络的构成

用框架名作为槽值建立框架间的横向联系，用“继承”槽建立框架间的纵向联系，像这样具有横向联系及纵向联系的一组框架称为框架网络。

2.5.3 框架中槽的设置与组织

框架中槽的设置与组织需注意以下几方面的内容。

1. 充分表达事物各有关方面的属性

“各有关方面的属性”的含义：一是要与系统的设计目标一致，凡是系统设计目标所要求的属性，或者问题求解中有可能要用到的属性都应该用相应的槽表示出来；二是仅仅需要对有关的属性设立槽，不可面面俱到，以免浪费空间和降低系统的运行效率。

2. 充分表达相关事物间的各种关系

在框架系统中，事物之间的联系是通过在槽中填入相应的框架名来实现的，至于它们之间究竟有什么关系，则用槽名来指明。

为了提供一些常用且可公用的槽名，在框架表示系统中通常定义一些标准槽名，应用时不用说明就可直接使用，称这些槽名为系统预定义槽名。

（1）ISA 槽：用于指出对象间抽象概念的类属关系，直观意义是“是一个”“是一种”“是一只”等。当用它作为某下层框架的槽时，表示该下层框架所描述的事物是上层框架的一个特例，上层框架是比下层框架更抽象的概念。一般用 ISA 槽指出的联系都具有继承性。

（2）Part-of 槽：用于指出“部分”和“全体”的关系，用 Part-of 槽指出的联系所描述的下层框架和上层框架之间不具有继承性。当用它作为某下层框架的槽时，它指出该下层框架所描述的事物只是上层框架所描述事物的一部分，上、下层框架所描述的事物一般不具有共同的特征。

（3）Instance 槽：用来表示 AKO 槽的逆关系。当用它作为某上层框架的槽时，可用来指出它的下一层框架是哪一些。由 Instance 槽所建立起来的上、下层框架间的联系具有继承性，即下层框架可继承上层框架中所描述的属性或值。

（4）AKO 槽：用于具体地指出对象间的类属关系。其直观意义是“是一种”。当用它作为某下层框架的槽时，就明确指出了该下层框架所描述的事物是其上层框架所描述的事物中的一种，下层框架可继承其上层框架所描述的属性和值。

（5）Infer 槽：用于指出两个框架所描述事物间的逻辑推理关系，用它可表示相应的产生式规则。

（6）Possible-Reason 槽：Possible-Reason 槽与 Infer 槽的作用相反，它用来把某个结论与可能的原因联系起来。

3. 对槽及侧面进行合理的组织

尽量把不同框架中所描述的相同属性抽取出来，构成上层框架，而在下层框架中只描述相应事物独有的属性。

4. 有利于进行框架推理

用框架表示知识的系统一般由两大部分组成：一是由框架及其相互关联构成的知识库，二是由一组解释程序构成的框架推理机。前者的作用是提供求解问题所需要的知识，后者的作用是针对用户提出的问题，通过运用知识库中的相关知识完成求解问题的任务，给出问题的解。框架推理是一个反复进行框架匹配的过程。

2.5.4 求解问题的匹配推理步骤

在用框架表示知识的系统中，问题的求解主要是通过匹配和填槽来实现的，大致步骤如下：

(1) 把待解决的问题用一个框架表示出来；

(2) 与知识库中已有的框架进行匹配，找出一个或几个可匹配的预选框架，并将预选框架作为初步假设，在初步假设的引导下收集进一步的信息；

(3) 使用一种评价方法对已选框架进行评价，以便决定是否接受它；

(4) 若可接受，则与问题框架空槽相匹配的事实就是问题解。

2.5.5 框架表示法的特点

1. 框架表示法的主要优点

1) 结构性

框架表示法最突出的特点是它善于表达结构性的知识，能够把知识的内部结构关系及知识间的联系表示出来。

2) 继承性

框架表示法通过将槽值设为另一个框架的名称来实现框架间的联系，建立起表示复杂知识的框架网络。在框架网络中，下层框架可以继承上层框架的槽值，也可以进行补充和修改，这样不仅减少了知识的冗余，而且较好地保证了知识的一致性。

3) 自然性

框架表示法体现了人们在观察事物时的思维活动，当人们遇到新事物时，从记忆中调用类似事物的框架，并将其中某些细节进行修改、补充，就形成了对新事物的认识，这与人们的认识活动是一致的。

2. 框架表示法的主要不足

框架表示法不便于表达过程性知识。

2.6 产生式表示法

产生式表示法由美国数学家 E. Post 于 1943 提出，他设计的 Post 系统，目的是构造一种形式化的计算模型，模型中的每一条规则称为一个产生式。所以，产生式表示法又称为产生式规则表示法，它和图灵机有相同的计算能力。目前产生式表示法已成为人工智能领域中应用最多的一种知识表示方法，许多成功的专家系统，例如费根・鲍姆等人研制的化学分子结构专家系统 DENDRAL 就是用它来表示知识的。

2.6.1 产生式表示法基本形式

产生式表示法适用于表示事实性知识和规则性知识。

1. 事实的表示

事实可以看作断言一个语言变量的值或多个语言变量间关系的陈述句，语言变量的值或语言变量间的关系可以是一个词，不一定是数字。

单个事实在专家系统中常用＜特性-对象-取值＞或“(Attribute-Object-Value)”组表示，这种相互关联的三元组正是 LISP 语言中特性表的基础，在谓词演算中关系谓词也常以这种形式表示。显然，以这种三元组来描述事物及事物之间的关系是很方便的。

例如，在(AGE-ZHAO LING-43)中，ZHAO LING 为对象，43 为值，它们是语言变量；AGE 为特性，表示语言变量之间的关系。

在大多数专家系统中，经常还需要加入关于事实确定性程度的数值度量，如 MYCIN 中用可信度表示事实的可信程度。于是，每一个事实变成了四元组。

例如，(AGE-ZHAO LING-43-0.8)，表示上述事实的可信度为 0.8。

一般在专家系统中，常常以网状或树状结构将知识组织在一起。在专家系统 PROSPEC-TOR 中，整个静态知识以语义网络的结构表示，它实际上是特性、对象和取值表示法的推广。图 2.17 所示的网络表示“方铅矿是硫化铅的成员，硫化铅是硫化矿的子集，而硫化矿又是矿石的子集”。同样的关系也存在于岩石之间。其中 s 表示子集关系，e 表示成员关系。

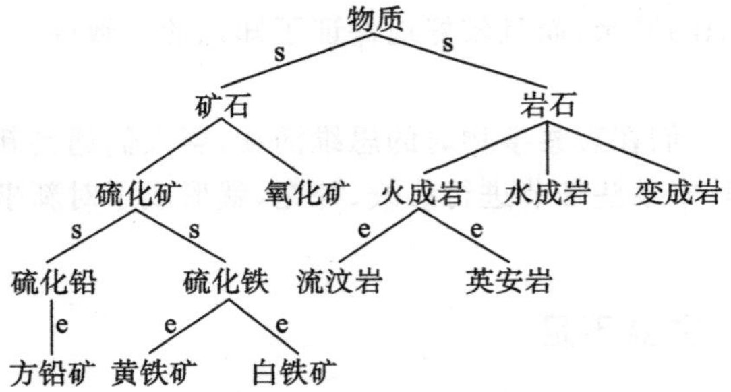

图 2.17 子集与成员关系网络

2. 规则的表示

一般地，一个规则由前项和后项两部分组成。前项表示前提条件，各个条件由逻辑连接词（合取、析取等）组成各种不同的组合。后项表示当前提条件为真时，应采取的行为或所得的结论。产生式表示法中每条规则都是一个“条件→动作”或“前提→结论”的产生式，其简单形式为

IF＜前提＞THEN＜结论＞

为了严格地描述产生式，下面用巴科斯范式给出它的形式描述和语义：

＜规则＞:＜前提＞→＜结论＞

＜前提＞:＜简单条件＞|＜复合条件＞

＜结论＞:＜事实＞|＜动作＞

＜复合条件＞:＜简单条件＞AND＜简单条件＞[(AND＜简单条件＞)…]

|＜简单条件＞OR＜简单条件＞[(OR＜简单条件＞)…]

＜动作＞:＜动作名＞[(＜变元＞,…)]

2.6.2　产生式系统的组成

把一组产生式放在一起，让它们相互配合，协同作用，一个产生式生成的结论（Qi）可以供另一个产生式作为已知事实（Pj）使用，以求得问题的解，这样的系统称为产生式系统。

一个产生式系统通常由规则库、综合数据库和推理机三个基本部分组成，它们之间的关系如图 2.18 所示。

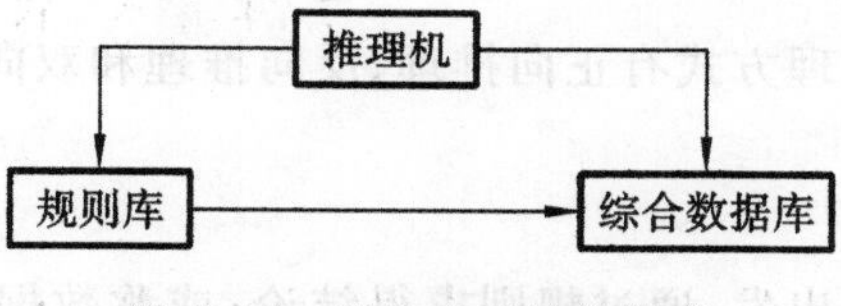

图 2.18　产生式系统的组成

1. 规则库

规则库是用于描述某领域内知识的产生式集合，是某领域知识（规则）的存储器。规则库是产生式系统进行问题求解的基础，其知识是否完整、一致，表达是否准确、灵活，对知识的组织是否合理等，不仅直接影响系统的性能，而且还会影响系统的运行效率。因此，在建立规则库时，应注意以下问题。

(1) 有效地表达领域内的过程性知识。

(2) 规则库中存放的主要是过程性知识，用于实现对问题的求解，为了使系统具有较强的问题求解能力，除了需要获取足够的知识外，还需要对知识进行有效的表达。

(3) 对规则库中的知识进行适当地组织，采用合理的结构形式，可使推理避免访问那些与当前问题求解无关的知识，从而提高求解问题的效率。另外，对规则库进行合理地管理，可以检测并排除那些冗余及矛盾的知识，保持知识的一致性，提高规则库质量。

2. 综合数据库

综合数据库(后简称数据库),又称为事实库,用来存放输入事实、外部数据库输入的事实、中间结果和最后结果。数据库中的已知事实,常用字符串、向量、矩阵、表格等数据结构表示。当规则库中某条产生式的前提可与数据库中的某些已知事实匹配时,该产生式就被激活,并把用它推出的结论放入数据库中,作为后面推理的已知事实。数据库的内容是在不断变化的、动态的,正是它内容的不断变化,才构成了由原始数据到最后结论的变化过程。

3. 推理机

推理机由一组程序组成,用来控制、协调规则库和数据库的运行,以实现对问题的求解。推理机包含了推理方式和控制策略,主要完成以下工作。

(1) 按照一定的策略从规则库中选择规则并与数据库中已知知识进行匹配。

(2) 匹配成功的规则可能不止一条,称为发生冲突,推理机必须调用相应的解决冲突的策略进行消解,以便从匹配成功的规则中选出一条执行。

(3) 在执行选出的一条规则时,如果该规则右部是一个或多个结论,则把这些结论加入数据库中;如果该规则的右部是一个或多个操作,则执行这些操作。

(4) 对于不确定性知识,在执行每一条规则时还要按照一定的算法计算结论的不确定性。

(5) 随时掌握结束产生式系统运行的时机,以便在适当的时候停止系统的运行。

2.6.3 产生式系统推理机的推理方式

产生式系统推理机的推理方式有正向推理、反向推理和双向推理三种。

1. 正向推理

正向推理即从已知事实出发,通过规则求得结论,或称数据驱动方式,也称自底向上的方式。

推理过程:

(1) 将规则集合中的规则与数据库中的事实进行匹配,得匹配的规则集合;

(2) 使用冲突解决算法,从匹配规则集合中选择一条规则作为启用规则;

(3) 执行启用规则的后件,将该启用规则的后件送入数据库;

(4) 重复(1)~(3)直至达到目标。

2. 反向推理

反向推理即从目标(作为假设)出发,反向使用规则,求得已知事实。这种推理方式也称为目标驱动方式或自顶向下的方式。

推理过程:

(1) 规则库中的规则后件与目标事实进行匹配,得匹配的规则集合;

(2) 使用冲突解决算法,从匹配规则集合中选择一条规则作为启用规则;

(3) 将启用规则的前件作为子目标;

(4) 重复(1)~(3)直至各个子目标均为已知事实。

3. 双向推理

一种既自顶向下又自底向上的推理方式，推理从两个方向同时进行，直至某个中间界面上两方向结果相符便成功结束。这种双向推理较正向推理或反向推理所形成的推理网络小，从而有更高的推理效率。

2.6.4 产生式系统的分类

(1) 按推理方向划分：前向、后向、双向产生式系统。

(2) 按表示知识的确定性划分：确定性及不确定性产生式系统。

(3) 按规则库及数据库的性质和结构特征划分，则有如下产生式系统。

①可交换的产生式系统：对规则的使用次序是可交换的，无论先使用哪一条规则都可以达到目的，即规则的使用次序是无关紧要的。

②可分解的产生式系统：把一个规模较大且比较复杂的问题分解为若干规模较小且比较简单的子问题，然后对每个子问题分别进行求解。

③可恢复的产生式系统：在问题的求解过程中既可对数据库添加新内容，又可以删除或修改旧内容。

2.6.5 产生式系统求解问题的一般步骤

(1) 初始化数据库，把问题的初始已知事实送入数据库。

(2) 若规则库中存在尚未使用过的规则，而且它的前提可与数据库中的已知事实匹配，则转步骤(3)；若不存在这样的事实，则转步骤(5)。

(3) 执行当前选中的规则，并对该规则做标记，把该规则执行后得到的结论送到数据库中，如果该规则的结论部分指出的是某些操作，则执行这些操作。

(4) 检查数据库中是否已包含了问题的解，若已包含，则终止问题的求解过程；否则转到步骤(2)。

(5) 要求用户提供进一步的关于问题的已知事实，若能提供，则转到步骤(2)；否则终止问题的求解过程。

(6) 若规则库中不再有未使用过的规则，则终止问题的求解过程。

2.6.6 产生式表示法的特点

1. 自然

产生式表示法用“如果……，则……”的形式表示知识，是人们常用的一种表达因果关系的知识表达形式，既直观自然，又便于推理。确定性知识与不确定性知识均能表示，符合人们对日常碰到的问题的表达习惯。

2. 清晰

产生式表示法格式固定，每一条产生式规则都由前提与结论(操作)这两部分组成，而且每一部分所含的知识量都比较少，这既便于对规则进行设计，又易于对规则库中知识的一致性与完整性进行检测。

3. 有效

产生式表示法既可以表示确定性知识,又可以表示不确定性知识;既有利于表示启发式知识,又可方便地表示过程性知识。目前已建造成功的专家系统大多都是用产生式表示法来表达其过程性知识。

4. 模块化

产生式是规则库中最基本的知识单元,同推理机构相互独立,而且每条规则都具有相同的形式,便于对其进行模块化处理,为知识的增删改带来了便利,为规则库的建立和扩展提供了可管理性。

5. 效率不高

在产生式系统解决问题的过程中,首先要用产生式的前提部分与数据库中的已知事实进行匹配,从规则库中选出可用的规则,此时选出的规则可能不止一个,这就需要按一定的策略进行“冲突消解”,然后执行选中的规则,因此,产生式系统求解问题的过程是一个反复进行“匹配—冲突消解—执行”的过程。规则库一般都比较庞大,而匹配又是一件十分费时的工作,因此其工作效率是不高的。另外,在求解复杂问题时容易引起组合爆炸。

6. 不能表达具有结构性的知识

产生式表示法适合表达具有因果关系的过程性知识,但对具有结构关系的知识却无能为力,它不能把具有结构关系的事物间的区别和联系表示出来(而框架表示法可以解决这方面问题)。因此,产生式表示法除了可以独立作为一种知识表示模式外,还经常与其他表示法结合起来表示特定领域的知识。

2.7 脚本表示法

脚本(script)是一种结构化的表示,被用来描述特定上下文中固定不变的事件序列。脚本最早是由 R. C. Schank 和他的研究小组设计的,用来作为一种把概念依赖结构组织为典型情况描述的手段。自然语言理解系统使用脚本来根据系统要理解的情况组织知识库。

2.7.1 脚本的定义

脚本一般由以下几个部分组成。

(1) 进入条件(entry conditions),也就是要调用这个脚本必须满足的条件描述。例如,营业的饭店和有一些钱的饥饿顾客。

(2) 结局(results),也就是脚本一旦终止就成立的事实。例如,顾客吃饱了同时钱少了,饭店老板的钱增多了。

(3) 道具(props),也就是支持脚本内容的各种“东西”。在上述例子中,道具可能包括桌子、服务员及菜单。道具集合支持合理的默认假定:在这里,饭店被假定为拥有桌子和椅子，除非特别说明。

(4) 角色(roles)，也就是各个参与者所执行的动作。例如，服务员拿菜单、上菜及拿账单，顾客点菜、食用及付款。

(5) 场景(scenes)，Schank 把脚本分解成一系列场景，每一场景呈现脚本的一段。例如，在饭店中有顾客进入、点菜和食用等场景。

脚本就像一个电影剧本一样，一场一场地表示一些特定事件的序列。一个脚本建立起来后，如果该脚本适合某一给定的事件，则通过脚本可以预测没有明显提及的事件的发生并能给出其与已明确提到的事件之间的联系。

2.7.2 概念依赖关系

(1) INCEST：表示把某物放入体内，如吃饭、喝水。

(2) PROPEL：表示对某一对象施加外力，如推、压、拉等。

(3) CARSP：表示行为主体控制某一对象，如抓起、扔掉某件东西等。

(4) EXPEL：表示把某物排出体外，如撒尿、呕吐等。

(5) PTRANS：表示某一物理对象的物理位置的改变，如某人从一处走到另一处，其物理位置发生了变化。

(6) MOVE：表示行为主体移动自己身体的某一部位，如抬手、踢脚、弯腰等。

(7) ATRANS：表示某种抽象关系的转移，如当把某物交给另一人时，该物的关系即发生转移。

(8) MTRANS：表示信息的转移，如看电视、窃听、交谈、读报等。

(9) MBUILD：表示已有的信息形成新的信息，如由图、文、声、像形成的多媒体信息。

(10) SPEAK：表示发出声音，如唱歌、喊叫、说话等。

(11) ATTEND：表示用某个感觉器官获取信息，如用眼睛看东西或用耳朵听声音。

利用这 11 种动作原语及其相互依赖关系，可以把生活中的事件编制成脚本，每个脚本代表一类事件，并把事件的典型剧情规范化。当接受一个故事时，就找一个与之匹配的脚本，根据脚本排定的场景次序来理解故事的情节。

2.7.3 用脚本表示知识的步骤

(1) 确定脚本运行的条件，脚本中涉及的角色、道具。

(2) 分析所要表示的知识中的动作行为。划分故事情节，并将每个故事情节抽象为一个概念，作为分场景的名字，每个分场景描述一个故事情节。

(3) 抽取各个故事情节(或分场景)中的概念，构成一个原语集，分析并确定原语集中各原语间的相互依赖关系与逻辑关系。

(4) 把所有的故事情节都以原语集中的概念及他们之间的从属关系表示出来，确定脚本场景序列，每一个子场景可能由一组原语序列构成。

(5) 给出脚本运行后的结果。

2.7.4 脚本表示下的推论方式

脚本所描述的事件是一个因果链。链头是一组开场条件，只有当这些初始条件满足时，该脚本中的事件才能开始；链尾是一组结果，只有当这一组结果满足时，该脚本中的事件才能结束，以后的事件或事件序列才能发生。在这个因果链中，一个事件和其前后事件之间是相互联系的，前面的事件可使当前事件发生，当前事件又可能使后面的事件发生。

一个脚本建立之后，如果已知该脚本适用于所给定的事件，则对一些在脚本中没有明显提出的事件，可以通过脚本进行预测，对那些在脚本中已明显提到的事件，可通过脚本给出它们之间的联系。

2.7.5 脚本表示法的特点

1. 自然

脚本表示法体现了人们在观察事物时的思维活动，其组织形式类似于日常生活中的电影剧本，对于表达预先构思好的特定知识，如理解故事情节等，脚本表示法是非常有效的。

2. 结构化

由于脚本表示法是一种特殊的框架表示法，所以，框架表示法善于表示结构性知识的特点，它也具有。也就是说，它能够把知识的内部关系及知识间的联系表示出来，是一种结构化的知识表示方法。一个脚本可以由多个槽组成，槽又分为若干侧面，这样就能把知识的内部结构显式地表示出来。

3. 对知识的表示比较呆板

脚本表示法的不足之处是，它对知识的表示比较呆板，所表示的知识范围也比较窄，因此不太适合用来表达各种各样的知识。脚本表示法目前主要用于自然语言处理领域的篇章理解方面。

第 2 章应用案例

第 3 章　用搜索求解问题

人工智能早期的目的是通过计算技术来求解这样一些问题：它们不存在已知的求解算法或求解方法非常复杂，而人使用其自身的智能都能较好地求解。人们在分析和研究了人运用智能求解的方法后，发现许多问题的求解都是采用试探的搜索方法，即在一个可能的解空间中寻找一个满意解。为模拟这些试探性的问题求解过程而发展的一种技术就称为搜索。

搜索是利用计算机强大的计算能力来解决凭人自身的智能可以解决的问题。其思路很简单，就是把问题的各个可能的解交给计算机来处理，从中找出问题的最终解或一个较为满意的解，从而可以用接近算法的角度，把搜索的过程理解为根据初始条件和扩展规则构造一个解答空间，并在这个空间中寻找符合目标状态的过程。

3.1　搜索过程的三大要素

搜索过程的 3 大要素：搜索对象、搜索的扩展规则和搜索的目标测试。搜索对象是指搜索的展开；搜索的扩展规则是指对状态变化的具体控制，使得搜索得以前进；搜索的目标测试是指搜索终止的条件。

3.1.1　搜索对象

利用搜索来求解问题也就是在某个可能的解空间内寻找一个解，这就首先要有一种恰当的解空间的表示方法。一般把这种可能的解都表示为一个状态，也就是将待求解问题的各个方面抽象成计算机可以理解的方式并储存起来。这个过程必须做到把所有和解决问题相关的信息全部保留，存储这些信息的数据结构称为状态空间。然后以这些状态及相应的算法为基础来表示和求解问题。这种基于状态空间的问题表示和求解方法就是状态空间表示法。使用状态空间表示法，许多涉及智能的问题求解可看成是在状态空间中的搜索。在讨论搜索算法之前先要介绍一下搜索的几个相关概念。

1. 状态

通俗地说，状态就是对问题在求解过程中某一个时刻进展情况的数学描述，也可以说是一个可能解的表示。

一般地，状态是为描述某些不同事物间的差别而引入的一组最少变量 $q_1, q_2, \cdots, q_n$ 的有序集合，其形式为

$$Q=(q_1,q_2,\cdots,q_n)$$

其中，每个元素 $q_i(i=1,2,\cdots,n)$ 称为状态变量。赋予每个变量一个确定的值，就得到一个具体的状态。

状态的表示还可以根据具体应用采取灵活的方式，以确定数据结构，如二维数组、树形结构等。例如，编写一个中国象棋的程序，棋局的状态就可以用一个二维数组表示，数组元素的取值就是该位置所放的棋子。

状态的表示相当重要。其一，如果没有把解决问题需要的所有信息编入状态，则会直接导致问题无法求解；其二，状态的数据结构直接影响操作的时间效率和存储的空间，所以在选择状态表示时要综合考虑问题的时空效率和所做的操作等各种因素。

2. 状态空间

问题的状态空间(state space)是一个表示该问题全部可能状态及其关系的集合。状态空间有连续和离散两种，但由于真正的连续空间问题难以在计算机中表示，因此经常将连续空间转化成离散空间，所以这里主要以离散状态空间作为讨论的对象。

状态空间通常以图的形式出现，图上的节点对应问题的状态，节点之间的边对应的是状态转移的可行性，边上的权可以对应转移所需的代价。问题的解可能是图中的一个状态或者是从开始状态到某个状态的一条路径，再或者是达到目标所花费的代价。

状态空间的表示一般分为隐式图和显式图两种。显式图是已经把所有的状态信息都存储起来，而隐式图完全靠扩展规则来生成，也就是边搜索边生成。除非要求解的问题很小，否则一般都采用隐式图表示，从后面将讨论的一些算法可以看出，问题求解过程中，虽然没有明确地提到搜索图，但搜索的整个过程是有一个隐式图在背后支撑着。

3.1.2 扩展规则

扩展规则应由两部分组成：一个是控制策略，另一个是生成系统。其中控制策略包括了节点的扩展顺序选择、算子(operator)的选择、数据的维护搜索中回路的判定、目标测试等；而生成系统由约束条件及算子组成。因此，几乎所有的搜索算法的改进都是通过修改或优化控制结构来实现的。其中遗传算法中对算子的改进比较特别，而从遗传算法中又衍生出很多算法。

1. 状态转移算子

搜索的状态转移算子的定义很广，是使问题从一种状态变化为另一种状态的手段，算子又称为操作符。操作符可能是某种动作(如下棋的走步)、过程、规则等的数学运算符号或逻辑运算符号等。

算子的定义与状态的表示密不可分，对隐式图而言，算子的任务是在约束条件下生成新的节点(或状态，或可能解)。如何使用算子，也就是如何扩展节点。

2. 扩展节点的策略

宏观地看，以怎样的次序对问题对应的搜索图进行搜索是搜索的技巧，也是智能的体现。没有目的随机地选一个节点扩展的话很容易实现，但一般很难得到一个解或不能保证解的质量，即得不到一个满意解；而好的策略可以比一般的方法扩展更少的节点。也就是说，根据问题的不同，设计更合理的算子扩展策略可以提高搜索的速度。

3. 搜索回路的避免

搜索的对象是图，如果这个图并不是无环的或是没有很强的扩展方法可避免环的话，就必须有一个手段以避免搜索进入死循环。在搜索算法中，"避免"的抽象说法是扩展节点时，不要扩展已经是父节点的节点，具体的方法就是简单地构造一个数组或哈希表来维护已经经过的节点，每当扩展到新的节点时进行判重。

4. 数据的维护

在搜索扩展节点、进行节点判重等操作时都需要与状态表示的数据结构打交道。数据结构的好坏直接决定了这些操作的效率。而数据维护其实就是以较短时间来对这些数据进行一些处理，使数据可以更快地被获取。在抽象的算法中，状态存储在一些表(list)中，如通用或图搜索算法的数据结构就是两个表：OPEN 表和 CLOSED 表。通常的具体实现是由哈希表、优先队列等数据结构来对节点数据进行维护。

3.1.3　目标测试

目标测试包含两层含义：是否满足所有限制条件(宽条件，与目标非常接近)；是不是目标(紧条件，与目标完全相符)。

宽条件一般是指在目标状态未知，而求解只需要接近目标即可的情况下设定的条件。它主要由两部分组成，一个是问题本身的限制条件，另一个就是人为设置的限制条件，如分支有界的深度、迭代加深的深度、遗传算法中的遗传代数，这些人为确定的参数起着控制流程的作用，通常出现在目标测试函数中。这里的目标并不是简单的一个状态，而是认为什么时候结束的理由，也可以认为得到满意答案或不会有什么改进了应终止搜索的条件。

紧条件是在目标状态已知，直接判定求解是否已达到这些状态的条件。

3.2　通过搜索求解问题的思路和步骤

通过搜索求解问题的前提是凭人自身的智能可以解决，因此在搜索之前应对问题有充分的认识，然后再考虑使用合适的搜索算法。一般在搜索时要定义状态空间 Q(它包含所有可能的问题状态)、初始状态集合 S、操作符集合 F 及目标状态集合 G。因此，可把状态空间记为三元组(S,F,G)，其中 $S\subset Q, G\subset Q$。

通过搜索求解问题的基本思路如下：

(1) 将问题中的已知条件看成状态空间中的初始状态，将问题中要求达到的目标看成状态空间中的目标状态，将问题中其他可能发生的情况看成状态空间的任一状态；

(2) 设法在状态空间寻找一条路径，实现由初始状态出发，能够沿着这条路径达到目标状态。

通过搜索求解问题的基本步骤如下：

(1) 根据问题定义出相应的状态空间，确定出状态的一般表示，它含有相关对象各种可能的排列。当然，这里仅仅是定义这个空间，而不必(有时也不可能)枚举出该状态空间的所有状态，但由此可以得出问题的初始状态、目标状态，并能够给出所有其他状态的一般表示；

(2) 规定一组操作(算子)，使它能够作用于一个状态过渡到另一个状态；

(3) 决定一种搜索策略，使其能够实现从初始状态出发，沿某个路径达到目标状态。

问题求解的过程是，应用规则和相应的控制策略去遍历或搜索问题空间，直到找出从初始状态到目标状态的某条路径。由此可见，搜索是问题求解的基本技术之一。

3.3 问题的特征分析

为选择最适合于某一特定问题的搜索方法，需要对问题的几个关键指标或特征加以分析。一般要考虑以下几点。

(1) 问题可分解成一组独立的、更小的、更容易解决的子问题吗？

(2) 当结果表明解题步骤不合适时，能忽略或撤回该步骤吗？

(3) 问题的全域可预测吗？

(4) 在未与所有其他可能解作比较之前，能确定当前的解是最好的解吗？

(5) 用于求解问题的知识库是相容的吗？

(6) 求解问题一定需要大量的知识吗？或者说，有大量知识时，搜索应加以限制吗？

(7) 在求解问题的过程中，需要人机交互吗？

(8) 如果问题能分解成若干子问题，则将子问题解出后，原问题的解也就求出来了。这种求解问题的方法称为问题的归纳。

1. 问题求解步骤的撤回

在问题求解的每一步完成后，分析一下它的搜索“踪迹”，可分为以下几点。

(1) 求解步骤可忽略。如定理证明，要证明的每一定理都为真，且都保存在知识库里。某个定理是怎样推导出来的对下一步的推导并不重要，它有可能由多种方法推导出来，重要的是它的推导要正确。因而它的搜索控制结构不需要带回溯。

(2) 可撤回。如走迷宫，实在走不通，可退回一步重来。这种搜索需用回溯技术，保证可以退回。例如，需用一定的控制结构，需采用堆栈技术。

(3) 不可撤回。如下棋、作决策等问题，要提前分析每走一步后会导致的结果，不可回头重来。这种搜索需要使用规划技术。

2. 问题全域的可预测性

有些问题的全域可预测，该问题空间有哪些状态是可以预测的，问题结局肯定，可采用开环控制结构。

有些问题的全域不可预测，如变化环境下机器人的控制，特别是危险环境下工作的机器人随时可能出意外，必须利用反馈信息，应使用闭环控制结构。

3. 问题要求的解的满意度

解的要求不同，采用的策略也就不相同。一般说来，最佳路径问题的计算比次优路径问题的计算要困难。使用提示来寻找好的路径的启发式方法常常只需要花费少量的时间，便可找出问题求解的任意路径。如果使用的启发式方法不理想，那么对这个解的搜索就不可能很顺利。有些问题要求找出真正的最佳路径，可能任何启发式方法都不适用。因此，必须进行耗尽式搜索，也就是下一节要讲到的盲目搜索方法。

3.4　搜索的基本策略

本节主要讨论搜索的基本策略，即怎样搜索才可以最有效地达到目标。根据扩展利用问题的特征信息的方式，搜索的基本策略可分为盲目搜索、启发式搜索和随机搜索。

如果扩展没有利用问题的特征信息，一般的搜索方式与我们平时找东西的策略可以说是相同的。

当我们在慌乱之中寻找东西的时候通常使用的就是随机搜索。

当我们在清醒时，有条理地寻找东西的方法大致可以分成两类：一种是找眼镜模式，它指的是眼镜掉了的时候，我们总是从最近的地方开始寻找，慢慢地扩大搜索的范围；另一种是走迷宫模式，它指的是在走迷宫的时候，我们由于无法分身只能一条路走到底，走不通再回溯。

这三种方法分别对应的就是随机搜索、广度搜索和深度搜索。

下面按扩展利用问题的特征信息的方式，分别介绍盲目搜索、启发式搜索和随机搜索。

3.4.1　状态空间的盲目搜索

人工智能虽有多个研究领域，而且每个研究领域又各有自己的规律和特点，但仔细分析可知，它们解决现实问题的过程都是一个“问题求解”的过程。问题求解过程实际是一个搜索过程。为了进行搜索，首先必须用某种形式把问题表示出来，其表示是否适当，将直接影响到搜索效率。状态空间表示法就是用来表示问题及其搜索过程的一种方法。它是人工智能中最基本的形式化方法，也是讨论问题求解技术的基础。用搜索技术来求解问题的系统均定义为一个状态空间，并通过适当的搜索算法在状态空间中搜索解答或解答路径。状态空间搜索的研究焦点在于设计高效的搜索算法，以降低搜索代价并解决组合爆炸问题。

一个复杂问题的状态空间一般都是十分庞大的。另一方面，把问题的全部状态空间都存到计算机中也不是必要的，因为对一个确定的具体问题来说，与解有关的状态空间往往只是整个状态空间的一部分，所以只要能生成并存储这部分状态空间就可求得问题的解。这样，不仅可以避免生成无用的状态而提高问题的求解效率，而且可以节省存储空间。但是，对一个具体问题，如何生成它所需要的部分状态空间从而实现对问题的求解呢？在人工智能中是通过搜索技术来解决这一问题的。其基本思想是：首先把问题的初始状态（即初始节点）作为当前状态，选择适用的算符对其进行操作，生成一组子状态（或称后继状态、后继节点、子节点），然后检查目标状态是否在其中出现。若出现，则搜索成功，找到了问题的解；若未出现，则按某种搜索策略从已生成的状态中再选一个状态作为当前状态。重复上述过程，直到目标状态出现或者不再有可供操作的状态或算符时为止。

下面列出状态空间的一般搜索过程。在此之前先对搜索过程中要用到的两个数据结构（OPEN 表与 CLOSED 表）做些简单说明。

OPEN 表用于存放刚生成的节点，其形式如表 3.1 所示。对于不同的搜索策略，节点在

OPEN 表中的排列顺序是不同的。例如对宽度优先搜索，节点按生成的顺序排列，先生成的节点排在前面，后生成的节点排在后面。

表 3.1　OPEN 表

状态节点	父节点

CLOSED 表用于存放将要扩展或者已扩展的节点，其形式如表 3.2 所示。所谓对一个节点进行“扩展”，是指用合适的算符对该节点进行操作，生成一组子节点。

表 3.2　CLOSED 表

编号	状态节点	父节点

搜索的一般过程如下。

(1) 把初始节点 S_0 放入 OPEN 表，并建立目前只包含 S_0 的图，记为 G。

(2) 检查 OPEN 表是否为空，若为空则问题无解，退出。

(3) 把 OPEN 表的第一个节点取出，放入 CLOSED 表，并记该节点为节点 n。

(4) 考察节点 n 是否为目标节点。若是，则求得了问题的解，退出；若不是，则继续步骤(5)。

(5) 扩展节点 n，生成一组子节点。把其中不是节点 n 父辈的那些子节点归入集合 M，并把这些子节点作为节点 n 的子节点加入 G 中。

(6) 针对 M 中子节点的不同情况，分别进行如下处理：

①对于那些未曾在 G 中出现过的 M 成员，设置一个指向父节点(即节点 n)的指针，并把它们放入 OPEN 表；

②对于那些先前已在 G 中出现过的 M 成员，确定是否需要修改它指向父节点的指针；

③对于那些先前已在 G 中出现并且已经扩展了的 M 成员，确定是否需要修改其后继节点指向父节点的指针。

(7) 按某种搜索策略对 OPEN 表中的节点进行排序。

(8) 转第(2)步。

这一搜索过程的流程图如图 3.1 所示。

根据状态空间搜索的一般过程，可以发现，提高搜索效率的关键在于优化 OPEN 表中节点的排序方式。若每次排在表首的节点都在最终搜索到的解路径上，则搜索算法不会扩展任何多余的节点就可快速结束搜索。因此节点在 OPEN 表中的排序方式成为研究搜索算法的焦点，并由此形成了多种搜索策略。

一种简单的排序策略就是按预先确定的顺序或随机地对新加入 OPEN 表中的节点进行排序，由此得到盲目搜索策略。盲目搜索又称为非启发式搜索，是一种无信息搜索，一般只适用于求解比较简单的问题。下面将要讨论的几个搜索方法，它们均属于盲目搜索方法。

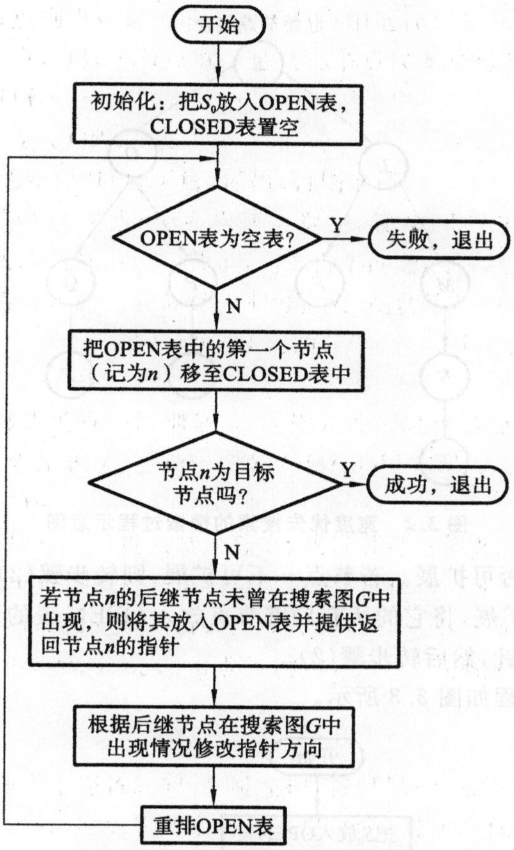

图 3.1　状态空间的搜索流程图

这种盲目的搜索策略根据搜索顺序的不同，可以划分为宽度优先搜索和深度优先搜索两种搜索策略。

1. 宽度优先搜索

在一个搜索树中，如果搜索是以同层邻近节点依次扩展节点的，那么这种搜索就叫宽度优先搜索(breadth-first search)。宽度优先搜索又称为广度优先搜索，是一种盲目搜索策略。其基本思想是，从初始节点开始，逐层对节点进行依次扩展，并考察它是否为目标节点，在对下层节点进行扩展(或搜索)之前，必须完成对当前层的所有节点的扩展(或搜索)。其搜索过程如图 3.2 所示。

需注意的是，在本节讨论的盲目搜索算法中，存放节点都采用一种简单的数据结构表，表示为将节点按一定的顺序用逗号隔开放在一对括号中，在表的首部和尾部都可以加入和删除节点。

宽度优先搜索算法的搜索步骤如下。

(1) 把初始节点 S_0 放入 OPEN 表中。

(2) 如果 OPEN 表是空表，则没有解，失败退出；否则继续。

(3) 把 OPEN 表中的第一个节点(记为节点 n)移出，并放入 CLOSED 表中。

(4) 判断节点 n 是否为目标节点，若是，则求解结束，并用回溯法找出解的路径，退出；否则继续。

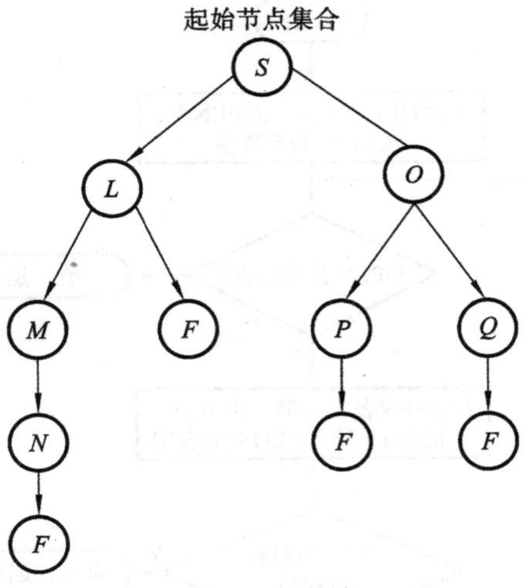

图 3.2　宽度优先搜索的搜索过程示意图

(5) 判断节点 n 是否可扩展。若节点 n 不可扩展，则转步骤(2)；否则继续。

(6) 对节点 n 进行扩展，将它的所有后继节点放入 OPEN 表的尾部，并为这些后继节点设置指向父节点 n 的指针，然后转步骤(2)。

宽度优先算法的流程如图 3.3 所示。

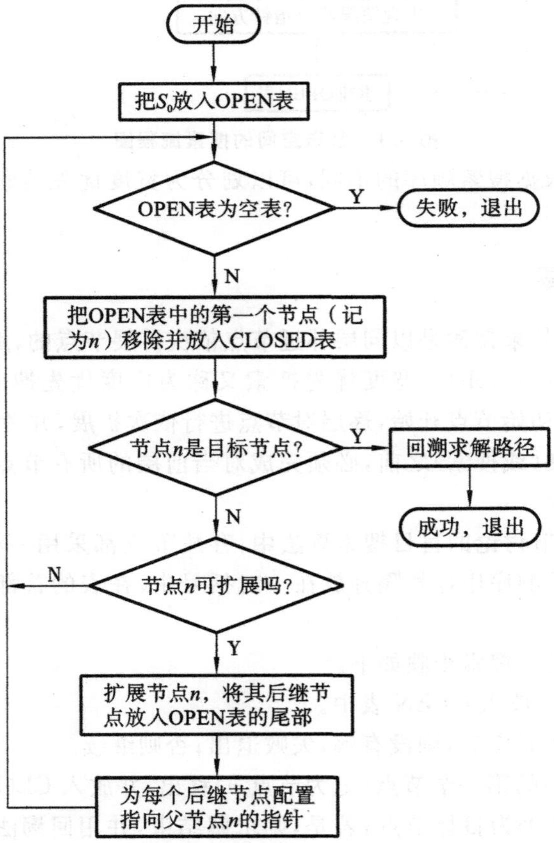

图 3.3　宽度优先算法流程图

宽度优先搜索的盲目性较大，当目标节点距离初始节点较远时，将会产生大量的无用节点。搜索效率低，这是它的缺点。但是，只要问题有解，用宽度优先搜索总可以找到它的解，而且，该解是搜索树中从初始节点到目标节点的路径最短的解，也就是说，宽度优先搜索策略是完备的。

2. 深度优先搜索

与宽度优先搜索对应的另一种盲目搜索叫作深度优先搜索。在深度优先搜索中，首先扩展最新产生的(即最深的)节点到 CLOSED 表中。深度相等的节点可以任意排列。

深度优先搜索的基本思想是：从初始节点 S_0 开始，在其子节点中选择一个节点进行考察，若该节点不是目标节点则再在该子节点的子节点中选择一个节点进行考察，一直如此向下搜索；当到达某个子节点，且该子节点既不是目标节点又不能继续扩展时，才选择其兄弟节点进行考察。其搜索过程如下。

(1) 把初始节点 S_0 放入 OPEN 表。

(2) 如果 OPEN 表为空，则问题无解，退出；否则继续。

(3) 把 OPEN 表的第一个节点(记为节点 n)取出，放入 CLOSED 表。

(4) 考察节点 n 是否为目标节点。若是，则求得了问题的解，退出；否则继续。

(5) 考察节点 n 是否可扩展。若节点 n 不可扩展，则转第(2)步；否则继续。

(6) 扩展节点 n，将其子节点放入 OPEN 表的首部，并为其配置指向父节点的指针，然后转第(2)步。

该过程与宽度优先搜索的唯一区别是：宽度优先搜索是将节点 n 的子节点放入 OPEN 表的尾部，而深度优先搜索是把节点 n 的子节点放入 OPEN 表的首部。仅此一点不同，就使得搜索的路线完全不一样。

在深度优先搜索中，搜索一旦进入某个分支，就将沿着该分支一直向下搜索。如果目标节点恰好在此分支上，则可较快地得到解。但是，如果目标节点不在此分支上，而该分支又是一个无穷分支，则就不可能得到解。所以深度优先搜索是不完备的，即使问题有解，它也不一定能求得解。另外，用深度优先搜索求得的解，不一定是路径最短的解，其道理是显然的。

1) 有界深度优先搜索

为了解决深度优先搜索不完备的问题，避免搜索过程陷入无穷分支的死循环，有界深度优先搜索方法被提出。有界深度优先搜索的基本思想是：对深度优先搜索引入搜索深度的界限(设为 d_m)，当搜索深度达到了深度界限，而尚未出现目标节点时，就换一个分支进行搜索。

有界深度优先搜索的搜索过程如下。

(1) 把初始节点 S_0 放入 OPEN 表中，置 S_0 的深度 $d(S_0)=0$。

(2) 如果 OPEN 表为空，则问题无解，退出；否则继续。

(3) 把 OPEN 表中的第一个节点(记为节点 n)取出，放入 CLOSED 表。

(4) 考察节点 n 是否为目标节点。若是，则求得了问题的解，退出；若不是，则继续。

(5) 如果节点 n 的深度 $d(n)=d_m$，则转第(2)步；若不等于，则继续。

(6) 考察节点 n 是否可扩展。若节点 n 不可扩展，则转第(2)步；否则继续。

(7) 扩展节点 n，将其子节点放入 OPEN 表的首部，并为其配置指向父节点的指针，然后转第(2)步。

有界深度优先搜索过程如图 3.4 所示。

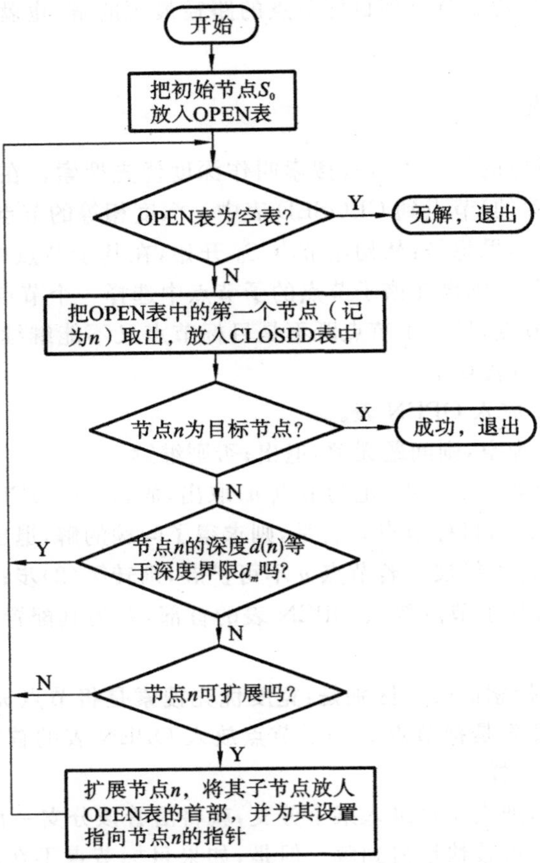

图 3.4 有界深度优先搜索流程图

如果问题有解，且其路径长度小于或等于 d_m，则上述搜索过程定能求得解。但是，若解的路径长度大于 d_m，则上述搜索过程就得不到解。这说明在有界深度优先搜索中，深度界限的选择是很重要的。但这并不是说深度界限越大越好，因为当 d_m 太大时，搜索时将产生许多无用的子节点，既浪费了计算机的存储空间与运行时间，又降低了搜索效率。

2）迭代加深搜索

由于解的路径长度事先难以预料，所以要恰当地给出 d_m 的值是比较困难的。另外，即使能求出解，它也不一定是最优解。为此，可采用下述办法进行改进：

先任意给定一个较小的数作为 d_m，然后进行上述有界深度优先搜索，当搜索达到了指定的深度界限 d_m 仍未发现目标节点，并且 CLOSED 表中仍有待扩展节点时，就将这些节点送回 OPEN 表，同时增大深度界限 d_m，继续向下搜索。如此不断地增大 d_m，只要问题有解，就一定可以找到它。但此时找到的解不一定是最优解。为找到最优解，可增设一个表，每找到一个目标节点后，就把它放入该表的首部并令 d_m 等于该目标节点所对应的路径长度，然后继续搜索。由于后求得的解的路径长度不会超过先求得的解的路径长度，所以最后求得的解一定是最优解。

这就是迭代加深搜索的基本思想，其算法如下。

(1) 设置当前深度界限 $d_m=0$。

(2) 把 S_0 放入 OPEN 表中，置 S_0 的深度 $d(S_0)=0$。

(3) 若 OPEN 表为空，则转至步骤(8)；否则继续。

(4) 取 OPEN 表中首部第一个节点放入 CLOSED 表中，令该节点为 x 并以顺序编号 $(1,2,\cdots,n)$。

(5) 若节点 x 的深度 $d(x)=d_m$(深度界限)，或者节点 x 无子节点，则转至步骤(8)；否则继续。

(6) 若目标状态节点就是节点 x，则成功，结束；否则继续。

(7) 扩展节点 x，将其所有子节点 x_1 配上指向 x 的返回指针后依次放入 OPEN 表的首部，$d(x_1)=d(x)+1$，转至步骤(3)。

(8) 若 d_m 小于最大节点深度，则 d_m+1，返回步骤(2)；否则，搜索失败，退出。

迭代加深搜索试图尝试所有可能的深度界限：首先深度为 0，然后为 1，2，……一直进行下去。由于很多节点可能重复搜索，因此迭代加深搜索看起来会很浪费时间和存储空间，但实际上前一次搜索与后一次相比是微不足道的，这是因为一棵树的分支因子很大时，几乎所有的节点都在底层，对于上面各层次节点的多次重复扩展，对整个系统来说影响不是很大。

3. 有代价的搜索策略

在前面的搜索算法讨论中，没有考虑搜索的代价问题，即假设状态空间图中各节点之间有向边的代价是相同的，且都为一个单位量，也就是说从状态空间图中的任一个状态转换到另一个状态所付出的代价是一样的。由此，在求解一个问题时，所付出的总代价即从状态空间图的初始节点到达目标节点的解路径的长度。然而，在实际问题求解中，将一个状态变换成另一个状态时所付出的操作代价(或费用)往往是不一样的，也就是状态空间图中各有向边的代价是不一样的。那么采用何种搜索策略，才能保证付出的代价最小呢？

像前面所说的，不可能将状态空间图的全部状态节点输入计算机中，计算机仅仅存储逐步扩展过程中所形成的搜索树。把有向边上标有代价的搜索树称为代价搜索树，简称代价树。

在代价树中把从节点 i 到其后继节点 j 的路径之代价记为 $c(i,j)$，而把从初始节点 S_0 到任意节点 x 的路径代价记为 $g(x)$，则 $g(j)=g(i)+c(i,j)$。

1) 代价树的宽度优先搜索

代价树的宽度优先搜索算法的基本思想是：每次从 OPEN 表中选择一个代价最小的节点，移入 COLSED 表。因此，每当对一节点扩展之后，就要计算其所有后继节点的代价，并将它们与 OPEN 表中已有的待扩展的节点按代价的大小从小到大依次排序。而从 OPEN 表选择被扩展节点时即选择排在最前面的节点(代价最小)。

代价树的宽度优先搜索算法如下。

(1) 把初始节点 S_0 放入 OPEN 表，$g(S_0)=0$。

(2) 如果 OPEN 表为空，则问题无解，退出；否则继续。

(3) 把 OPEN 表中代价最小的节点，即排在前端的第一个节点(记为节点 n)，移入 CLOSED 表中。

(4) 如果节点 n 是目标节点，则求得问题的解，退出；否则继续。

(5) 判断节点 n 是否可扩展，若不可扩展则转步骤(2)；否则转步骤(6)。

(6) 对节点 n 进行扩展，将它们所有的后继节点放入 OPEN 表中，并对每个后继节点 j 计算其代价 $g(j)=g(n)+c(n,j)$，为每个后继节点设置指向节点 n 的指针。

(7) 对 OPEN 表中的所有节点按其代价进行从小到大的排序。转向步骤(2)。

代价树的宽度优先搜索算法流程图如图 3.5 所示。

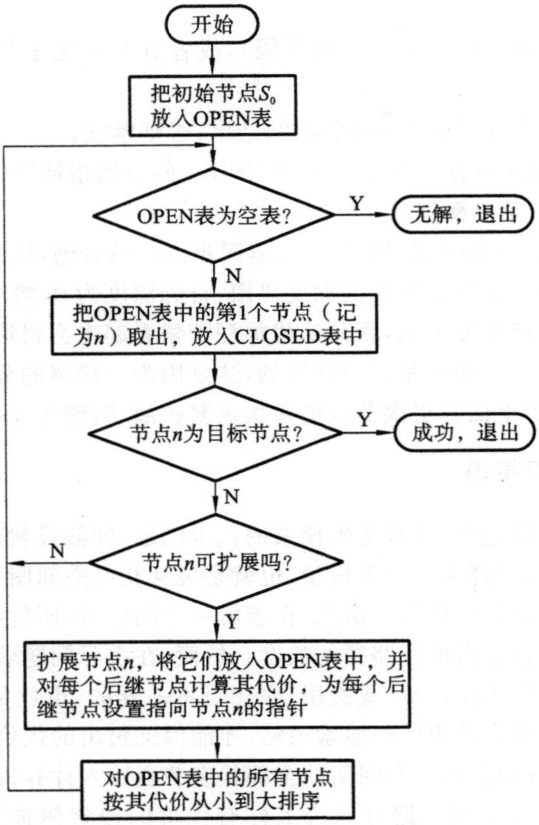

图 3.5　代价树的宽度优先搜索算法流程图

2) 代价树的深度优先搜索

代价树的深度优先搜索和宽度优先搜索的区别是：宽度优先搜索算法每次从 OPEN 表的全体节点中选择代价最小的节点移入 CLOSED 表中，并对这一节点进行扩展或判断（是否为目标节点）；而深度优先搜索法则是从刚刚扩展的节点的后继节点中选择一个代价最小的节点移入 CLOSED 表中，并进行扩展或判断。

代价树的深度优先搜索算法如下。

(1) 把初始节点 S_0 放入 OPEN 表中。

(2) 如果 OPEN 表为空，则问题无解，退出；否则继续。

(3) 把 OPEN 表的第一个节点(记为节点 n)取出，放入 CLOSED 表。

(4) 考察节点 n 是否为目标节点。若是，则求得了问题的解，退出；若不是，则继续。

(5) 考察节点 n 是否可扩展。若节点 n 不可扩展，则转第(2)步；若可扩展，则继续。

(6) 扩展节点 n，将其子节点按边代价从小到大的顺序放到 OPEN 表的首部，并为各子节点配置指向父节点的指针，然后转第(2)步。

在第(6)步中提到按"边代价"对子节点排序，这是因为子节点 x_2 的代价 $g(x_2)$ 为

$$g(x_2)=g(x_1)+c(x_1,x_2) \tag{3-1}$$

式中：x_1 为 x_2 的父节点。由于在代价树的深度优先搜索中，只是从子节点中选取代价最小者，因此对各子节点代价的比较实质上是对边代价 c 的比较，它们的父节点都是 x_1，有相同的 $g(x_1)$。

代价树的深度优先搜索算法流程图如图 3.6 所示。

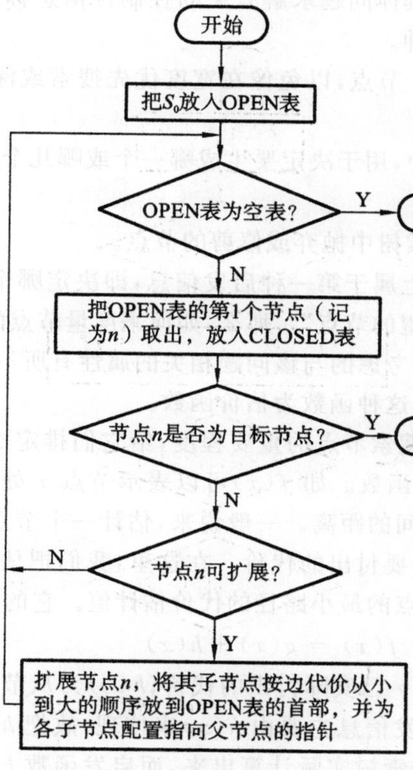

图 3.6　代价树的深度优先搜索算法流程图

3.4.2　状态空间的启发式搜索

前面讨论的各种搜索方法都是非启发式搜索，它们或者是按事先规定的路线进行搜索，或者是按已经付出的代价决定下一步要搜索的节点。例如，宽度优先搜索是按"层"进行搜索的，先进入 OPEN 表的节点先被考察；深度优先搜索是沿着纵深方向进行搜索的，后进入 OPEN 表的节点先被考察；代价树的宽度优先搜索是根据 OPEN 表中全体节点已付出的代价（即从初始节点到该节点路径上的代价）来决定哪一个节点先被考察；而代价树的深度优先搜索是在当前节点的子节点中挑选代价最小的节点作为下一个被考察的节点。它们的一个共同特点是都没有利用问题本身的特征信息，在决定要被扩展的节点时，都没有考虑该节点在解的路径上的可能性有多大，它是否有利于问题求解，以及求出的解是否为最优解等。因此，这些搜索方法都具有较大的盲目性，产生的无用节点较多，搜索空间较大，效率不高。为了克服这些局限性，可用启发式搜索。

启发式搜索要用到问题自身的某些特征信息，以指导搜索朝着最有希望的方向前进。由于这种搜索针对性较强，因此原则上只需要搜索问题的部分状态空间，效率较高。

1. 启发信息与估价函数

在搜索过程中，关键的一步是确定如何选择下一个要被考察的节点，不同的选择方法即不同的搜索策略。如果在确定要被考察的节点时，能够利用被求解问题的有关特征信息，估计出各节点的重要性，那么就可以选择重要性较高的节点进行扩展，以便提高求解的效率。像这样可用于指导搜索过程且与具体问题求解有关的控制性信息称为启发信息。其实，启发信息按其作用可以分为以下三种。

(1) 用于决定要扩展的下一个节点，以免像在宽度优先搜索或深度优先搜索中那样盲目地扩展。

(2) 在扩展一个节点的过程中，用于决定要生成哪一个或哪几个后继节点，以免盲目地同时生成所有可能的后继节点。

(3) 用于确定某些应该从搜索树中抛弃或修剪的节点。

本节所描述的启发信息实际上属于第一种启发信息，即决定哪个节点是下一步要扩展的节点，把这一节点称为“最有希望的节点”。那么，如何来度量节点的“希望”程度呢？当然可以有多种方法，但不同的方法所考虑的与该问题相关的属性有所不同，通常可以构造一个函数来表示节点的“希望”程度，称这种函数为估价函数。

估价函数的任务就是估计待搜索节点的重要程度，给它们排定次序。如果设估价函数是 $f(x)$，则 $f(x)$可以是任意一种函数。如 $f(x)$可以表示节点 x 处于最佳路径上的概率，也可以表示节点 x 到目标节点之间的距离。一般说来，估计一个节点的价值时必须考虑两方面的因素：已经付出的代价和将要付出的代价。在这里，我们把估价函数 $f(x)$定义为从初始节点经过节点 x 到达目标节点的最小路径的代价估计值。它的一般形式为

$$f(x) = g(x) + h(x) \tag{3-2}$$

式中：$g(x)$为初始节点 S_0 到节点 x 已实际付出的代价；$h(x)$为从节点 x 到目标节点 S_g 的最优路径的估计代价。搜索的启发信息主要由 $h(x)$来体现，故把 $h(x)$称为启发函数。实际代价 $g(x)$可以根据已生成的搜索树实际计算出来，而启发函数 $h(x)$却依赖某种经验估计，它来源于人们对问题的解的某种认识，即对问题解的一些特征的了解。这些特征可以帮助人们很快地找到问题的解。

估价函数 $f(x)$综合考虑了从初始节点 S_0 到目标节点 S_g 的代价，是一个估算值。它的作用是帮助确定 OPEN 表中各待扩展节点的“希望”程度，决定它们在 OPEN 表中的排列次序。一般情况下，在 $f(x)$中，$g(x)$的比重越大，搜索方式就越倾向于宽度优先搜索方式；$h(x)$的比重越大，就越倾向于深度优先搜索方式。$g(x)$的作用一般不可忽视，因为它代表了从初始节点到达目标节点的总代价估值中实际已付出的那部分代价。$g(x)$体现了搜索的宽度优先趋势，这有利于搜索算法的完备性，但影响算法的搜索效率。$h(x)$体现了搜索的深度优先趋势，当 $g(x) \leqslant h(x)$时，可以忽略 $g(x)$，这时 $f(x)=h(x)$，这会有利于搜索效率的提高但影响搜索算法的完备性，即有可能找不到问题的解。

估价函数是针对具体问题构造的，是与问题特性密切相关的。不同的问题，其估价函数可能不同。在构造估价函数时，依赖于问题特性的启发函数 $h(x)$的构造尤为重要。

在构造启发函数时，还要考虑两个方面因素的影响：一个是搜索工作量，一个是搜索代

价。有些启发信息虽然可以大大减少搜索的工作量，但却不能保证求得最小代价的路径。构造的启发函数应能使问题求解的路径代价与为求此路径所花费的搜索代价的综合指标为最小。

2. 局部择优搜索

局部择优搜索是一种启发式搜索方法，是对深度优先搜索方法的一种改进。其基本思想是：当一个节点被扩展以后，按估价函数 $f(x)$ 对每一个子节点计算估价值，并选择最小者作为下一个要考察的节点，由于它每次都只是在子节点的范围内选择下一个要考察的节点，范围比较狭窄，因此称为局部择优搜索，下面给出它的搜索过程。

(1) 把初始节点 S_0 放入 OPEN 表，计算 $f(S_0)$。

(2) 如果 OPEN 表为空，则问题无解，退出；否则继续。

(3) 把 OPEN 表的第一个节点(记为节点 n)取出，放入 CLOSED 表。

(4) 考察节点 n 是否为目标节点。若是，则求得了问题的解，退出；若不是，则继续。

(5) 考察节点 n 是否可扩展。若节点 n 不可扩展，则转第(2)步；若可扩展，则继续。

(6) 扩展节点 n。用估价函数 $f(x)$ 计算每个子节点的估价值，并按估价值从小到大的顺序依次放到 OPEN 表的首部，为每个子节点配置指向父节点的指针，然后转第(2)步。

上述搜索过程的流程如图 3.7 所示。

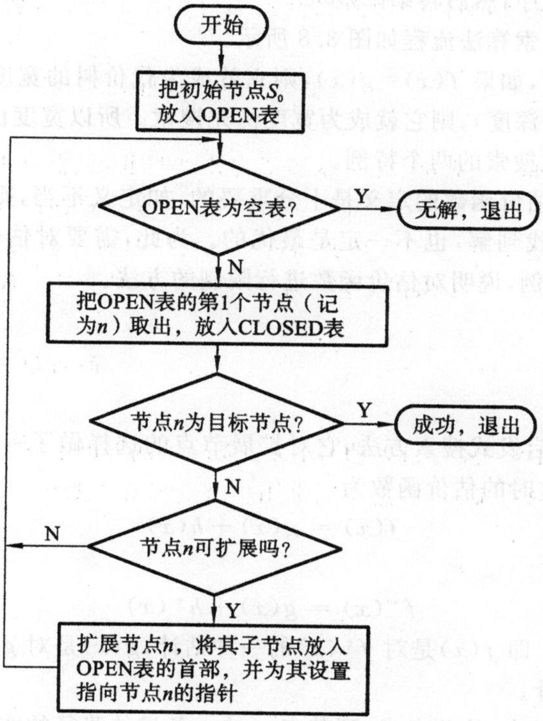

图 3.7　局部择优搜索算法流程图

局部择优搜索与深度优先搜索及代价树的深度优先搜索的区别就在于，在选择下一个节点时所用的标准不一样。局部择优搜索是以估价函数值作为标准；深度优先搜索则是以后继节点的深度作为选择标准，后生成的节点先考察；而代价树的深度优先搜索则是以各后继节点到其父节点之间的代价作为选择标准。如果把层深函数 $d(x)$ 当作估价函数 $f(x)$，或把代价函数 $g(x)$ 当作估价函数 $f(x)$，那么就可以把深度优先搜索和代价树的深度优先搜索看作局部择优搜索的两个特例。

3. 全局择优搜索

全局最佳优先搜索也是一个有信息的启发式搜索，它的思想类似于宽度优先搜索，所不同的是，在确定下一个扩展节点时，以与问题特征密切相关的估价函数 $f(x)$ 作为标准。不过这种方法是在 OPEN 表中的全部节点中，选择一个估价函数 $f(x)$ 最小的节点，作为下一个被考察的节点。正因为选择的范围是 OPEN 表中的全部节点，所以称其为全局最佳优先搜索或全局择优搜索。其搜索算法如下。

(1) 把初始节点 S_0 放入 OPEN 表，计算 $f(S_0)$。

(2) 如果 OPEN 表为空，则搜索失败，退出；否则继续。

(3) 把 OPEN 表中的第一个节点（记为节点 n）从表中移出，放入 CLOSED 表。

(4) 考察节点 n 是否为目标节点。若是，则求得了问题的解，退出；若不是，则继续。

(5) 考察节点 n 是否可扩展。若节点 n 不可扩展，则转第(2)步；若可扩展，则继续。

(6) 扩展节点 n，用估价函数 $f(x)$ 计算每个子节点的估价值，并为每个子节点设置指向父节点的指针，把这些子节点都送入 OPEN 表中，然后对 OPEN 表中的全部节点按估价值从小至大的顺序进行排序，然后转第(2)步。

相应的全局择优搜索算法流程如图 3.8 所示。

在全局择优搜索中，如果 $f(x)=g(x)$，则它就成为代价树的宽度优先搜索；若 $f(x)=d(x)$（$d(x)$ 为节点 x 的深度），则它就成为宽度优先搜索。所以宽度优先搜索和代价树的宽度优先搜索是全局择优搜索的两个特例。

在启发式搜索中，估价函数的定义是十分重要的，如定义不当，则上述搜索算法不一定能找到问题的解，即使找到解，也不一定是最优的。为此，需要对估价函数进行某些限制。下面我们以 A^* 算法为例，说明对估价函数进行限制的方法。

4. A^* 算法

1) A^* 算法的定义

A^* 算法也是一种启发式搜索方法，它对扩展节点的选择做了一些限制，选用了一个比较特殊的估价函数。这时的估价函数为

$$f(x)=g(x)+h(x) \tag{3-3}$$

它是对下列函数

$$f^*(x)=g(x)+h^*(x) \tag{3-4}$$

的一种估计（或近似）。即 $f(x)$ 是对 $f^*(x)$ 的一种估计；$g(x)$ 是对 $g^*(x)$ 的一种估计；$h(x)$ 是对 $h^*(x)$ 的一种估计。

函数 $f^*(x)$ 的定义为：从节点 S_0 到节点 x 的一条最佳路径的实际代价，与从节点 x 到目标节点的最佳路径的代价之和。因此，$g^*(x)$ 就是从节点 S_0 到节点 x 之间最小代价路径的实际代价，$h^*(x)$ 则是从节点 x 到目标节点的最小代价路径上的代价。既然 $g(x)$ 是 $g^*(x)$ 的估计，那么 $g(x)$ 是比较容易求得的，它就是从初始节点 S_0 到节点 x 的路径代价，可以通过由节点 x 到节点 S_0 回溯时，把所遇到的各段弧线的代价加起来得到，显然恒有

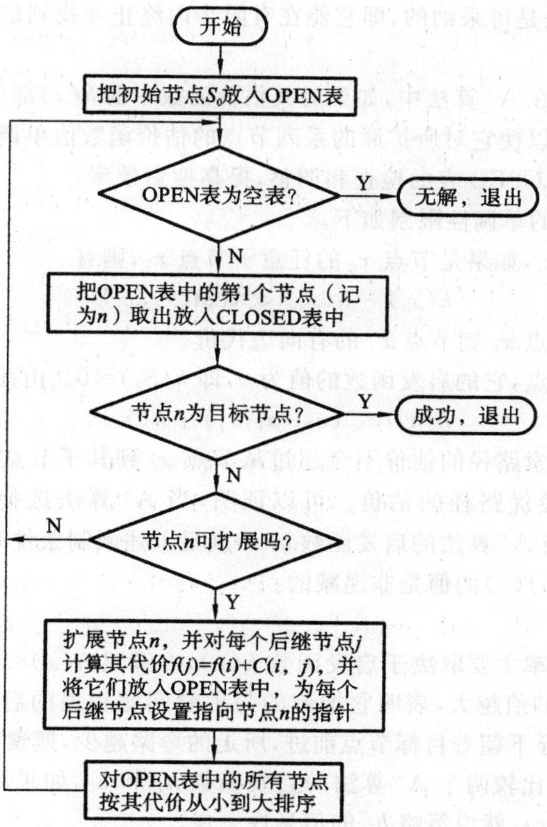

图 3.8　全局择优搜索算法流程图

$g(x) \geqslant g^*(x)$。$h(x)$是对$h^*(x)$的估计，它依赖于有关问题域的启发信息，它就是上述提到的启发函数，其具体形式要根据问题的特征来进行构造。

在 A^* 算法中，要求启发函数 $h(x)$ 是 $h^*(x)$ 的下界，即对所有的 x 均有

$$h(x) \leqslant h^*(x) \tag{3-5}$$

可求。这十分重要，因为它能保证 A^* 算法找到最优解。因此，通过上述描述可以总结出 A^* 算法的定义如下。

在一般状态空间图的搜索，依据估价函数

$$f(x) = g(x) + h(x) \tag{3-6}$$

对 OPEN 表中的节点进行排序，并且要求启发函数 $h(x)$ 是 $h^*(x)$ 的一个下界，即 $h(x) \leqslant h^*(x)$，则这种状态空间图的搜索算法就称为 A^* 算法。

由定义可以看出，A^* 算法就是对算法中的扩展节点的选择方法做了限制，它可以使问题的求解更快速、更有效。其具体搜索算法就不在这里给出了。

2) A＊算法的性质

A^* 算法具有下列一些性质。

(1) 可采纳性。

所谓可采纳性，是指对于可求解的状态空间图(即从状态空间图的初始节点到目标节点有路径存在)来说，如果一个搜索算法能在有限步内终止，并且能找到最优解，则称该算法是可采纳的。

可以证明，A^* 算法是可采纳的，即它能在有限步内终止并找到最优解。

(2) 单调性。

所谓单调性，是指在 A^* 算法中，如果对其估价函数中的 $h(x)$ 部分(即启发函数)加以适当的单调性限制，就可以使它对所扩展的系列节点的估价函数值单调递增(或非递减)，从而减少对 OPEN 表或 CLOSED 表的检查和调整，提高搜索效率。

对启发函数 $h(x)$ 的单调性限制如下。

①对所有的节点 x_i，如果是节点 x_i 的任意子节点 x_j，则有

$$h(x_i) - h(x_j) \ll \text{cost}(x_i, x_j) \tag{3-7}$$

式中：$\text{cost}(x_i, x_j)$ 是节点 x_i 到节点 x_j 的有向边代价。

②设 S_g 是目标节点，它的启发函数的值为 0，即 $h(S_g)=0$。由此可以得到：

$$h(x_i) \leqslant \text{cost}(x_i, x_j) + h(x_i) \tag{3-8}$$

这就是说，最佳搜索路径的估价不会超过从节点 x_i 到其子节点 x_j 的有向边代价加上节点 x_j 到目标节点最优路径的估价。可以证明，当 A^* 算法选择节点 x_n 进行扩展时，$g(x_n)=g^*(x_n)$。而当 A^* 算法的启发函数 $h(x)$ 满足上述限制条件时，由 A^* 算法所扩展的节点序列，其估价函数 $f(x)$ 的值是非递减的。

(3) 信息性。

A^* 算法的搜索效率主要取决于启发函数 $h(x)$，在满足 $h(x) \leqslant h^*(x)$ 的前提下，$h(x)$ 的值越大越好。$h(x)$ 的值越大，表明它携带的与求解问题相关的启发信息越多，搜索过程就会在启发信息的指导下朝着目标节点前进，所走的弯路越少，搜索效率就会越高。

所谓信息性，是指比较两个 A^* 算法的启发函数 h_1 和 h_2，如果对搜索空间中的任一节点 x 都有 $h_1(x) > h_2(x)$，就说策略 h_1 的信息性更强。

设 $f_1(x)$ 和 $f_2(x)$ 是在求解同一个问题时定义的两个不同的估价函数：

$$f_1(x) = g_1(x) + h_1(x) \tag{3-9}$$

$$f_2(x) = g_2(x) + h_2(x) \tag{3-10}$$

而与这两个估价函数相对应的 A^* 算法分别记为 A_1^* 和 A_2^*。如果对所有的非目标节点 x，启发函数 $h_1(x) > h_2(x)$，那就可以证明，算法 A_2^* 在搜索求解过程中所扩展的节点数一定不会少于算法 A_1^* 所扩展的节点数，也就是说，算法 A_2^* 的搜索效率不会高于算法 A_1^* 的搜索效率。这就是由算法 A_2^* 的估价函数所携带的启发信息少于算法 A_1^* 的估价函数所携带的启发信息所致。

5. 爬山法

爬山法是实现启发式搜索的最简单方法。人们在登山时，只要好爬，总是选取最陡处，以求快速登顶。爬山实际上就是求函数极大值问题，不过这里不是用数值解法，而是依赖于启发式知识，试探性地逐步向顶峰逼近(广义地，逐步求精)，直到登上顶峰。

在爬山法中，限制为只能向"山顶"爬去，即向目标状态逼近，不准后退，从而简化了搜索算法。换句话说，不需设置 OPEN 和 CLOSE 表，因为没有必要保存任何待扩展节点，仅从当前状态节点扩展出子节点(相当于找到上爬的路径)，并将 $h(x)$"最小"的子节点(即最末级子节点，对应于到顶峰最近的上爬路径)作为下一次考察和扩展的节点，其余子节点全部丢弃。

爬山法对于单一极值问题(登单一山峰)十分有效而又简便，但对于具有多极值的问题

就无能为力了，因为很可能会因错登高峰而不能到达最高峰。

3.4.3　随机搜索

虽然随机搜索方法看上去不太可行，但是当问题空间很大、可行解较多，并且对解的精度要求不高时，随机搜索还是很有效的解决办法，因为其他搜索方法在这个时候的时空效率不能让人满意，而且，借助演化思想和群集智能思想改进过的随机算法对解的分布有规律的复杂问题的求解有更好的效果。

1. 模拟退火法

模拟退火（simulated annealing，SA）法是克服爬山法缺点的有效方法。所谓退火，是指冶金专家为了获得某些特种晶体结构，重复将金属加热或冷却的过程。该过程的控制参数为温度 T。模拟退火法的基本思想是，在系统朝着能量减小的变化过程中，偶尔允许系统跳到能量较高的状态，以避开局部极小点，最终稳定到全局最小点。例如，若使能量在 C 点突然增加 h，系统就能跳过局部极小点 B，从而达到全局最小点 A。

模拟退火算法步骤如下。

(1) 随机挑选一单元 k，并给它一个随机的位移，求出系统因此而产生的能量变化 ΔE_k。

(2) 若 $\Delta E_k \leqslant 0$，则该位移可采纳，而变化后的系统状态可作为下次变化的起点；若 $\Delta E_k > 0$，则位移后的状态可采纳的概率为

$$P_k = 1/(1+\mathrm{e}^{-\frac{\Delta E_k}{T}}) \tag{3-11}$$

式中：T 为温度。然后从(0,1)内均匀分布的随机数中挑选一个数 R。若 $R<P_k$，则将变化后的状态作为下次变化的起点；否则，将变化前的状态作为下次变化的起点。

(3) 转第(1)步继续执行，直至达到平衡状态为止。

概率分布稳定并不意味着系统达到的仅仅是单一稳定状态。不过，对一具体温度 T 而言，达到平衡时任两个状态 α 与 β 的概率均服从 Boltzmann 分布，则有

$$\frac{P_\alpha}{P_\beta} = \mathrm{e}^{-(E_\alpha - E_\beta)/T} \tag{3-12}$$

式中：E_α、E_β 分别为 α、β 两个状态的能量。

式(3-12)表明：若 $E_\beta > E_\alpha$，则 $\frac{P_\alpha}{P_\beta} > 1$，说明能量越小，则该平衡状态的概率就越大，因而系统处于能量较小的平衡状态的可能性也越大。另外，在此前提下，温度 T 对系统的影响如下。

①温度越高，系统越容易达到平衡状态，但却使 P_α/P_β 值越小，故相对而言，在平衡状态下处于能量较小状态的可能性也越小。

②温度越低，系统达到平衡状态的速度虽慢，但 P_α/P_β 值越大，系统越可能达到能量较小的平衡状态。

这个过程的原理可以根据图 3.9 所示形象地去理解：如果希望小球离开 A 点然后停在 B 点（全局最小），使用较小的能量来摇动系统，这时小球只能停在 A 点；若开始以较大的速度摇动，后来慢慢地减速，则小球很可能就会落在 B 点，且小球到 B 点之后，就不易从 B 点摇到 A 点。模拟退火算法就类似于这个过程。

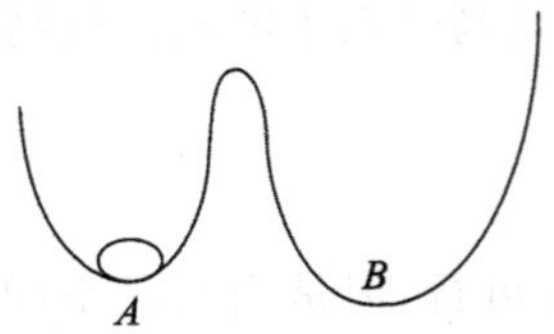

图 3.9　模拟退火算法形象示意图

2. 其他典型的随机搜索算法

在许多搜索算法中，采取的搜索策略并非只是一种，而随机搜索就是所采取的策略之一。采用随机搜索的目的往往是增加算法的灵活性和搜索过程扩展方式的多样性，使得算法避免陷入过早收敛的境地。这样的一些算法常常给启发式函数加入一些带有随机性的调控参数(如参数中有 rand 函数或其他随机控制手段)，典型的有遗传算法、人工免疫算法、蚁群算法和粒子群算法等，或将这些单一算法彼此混合。

1) 遗传算法

遗传算法(genetic algorithm)的基本思想来源于达尔文的进化论。达尔文认为：每个物种初生个体的数目总是比能够生存下来的个体数目多，因此个体之间为了生存而相互竞争。如果某个个体的特征发生微小的变异，尽管很小，但该特征的变异使得其适应能力有所提高，那么在复杂的、不断变化的自然环境中，这个个体就有更大机会生存下来，这就是自然选择(natural selection)。变异得到的特征经过遗传由后代继承。通过遗传、变异和自然选择，生物物种能够不断进化。

遗传算法则是模拟生物进化的自然选择和遗传机制的一种随机搜索方法，适用于复杂的非线性问题。该算法的主要步骤为：编码，产生初始种群，计算适应度，选择，交叉，变异。

遗传算法只使用目标函数(适应值)进行搜索，可以处理多种问题。遗传算法使用的遗传算子是一种随机操作，而不是确定性规则，其中选择、交叉和变异操作都是由一定概率来控制的。

2) 人工免疫算法

人工免疫算法是基于人体的免疫细胞的工作机制而设计出来的算法。它和遗传算法相比，只是把遗传算子和控制参数的部分操作做了一些改变。

该算法从种群中选择适应值最高的一批个体并对它们进行变异操作，而这里变异操作的概率随着适应度的增加而降低。在原来的种群中把一部分适应度差的个体淘汰掉，并从变异完成的个体中找出适应度最高的那部分组成新的种群。

该算法的框架也与遗传算法基本相似，但有的只采用了变异操作和选择操作，有的又增加了一些其他操作。它增加了群体的多样性，保留了更多且不同的最优个体，随进化过程的进行而不断更新这些个体，这样能加速算法的运行，从而找到全局最优值。经仿真实验证明，在优化几个相关的概率后，对于很多问题，该算法的处理效率比遗传算法要高。

3) 蚁群算法

蚁群算法于 20 世纪 90 年代早期由 Marco Dorigo 等提出，随后发展并完善。蚁群算法模拟蚂蚁从巢穴出发，通过对信息素(pheromone)的追踪来找到从巢穴到食物之间的最短路径的过程。模拟过程中假定：

①每只蚂蚁都是随机移动的；

②信息素被洒到蚂蚁经历过的路径上；

③蚂蚁能感知周围的信息素；

④一条路径上的信息素的浓度越高，该路径被其他蚂蚁选择的可能性越大。

模拟过程由以下 6 个规则控制。

(1) 范围。蚂蚁观察到的范围是一个方格世界，蚂蚁有一个参数为速度半径（算法中一般是 3），那么它能观察到的范围就是速度半径×速度半径（一般为 3×3）的方格世界。

(2) 环境。蚂蚁所在的环境是一个虚拟的世界，其中有障碍物、其他蚂蚁，还有信息素。信息素有两种，一种是找到食物的蚂蚁洒下的食物信息素，另一种是找到巢穴的蚂蚁洒下的巢穴的信息素。环境以一定的速率让信息素消失。

(3) 觅食规则。蚂蚁在感知范围内寻找食物，如果有就直接过去，否则看是否有食物信息素，并且比较在能感知的范围内哪一点的食物信息素最多，然后就朝该食物信息素多的地方走。由于每只蚂蚁都会以小概率犯错误，因此它并不是总往食物信息素最多的点移动。

(4) 移动规则。每只蚂蚁都朝信息素最多的方向移动，而当周围没有信息素指引时，蚂蚁会按照自己原来运动的方向惯性地运动下去，并且在运动的方向上有一个随机的小扰动。

(5) 避障规则。如果蚂蚁要移动的方向有障碍物挡住，那么它会随机地选择另一个方向，并且有信息素指引的话，它会按照觅食/找巢穴的规则行动。

(6) 播撒信息素规则。在不同的蚁群优化算法中，有的蚂蚁每次撒播的信息素是一个常量，有的蚂蚁撒播的信息素是一个变量，但是这些信息素都是动态变化并随时间逐渐消失的。

从模拟过程中的假设和控制规则可以看出，随机搜索是蚁群算法的主要特点之一。

4) 粒子群算法

粒子群算法（particle swarm optimization，PSO）具有蚁群算法和遗传算法两者的特点，它和蚁群算法一样采用的是增量方式进行搜索；但是在结构上，不论是种群的初始化、适应性函数、终止条件，还是其他方面，粒子群算法和遗传算法是基本一致的。

粒子群算法中的“粒子”就相当于遗传中的个体，和个体不同的是，每个粒子有一个速度来决定它飞翔的方向和距离，然后粒子就追随当前的估价函数评出的最优粒子在解空间中搜索。

粒子群算法的初始化和遗传算法中的一样，然后通过迭代找到最优解。在每一次迭代中，粒子通过跟踪两个“极值”来更新自己。第一个极值就是粒子本身所找到的最优解，这个解叫作个体极值 pbest；另一个极值是整个种群目前找到的最优解，这个极值是全局极值 gbest。

粒子群算法有其实现容易、精度高、收敛快的特点，而它的弊端和遗传算法一样，即它容易收敛到局部的极值。

5) 混合随机算法

一般而言，随机算法弥补自身缺陷的方法有两种：一种是提高自己的性能，比如调整控制机制、优化参数等；另一种就是混合其他算法，利用其他算法的优势。

(1) 模拟退火算法、遗传算法及粒子群算法的结合。粒子群算法和遗传算法都有十分强的全局搜索能力，但是容易陷入局部最优值；而模拟退火算法的 Metropolis 准则可以帮助它们跳出局部最优，得到更快的收敛速度。

(2) 蚁群算法、遗传算法及粒子群算法的结合。它们的互补在于局部搜索和全局搜索。

结合分两种：第一种以蚁群算法为基础；第二种以遗传算法为基础。第一种结合的思想主要是在蚁群中加入交叉和变异算子来实现，或者由遗传算法算出大致的优点分布，并将其作为蚁群的信息素。第二种结合的策略是先用遗传算法算出一个解，再用蚁群算法来进行局部优化或是让蚁群算法改善变异算子。

3.5 博弈搜索

博弈一向被认为是富有挑战性的智力游戏，有着难以言表的魅力。自古以来，人与人之间的博弈随处可见，但随着计算机技术的不断发展，人们开始有了通过计算机来进行博弈的想法。早在20世纪50年代，就有人设想过利用机器智能来实现机器与人的对弈，国内外许多知名学者和知名科研机构都曾涉足过这方面的研究，到目前为止，已经取得了许多惊天的成就。例如，1997年IBM的“深蓝”战胜了国际象棋世界冠军卡斯帕罗夫，惊动了世界。除此之外，还有加拿大阿尔伯塔大学的奥赛罗程序Logistello和西洋跳棋程序Chinook，美国卡内基梅隆大学的西洋双路棋程序BKG，都曾拿过世界第一的排名。如今，就连最为复杂的围棋，也有了Google的围棋程序AlphaGo Master战胜排名世界第一的世界围棋冠军柯洁的事例。博弈的研究不断为人工智能提出新的课题，可以说博弈是人工智能研究的起源和动能之一。

3.5.1 基础概念

1. 计算机博弈

计算机博弈又称机器博弈，它是指使计算机像人一样可以进行棋类、牌类游戏，像人一样思考。机器博弈的主要思想是建立博弈树，对博弈树上的节点进行展开，并向前搜索。即对于博弈树上的某一个节点，进行下一步所有走法的展开，得到子节点，然后子节点再进行展开得到孙子节点……该过程一直持续，直到构造出以初始节点展开的完整博弈树，最后按评估函数选出得分最高的路线。

机器博弈应具备以下几个部分。

(1) 局面表示：使用特定方法对当前状态进行表示，使得现实中的棋牌状态与计算机表示的局面一一对应。在设计局面表示时，需要考虑到表示的简单方便，以使消耗的计算机资源最少。

(2) 算法产生机制：判断什么是合理的着法，有效快速地产生所有符合游戏规则的着法，即在博弈树中的某一状态的所有子节点。

(3) 评估函数：评估当前局面好坏，并返回一个当前局面得分的函数。该函数直接影响博弈算法的效果。评估函数与具体问题密切相关，是决定博弈系统智能水平的关键因素之一。

2. 博弈树

博弈树是具有先后顺序的动态博弈过程的表述，比较形象化，是根据参与博弈的各个博弈方的行动的先后次序来展开的一个树状图，在该树状图中，有且仅有一个根节点(初始节点）。博弈树是一种“与或树”，为了方便研究，这里以一种最简单的博弈模型作为研究的对象——双人完备信息博弈，一般我方使用 MAX 表示，敌方使用 MIN 表示，两个节点是逐层交替出现的。这种博弈具有三个特性：二人零和，全信息，非偶然。

实例如下：假设有 7 个钱币，任一选手只能将已分好的一堆钱币分成两堆个数不等的钱币，两位选手轮流进行，直到每一堆都只有一个或两个货币，不能再分为止，哪个选手遇到不能再分的情况，则为输。

用数字序列加上一个说明来表示一个状态，其中数字表示不同堆中钱币的个数，说明表示每一步由哪一方来分，如(7，MIN)表示只有一个由 7 个钱币组成的堆，由 MIN 来分，MIN 有 3 种可供选择的分法，即(6，1，MAX)，(5，2，MAX)，(4，3，MAX)，其中 MAX 表示开始轮到对手作出选择。不论哪一种分法，MAX 都要在 MIN 分出的结果上再做符合要求的分钱操作。该实例完整博弈树模型如图 3.10 所示。

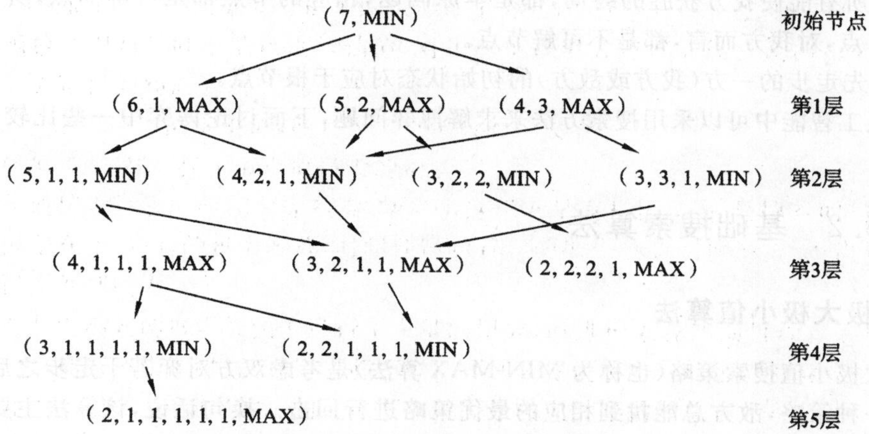

图 3.10　钱币分堆博弈树模型

可以看出，从初始节点开始，无论 MIN 选择何种分配方式，他总能获胜。

现实生活中的很多实际问题却没有这么简单。简单的博弈问题，也许可以将博弈树完整地表示出来，然后进行选择。但是在复杂的情况(比如下棋)下，任何一种棋都不可能将所有情况列尽。就拿国际象棋的例子来分析，在敌方走完第一步之后，计算机最多有 35 种选择，每种选择对应于博弈树一个节点，也就是棋局上一种状态。计算机完成一个走步后，就应考虑对方会走哪一步，这时，敌方也有 35 种选择。因此计算机要考虑 35^2 种可能的选择。对应的博弈树就有 35^2 个分支。这样，如果下棋程序要考虑 50 回合，那么博弈树就有 100 层，总节点数为 $\sum_{i=0}^{99} 35^i \approx 35^{99}$ 个，即使使用计算速度为万亿次的计算机，下一步棋也要花 $35^{99}/10^{22} \approx 35^{70}$ 年。因此，博弈树只能模拟人“向前看几步”，然后作出决策，决定自己走哪一步最有利。也就是说，博弈树只能给出几层的走法，然后按照一定的估算方法，决定走哪一步棋。

在双人全信息博弈过程中，双方都希望自己能够获胜。因此当一方走棋时，都是选择对自己最有利，而对对方最不利的走法。假设博弈双方为 MAX 和 MIN，在博弈的每一步，可供他们选择的方案都有很多种。从 MAX 的观点上看，可供自己选择的方案之间是“或”的关系，原因是主动权在自己手里，选择哪个方案完全由自己决定；而那些可供 MIN 选择的方案之间是"与"的关系，这是因为主动权在MIN手中，任何一个方案都可能被MIN选中，MAX必须防止那种对自己最不利的情况出现。

经过分析，博弈树的特点如下。

(1) 与节点、或节点逐级交替出现，敌方、我方逐级轮流扩展其所属节点。

(2) 从我方观点来看，所有敌方观点都是与节点。因为敌方必须选取最不利于我方的节点扩展其子节点，只要其中有一个选择(棋步)对我方不利，该节点就对我方不利。换言之，只有该节点的所有棋步(所有的子节点)皆对我方有利，该节点才对我方有利，故为与节点。

(3) 从我方的观点来看，所有属于我方的观点都是或节点。因为，扩展我方节点的主动权在我方，可以选取最有利于我方的一步，只要可走的棋步中有一步是有利的，该节点对我方就是有利的。子节点中任何一个对我方有利，则该节点对我方有利，故为或节点。

(4) 所有能使我方获胜的终局，都是本原问题，相应的节点都是可解节点；所有使敌方获胜的节点，对我方而言，都是不可解节点。

(5) 先走步的一方(我方或敌方)的初始状态对应于根节点。

在人工智能中可以采用搜索方法来求解博弈问题，下面讨论博弈中一些比较著名的搜索方法。

3.5.2 基础搜索算法

1. 极大极小值算法

极大极小值搜索策略(也称为MIN-MAX算法)是考虑双方对弈若干走步之后，对于我方的每一种策略，敌方总能找到相应的最优策略进行回击。换句话说，该算法主要思想为：在有限的搜索深度范围内进行求解，我方选择的策略就应该是使敌方的最优回应策略造成的结果对我方最有利的一种。当然这个假设不一定完全成立，如果敌方不是总能找到最优策略(对于人类玩家，这是很有可能的)，则可以利用敌方的失误取得对我方更为有利的结果。基于这个原因，极大极小值算法又被称为最佳防御策略，它不是一种"聪明的"冒险的策略。

为此要定义一个静态估计函数 f，以便对对弈的势态做出优劣估计。这个函数可根据对弈优劣势态的特征来定义。

这里规定：MAX代表我方，MIN代表敌方，P 代表一个势态(即一个状态)。有利于MAX的势态，$f(P)$取正值；有利于MIN的势态，$f(P)$取负值；势态均衡，$f(P)$取零。

$f(P)$的大小由对弈势态的优劣来决定。使用静态函数进行估计必须以下述两个条件为前提：双方都知道各自走到什么程度、下一步可能做什么；不考虑偶然因素的影响。

在这个前提下，设计最优的博弈策略必须考虑：如何产生一个最好的走步；如何改进测试方法，以尽快搜索到最好的走步。

极大极小搜索的基本思想是：

(1) 当轮到MIN走步的节点时，MAX应考虑最坏的情况(因此，$f(P)$取极小值)；

(2) 当轮到MAX走步的节点时，MAX应考虑最好的情况(因此，$f(P)$取极大值)；

(3) 当评价往回倒推时，相应于两位棋手的对抗策略，不同层上交替地使用(1)(2)两种方法向上传递倒推值。

因此将这种搜索方法称为极大极小值算法。

极大极小值算法是一种由下而上的深度式遍历算法，只要能遍历博弈树就一定可以通过上述方法返回一个准确的收益值，这个值代表着两个同样高水平玩家的最低期望收益。在实际运用中，面对一个状态数庞大的博弈树，往往无法遍历整个博弈树，则这个返回值可以不是最终的结果，而是一个中间过程的评估值。因此，建立一个对于当前盘面而言准确的评估函数，就可以不用遍历整个博弈树，这样算法会非常依赖于评估函数的准确度。对于一个博弈游戏，评估函数一般是一个经验公式，如围棋这样非常复杂的博弈问题，评估函数的差异是非常大的。以往的围棋程序大多都是以这样的搜索方式为设计蓝本，这些程序的主要设计难点在于评估函数的建立。评估函数不仅仅和撰写者对于围棋的理解深度有关，还和不同阶段的盘面有关，很可能开局、中期、后期所用的评估函数是完全不一样的，这样就会大大降低围棋程序的准确度。因此在很长一段时间内，围棋 AI 只能达到业余段位水平。

2. 负极大值搜索

Knuth 和 Moore 于 1975 年提出了负极大值方法，避免了每次进行极大或者极小的比较之前，都要检查是取的极大值还是极小值，实现了对极大极小值算法的改进。负极大值算法的核心是：父节点的值是各子节点值的负数的极大值。假设甲、乙两个玩家对弈，甲先走，乙后走，之后两人交替走步直到游戏结束。该对弈的负极大值搜索过程的步骤如下。

(1) 由于不可能对整棵博弈树进行搜索，所以建立一棵固定深度的搜索树，其叶子节点不必是最终状态，而只是固定深度的最深一层的节点。

(2) 在一棵博弈树中，假定令甲获胜的局面值为 10000，乙获胜的局面值为 −10000，和局的值为 0，其他情形下，依据双方棋子的棋形评定为 −10000～10000 之间的具体分数。用静态估值函数 f 对每个叶子节点进行估值，对于一个该甲方走棋的局面返回正的估值，对于一个该乙方走棋的局面返回负的估值。

(3) 计算上层节点的倒推值，取其子节点负数的最大值。

(4) 对弈双方，都选择子节点值最大的走法。

负极大值搜索算法的时间复杂度是 $O(b^n)$，这里 b 是分枝因子，n 是搜索的最大深度。对于分枝因子在 40 左右的棋类游戏，时间开销随着 n 的增大会急剧地增长，不出几层就会超出计算机的处理能力。

人们在开发高效的搜索算法上进行了大量的研究，改进搜索算法的目标在于将不必搜索的(冗余)分枝从搜索的过程中尽量剔除，以达到搜索尽量少的分枝来降低运算量的目的。在过去的几十年中，一些相当成功的改进大大提高了极大极小值算法搜索的效率。例如，α-β 剪枝技术、极小窗口搜索方法、置换表、历史启发方法等手段的综合应用将搜索效率提高了几个数量级。

3. DFS 算法

深度优先搜索算法(DFS 算法)，是一种在开发爬虫早期使用得较多的方法。它的目的是要达到被搜索结构的叶子节点，即搜索深入到每一个可能的分支路径为止，并且保证每个节点只访问一次。DFS 算法的搜索过程如下。

(1) 从博弈树顶点出发，访问顶点(顶点的深度为 0)。

(2) 依次从未被遍历的节点出发，对博弈树进行深度优先遍历，直到图中和顶点有路径相同的节点都被遍历过。

(3) 如果图中仍有节点未被遍历过，则从未被遍历过的节点出发，重新开始深度优先搜索遍历过程，直到博弈树上所有的叶子节点均被遍历过为止。

根据上面的叙述，给出一个 DFS 搜索示意图，如图 3.11 所示。

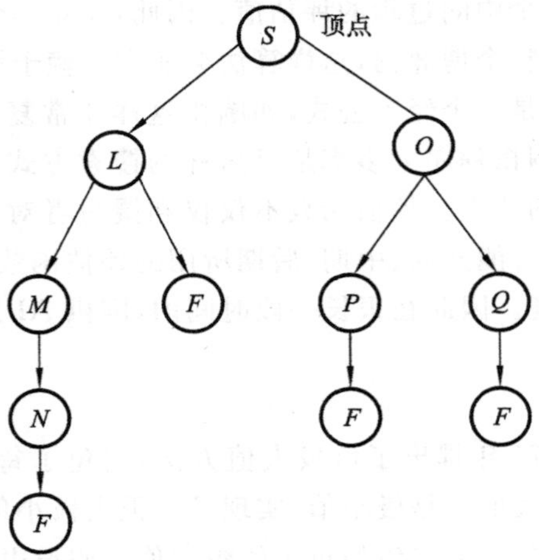

图 3.11　DFS 搜索示意图

许多人都用这种搜索算法来走迷宫。这也是一个很有趣的方法。也就是说，当我们遇到一些问题，又找不到确切的数学模型去解决，并且也找不到一种直接求解的办法时，我们一般会采用"搜索"的办法来处理。搜索就是去试探问题的所有可能性，按照一定的规则、顺序不断去验证，直到找到问题的解决办法。当试探完所有的结果仍然没有找到解，那么就是无解，但是，试探就要试探所有的结果。

3.5.3　深度优先的 α-β 搜索及其增强算法

1. α-β 搜索

α-β 剪枝技术是目前为止针对 MIN-MAX 算法提出的最为经典也分析得最为透彻的剪枝技术。从 1958 年开始，在 MIN-MAX 搜索树上进行剪枝就已经成为可能，但 Knuth 和 Moore 认为该思想应该追溯到更早期 John McCarthy 及其 MIT 小组的工作。关于剪枝技术的第一个较彻底的讨论出现于 1963 年 Brudno 的一篇论文中。

由于 MIN-MAX 搜索是深度优先的，所以在任何时候我们不得不考虑树中一条单一路径上的节点。其实，该剪枝技术的名称就是由下面两个描述这条路径上任何地方的回传值界限的参数得来的。该算法定义：

(1) α 表示到目前为止在路径上的人以选择点发现的 MAX 的最佳(即极大值)选择；

(2) β 表示到目前为止在路径上的人以选择点发现的 MIN 的最佳(即极小值)选择。

α-β 搜索不断更新这两个值，并且当某个 MAX 节点的值比目前的 β 值还大或某个 MIN 节点的值比目前的 α 值还要小时，则裁减掉这个节点剩下的分枝(即终止递归调用)。

首先，我们通过一个简单的例子来了解 α-β 剪枝算法。α-β 剪枝算法在博弈树上的应用如图 3.12 所示。

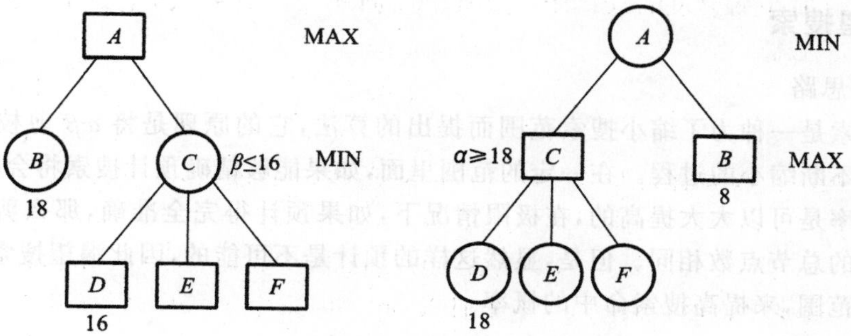

图 3.12　α-β 剪枝算法在博弈树上的应用

如图 3.12 所示，在左半边所示的一棵极大极小值树的片段中，节点下面的数字为该节点的值，节点 B 的值为 18，节点 D 的值为 16，由此我们可以确定节点 C 的值一定不会超过 16(因为 $C=\min(D,E,F)$)(注：为表示方便，此处直接以节点字母代替其值表示)，更进一步我们可以推出节点 A 的值一定不会小于 18(因为 $A=\max(B,C)$)，因此当我们分析了节点 D 以后，节点 E 和节点 F 就不需要分析了。这种在分析了节点 D 后，删掉其后继节点的情况，被称为 α 剪枝。对应于实际情况就是：我方在已经有了一个很好的策略 B 的前提下，如果我方用 C 作为策略，敌方有 D 作为更好的反击策略，那么我方会选择 B。

图 3.12 右半边所示的一棵极大极小值树的片段描述的情况，与上面分析的左半边所示的情况恰恰相反。从节点 D 的值为 18 我们可以看到节点 C 的值一定不会小于 18(因为 $C=\max(D,E,F)$)，从而我们可以推断出 A 的值一定不会大于 8(因为 $A=\min(B,C)$)，所以当我们分析了节点 D 以后，同样也不用再分析节点 E 和节点 F 了。这种在分析了节点 D 后，删去其后继节点的情况，被称为 β 剪枝。它所对应的实际情况是，敌方已经有了一个很好的对策 B 来对付我方，而如果敌方采取 C 作为行动策略，那么我方有行动策略 D 来回击，从而削弱 C 的效果。

通过上面简单实例，我们可知 α-β 剪枝过程就是把生成后继和估计倒推值结合起来，及时剪掉一些无用的分支，以此来提高算法的效率。具体的剪枝方法如下。

(1) 对于一个与节点 MIN，若能估计出其倒推值的上确界 β，并且这个 β 值不大于 MIN 的父节点(一定是或节点)的估计倒推值的下确界 α，即 $\alpha \geqslant \beta$，则就不必再扩展该 MIN 节点的其余子节点了，因为这些子节点的估值对 MIN 父节点的倒推值估计已无任何影响了。这一过程称 α 剪枝。

(2) 对于一个或节点 MAX，若能估计出其倒推值的下确界 α，并且这个 α 值不小于 MAX 的父节点(一定是与节点)的估计倒推值的上确界 β，即 $\alpha \geqslant \beta$，则就不必再扩展该 MAX 节点的其余子节点了，因为这些子节点的估值对 MAX 父节点的倒推值估计已无任何影响了。这一过程称 β 剪枝。

大多数 α-β 剪枝算法都是采用深度优先的搜索策略，这是因为深度优先搜索较之宽度优先搜索节省存储空间，即只需保存根节点到当前搜索节点的路径上的节点信息即可。针对 α-β 搜索的特点，多种增强算法被提出，这些算法有些已经被证明为是非常有效的，从而成为该领域的标准搜索算法。

2. 渴望搜索

1）算法思路

渴望搜索是一种为了缩小搜索范围而提出的算法，它的原理是将 α-β 剪枝看作一种对求解的范围不断缩小的过程。在一定的范围里面，如果能够精确预计搜索将会得到的值，那么搜索的效率是可以大大提高的，在极限情况下，如果预计得完全准确，那么剪枝的效率将和原来的树的总节点数相同。但是，显然这样的预计是不可能的，因此渴望搜索将预计的结果增加一个范围，来提高搜索命中的概率。

2）算法流程

假定我们猜测搜索的结果在 X 附近，那我们可以令 $\alpha=X-\text{window}$（window 是搜索范围的大小的一半），$\beta=X+\text{window}$，调用 value = FAlphabeta(depth, $X-\text{window}$, $X+\text{window}$)来搜索结果。特别是当 window 很小的时候，搜索的效率会比较高，因为有了更多的剪枝。

渴望搜索一共分为三步：

（1）进行完全搜索，深度为 $N-1$，搜索结果为 X；

（2）建立新窗口(α,β)，其中 $\alpha=X-\text{window}$，$\beta=X+\text{window}$，进行深度为 N 的搜索；

（3）将得到的值和原来的 α、β 比较，如果落在(α,β)里面就表示猜测命中；反之，需要根据情况进行偏高和偏低处理。

这样的设计虽然可能大大增加剪枝数量，但是也会引起一个新的问题，即当猜测值落在(α,β)这个区间范围之外，就不能得到最优解了，而且我们也不知道到底结果是落在区间的左边还是落在区间的右边。这就要求我们改善原有的 α-β 剪枝算法，让它能够判断在搜索失败的情况下，其结果是落在区间的左边$(-\infty,\alpha)$还是右边$(\beta,+\infty)$，并根据判断结果，重新调整算法，让它能够返回计算值。

根据分析，进行缩小范围的搜索后可能出现下面三种情况中的一种，我们需要分别为它们制定策略。

（1）返回值恰好落在我们估计的范围之内，这种情况说明我们已经可以得到最优解，不需要再执行其他操作。

（2）如果返回值落在估计范围的左边，也就是我们高估了我们的设计。在这种情况下，我们知道要找的值小于等于 $X-\text{window}$，但是不知道它的精确值是多少。因此这种情形被称为 fail low，此时无疑需要重新给定范围，再次搜索才能找到所要的走法。由于已知要找的值在 value 到负无穷之间，因此通常在重新搜索时令根结点处的 $\alpha=-\text{INFINITY}$，$\beta=\text{value}$。

（3）返回值落在估计范围的右边，也就是我们低估了自己的设计。在这种情况下，我们知道要找的值大于等于 $X+\text{window}$，但是不知道它的精确值是多少。因此这种情形被称为 fail high，此时无疑需要重新给定范围，再次搜索才能找到所要的走法。由于已知要找的值在 value 到正无穷之间，因此通常在重新搜索时令根结点处的 $\alpha=\text{value}$，$\beta=\text{INFINITY}$。

上面所述方法就是渴望搜索算法。这种算法之所以称为渴望算法，是因为它一直希望得到一个较小的搜索范围。

3. 极小窗口搜索

1）算法思路

类似于渴望搜索，极小窗口搜索也是一种缩小窗口范围的搜索方式。因为从前面的算法我们可以看到，窗口越小那么可能删去的分枝会越多，那么在窗口是 0 的情况下，会发生什么样的变化呢？

极小窗口搜索与渴望搜索不同的地方在于，它是根据完全搜索以第一个节点作为估计值的。它的优点就在于，它有一个保留的最小值，也就是说在最好的情况下第一个节点就是最优解策略带来的，那么该节点也就是树的最优值。极小窗口搜索会带来效率的一定增加，而且可以避免渴望搜索的一些问题，但同渴望搜索一样，我们也要解决如何判断估值的问题。

2）算法流程

极小窗口搜索的流程可以分为五步：

(1) 对于第一个节点，按照原来的范围$(-\infty,+\infty)$进行搜索，会得到一个最优解 bestvalue。；

(2) 用(bestvalue，bestvalue+1)作为窗口进行测试；

(3) 如果得到的值 value 大于 bestvalue 并且小于β时，就说明有更好的方法，需要对(bestvalue，β)进行测试；

(4) 如果不是，则得到的值 value 大于 bestvalue+1，这就说明 value 是一个更好的策略，应该用它来代替原来的 bestvalue；

(5) 如果得到的值 value 小于 bestvalue，说明这种策略还不如以前的策略，不用再分析。

在这个算法中，比较难以理解的是第三步，因为按照最初的思想，第三步和第四步应该是可以统一的，即在新分析的 value 大于 bestvalue 时就表示有更好的值，只要替换原来的最优值就可以了，为什么还需要分为两种情况考虑呢？原因就在于极小窗口。其实第三步和第四步是在两种情况下采取的策略：第四步对应于极小窗口搜索，当 value 大于 bestvalue 时，value 同时也大于 bestvalue+1，这是因为估值函数中不存在最小估计为范围在 1 之内的差别；第三步则是对应于一般的窗口搜索，它说明另一棵子树中有更好的策略，但是我们并不清楚这个策略的具体值是多少，所以我们需要在(value，β)中继续找寻更好的策略。这也是这个算法难以理解的地方。

4. 置换表

在博弈树中，不少节点之间虽然经过不同的路径到达最优解，但其中有许多状态是完全一致的。建立置换表(transposition table，TT)，保存已搜索节点的信息，那么再次遇到相同状态的节点时便可套用之前的搜索结果，避免重复搜索。

1）基本原理

置换表的原理是采用哈希表技术将已搜索的节点的局面特征、估值和其他相关信息记录下来，如果待搜索的节点的局面特征在哈希表中已经有记录，在满足相关条件时，就可以直接利用置换表中的结果。

对一个节点进行估值时，应先查找置换表，置换表中没有记录，再对该节点进行搜索。

置换表在使用时要及时更新，当计算出一个节点的估值时，应立即将这个节点的相关信息保存到置换表中。

置换表一般容量很大，以尽量保存庞大的博弈树各节点信息，并且应实现快速访问，因此多用哈希表技术来具体实现。与一般哈希表不同的是，这里的哈希表一般不使用再散列技术，在哈希冲突很少时，不进行再散列，这样能有效加快处理速度，如果出现写冲突，则直接覆盖，只要在读取访问数据时不使用错误数据即可。

置换表中的一个数据项应包含详细信息，并说明对应博弈树的何种节点、该节点的搜索评估值，以及评估值对应的搜索深度等。其中评估值一般还可以分成两部分，分别保存该节点的上限值和下限值，比如渴望搜索等，多数时候是得到一个节点的上限值或下限值就剪枝返回，这样的数值同样有利用价值。如果得到了某节点的准确评估值，可以将上限值和下限值保存成一样的来表示。

置换表技术在当今机器博弈领域已经是广为使用的技术，它对搜索速度有明显的提高作用。机器博弈中的博弈树往往是非常庞大的，α-β 搜索由于一般情况下是边生成节点边搜索，并不需要保存整个博弈树，因此其内存开销并不大。如果置换表用来保存博弈树已经搜索过的全部节点信息，则其内存开销将是巨大的。从剪枝效率的角度考虑，由于博弈树顶层的剪枝对剪枝效率具有决定性的影响，因此，即使置换表只保存较顶层的博弈树节点信息，这样也能够明显地提高剪枝效率。

对于置换表的使用，还有一种情况需要特别指出，博弈树最末层节点在很多情况下也保存到置换表中，但它并没有作用。这一点容易被很多人所忽视，导致置换表使用上的浪费，也降低了搜索速度。置换表不仅仅能提高重复搜索的效率，还能有效地对博弈状态进行搜索。

2）算法流程

首先，确定哈希函数，将节点对应局面映射为一个哈希值，这个哈希值通常是 32 位的整数，根据这个值计算出哈希地址。一种快速而简单的方法就是将这个哈希值对置换表的长度取余数，作为待访问的哈希表元素的地址。

其次，哈希函数可能产生地址冲突，即不同的哈希值映射到了同一地址，上述 32 位的哈希值是不安全的。置换表中的数据项，还应包含一个唯一标识局面特征的校验值，这个校验值通常是一个 64 位的整数，从理论上来说，64 位整数也有可能发生冲突，但这个概率极小，在实际使用中可以忽略不计。使用哈希函数通过哈希值找到置换表数据项的地址之后，再验证该数据项的校验值与待搜索节点对应的局面的特征值是否一致，只有二者一致，才认为搜索命中。

再次，置换表中的数据项，不仅要记录对应节点的估值结果，还应同时记录这个估值的类型，即究竟是一个精确值，还是一个上界值或下界值。

最后，节点的估值结果与搜索深度有关，搜索深度越深，估值越准确。故置换表中的数据项，还应记录节点对应的搜索深度。如果下次搜索到的局面 A，在置换表中找到了同样的局面 A'，并且，如果 A 对应的搜索深度为 Depth，置换表中 A' 对应的搜索深度为 Depth′；显然只有当 Depth′≥Depth 时，才能直接使用置换表中 A' 的估值信息；但如果 Depth＞Depth′，则置换表中对应节点的估值信息就没有意义了，因为需要再向前搜索几步才能得到一个更准确的值。

因此，置换表中的一个数据项至少应包含如下数据：节点局面的 64 位校验值、搜索深度、估值，以及估值的类型。

置换表的使用基于一种以空间换取时间的思想，如果在置换表中能直接得到结果的话，则可以避免对该节点及以该节点为根的子树的搜索，从而减少搜索时间。同时，如果在置换表中能查找到当前节点的信息，并且存储深度比当前节点将要搜索的深度大(实际上是增加了当前子树的搜索深度)，那么搜索结果的准确性将会提高。正是因为置换表具有上述诸多优点，所以置换表已成为博弈树搜索中广泛采用的技术。

5. 遍历深化

遍历深化是因对博弈树进行多次遍历，又不断加深其深度而得名。

1) 算法原理

遍历深化算法利用了 α-β 剪枝算法对子节点排序敏感的特点。它希望通过浅层的遍历给出节点的大致排序，把这个排序作为深层遍历的启发式信息。另外，该算法用时间控制遍历次数，时间一到，搜索立即停止，这也符合人类棋手的下棋特点。在关键的开局和残局时，由于分支较少，也可以进行较深层次的搜索。

2) 算法的过程

对以当前棋局为根节点的博弈树进行深度为2的遍历，得出其子节点的优劣排序；接着再从根节点进行深度为3的遍历，这一次优先搜索上次遍历中得出的最优者，从而加大剪枝效果；以此类推，再进行第三次、第四次的遍历，一直达到限定时间为止。

由于这个算法的每次遍历都从根节点开始，因此有人称其为暴力搜索，但实际上每次都可以优先搜索策略相对较好的节点，故剪枝效率增大，其实算法效率是很高的。目前这一算法也得到了广泛的认可。

6. 历史启发

对于博弈树来说，节点的排列顺序是杂乱无章的。严格来说，如果搜索树在每个节点的分枝因子都是 b，那么 d 层 α-β 搜索在最好情况下搜索的节点数 n 为

$$n = b^{(d/2)} + d^{[(d+1)/2]} - 1 \tag{3-13}$$

Knuth 和 Moore 所做的研究表明，使用 α-β 搜索建立的博弈树的节点个数在使用极大极小值搜索建立的节点数之间。由此可见，α-β 剪枝与节点的排列顺序高度相关。因此，如何调整走法排列的顺序，是提高搜索效率的关键。

J. Schaeffer 提出了历史启发的方法。狭义上的启发，即一种博弈树节点排序技术。在搜索过程中，以前搜索到的某种棋局下的最佳走法，在其他相差不大的棋局下，仍有很大可能也是最佳走法。某个走法被证明是最佳的次数越多，它成为相应棋局最佳走法的可能性也越大。当一个走法作为兄弟走法中的最佳者，或者引发了剪枝，则它被认为是一个“好”的走法。历史启发的思想是为每个走法设置一个历史得分，每次搜索到一个“好”的走法，该走法的历史得分就累加上一个增量。一般认为，搜索深度越深，搜索结果越可靠，所以这个增量值的大小与相应节点靠近根节点的距离有关，越靠近顶层的节点，这个增量值就越大，越靠近叶子节点则越小。一个“好”的走法被搜索到的次数越多，其历史得分就会越高。生成某一棋局下的全部走法时，将所有走法根据历史得分重新排列，历史得分越高的走法越优先被搜索，越早引发剪枝的概率也越大。

在众多的启发策略中，历史启发的效果比较好。历史启发是一种较为通用的节点排序

技术，它付出的代价很小，却往往就能收到极好的效果。在不同的棋类博弈游戏中，历史启发的效果差异很大，如在国际象棋、中国象棋中，历史启发能获得很好的效果；但在五子棋中，历史启发的效果就不如其在国际象棋和中国象棋中的效果。

3.6 其他搜索算法

3.6.1 蒙特卡洛树搜索

1. 算法思想

蒙特卡洛树搜索是将博弈树搜索与蒙特卡洛算法相结合的一种搜索方式。该方法可以选择最有希望赢的节点向下展开搜索，其在围棋领域的应用最为成功，使得围棋的博弈水平在很大程度上得到了提高。蒙特卡洛树搜索方法与极大极小值搜索方法十分相似，但是不同的是，其对于节点的评估是通过向下模拟进行的，而不是通过制定的评估函数。蒙特卡洛树搜索是通过选择性地扩展节点来进行的，并逐渐改善模拟的策略。扩展节点次数，即模拟次数的增加，使估值变得更准确，这也提供了大量的信息，并通过该信息来调整搜索策略。该方法使得模拟结果更接近最优值，使得选择动作具有偏好性，从而形成一个不平衡的博弈树，其在估值最高的节点上将进行更深的扩展。

2. 蒙特卡洛盘面评估

蒙特卡洛盘面评估是一种动态评估方法。说它是动态的，主要是相对于专家系统的盘面评估而言的。在专家系统中，知识和逻辑都是固定的，同样的盘面每次评估出来的结果必定相同；蒙特卡洛盘面评估则不尽然，它每次的评估都具有很强的随机性。但是，当蒙特卡洛评估次数达到一定值时，就会在统计意义上得到一致的结果，这也就在一定程度上避免了预定义知识的不准确而造成的评估结果的不准确。当然，蒙特卡洛盘面评估对计算机性能是有一定要求的，这也是近年来该评估算法才逐渐得到研究人员重视的原因。

对问题领域内的所有可能按照一定分布随机抽样，根据不断反复进行的大量抽样所得的结果会在解空间上形成一个分布，而这个分布是接近真实的，进而就能够得到所需的最优解或近似的最优解，这就是蒙特卡洛方法的基本思想。蒙特卡洛方法的适用范围并不仅仅局限于某一个领域，它颇具实用价值和普遍通用性。当解决涉及某随机变量的数字特征或者某随机事件的出现概率方面的问题时，可以反复进行大量实验，通过所得的结果来估计该随机变量的数字特征或者该随机事件的出现概率，将本身很复杂的问题或者目前没有可行解的问题转化成一个相对简单的模型，这样就可以进行较为容易的表示和处理，进而得到一个可接受的近似解。当然，由于在解空间内产生一个随机解是蒙特卡洛方法的核心，为了能让蒙特卡洛方法具备很好的性能，对随机解的随机性有着一定的要求。如果随机性不够好，那恐怕很难得到好的结果。不过，具体产生何种随机数要看相应的应用场合。除了某些特殊情况，在很多场合下应用蒙特卡洛方法时并不总是要求必须产生真正的随机数。对很多场景来说，只需要产生看起来在一定程度上足够随机的随机数，就能够得到好的模拟结果。当然，在蒙特卡洛模拟过程中所涉及的大量的随机抽样不可能通过手工来顺利完成，而计算机强大的计算性能使蒙特卡洛模拟成功实现。蒙特卡洛方法的一大劣势是其准确性随着随机模拟次数的增加而逐渐提升的同时也会导致收敛速度过慢，这也是该方法在很多领域的应用受到制约的原因之一。

3.6.2　在线机器学习

在线机器学习是一种动态的学习过程，它采用机器学习算法对动态获得的信息进行分析和处理，通过动态学习的结果来对算法中的预测假设立即进行调整以指导接下来的学习过程。在机器学习中，在线学习通过每次学习得到一个事件的归纳模型，它的目标是对事件的反馈进行预测。例如，在一个对股市进行评估的实例中，通过在线机器学习算法可以预测某只股票第二天的走势。在线机器学习的一个显著特点是：进行预测后很快就可以得到事件的真实反馈，得到的真实反馈可以被算法用来对假设预测进行调整，而之后就不断地重复进行这种预测和调整的过程，使得算法的预测越来越接近真实情况。从另一个角度来讲，在线机器学习算法可以说是通过一系列的试探来实现的，每一次的试探可以分为三步：首先，算法接收到一个事件；其次，算法对该事件的反馈进行预测；最后，在真实事件结束后，算法得到事件的真实反馈。在这个过程中，第三步是最重要的，因为在线机器学习算法的一个核心就是通过真实的反馈和预测的结果之间的差异来对开始的尝试进行调整，以此来指导新的尝试。该算法就是要在预测值和实际值之间建立一个性能评价函数，通过这个函数得到的评价值来最小化两者间的差距。例如，在对股市评估的算法中，通过最小化预测值和实际值之间的方差，算法准确性不断提高；在分类问题中，通过对分类样本中错误分类的样本点的数目最小化来实现改进。

由于在线机器学习算法可以不断地从实际情况中得到反馈，并根据实际情况和预测情况的差异对预测进行改善，因此即使是在比较苛刻的条件下，在线机器学习算法也能通过适应和学习来提高自身性能。即便是对于一些并非服从某一固定分布得到的事件，在线机器学习算法也能在较大程度上保证性能。当然，在线机器学习算法的优势同时也是它的劣势，因为其准确性依赖于不断地从实际得到的反馈对算法进行的调整，而在一些问题中，很难保证快速而准确地得到问题的反馈。另外，作为一个实时的动态的学习过程，在线机器学习算法对时间效率的要求非常高，要求算法在短时间内就做出尽可能接近真实结果的预测。如果算法消耗的时间过长，比如将要预测的时间点已经到来可是算法还没有得出结果，那就失去了在线学习的意义。

3.6.3　多臂匪徒模型与上限信心界策略

1. 多臂匪徒问题

1952 年，罗宾斯(Robbins)首先提出了多臂匪徒模型。多臂匪徒模型是一个统计决策模型，曾经在统计学领域得到了深入的研究。这是一个最优决策的模型，它会对当前的信息进行不断地更新，同时据此来优化自身进行的决策。在没有任何先验知识的情况下，它能够通过不断地探索获得知识，并且在每一次确定新的探索路径时，它都能通过对探索新知识和利用已获得的知识这二者进行有效的平衡来得到最优的探索路径，以便更好地完成决策。这一模型的应用范围很广，在医学、经济学、计算机网络等诸多领域都有所应用。

多臂匪徒模型是由单臂匪徒模型衍生而来，人们所熟悉的赌场中的老虎机就是符合单臂匪徒模型条件的“杰出”代表。老虎机，又称角子机，全称为吃角子老虎机，主要由三个内部卷轴、一个用于投硬币的投币孔和一个外部拉手组成。向投币孔内投入硬币之后，赌博者就可以拉动拉手，三个卷轴便会旋转，向外显示的图案将会随之变化。卷轴停止转动之后，卷轴向外显示的结果图案和获胜图案相比较，就会确定赌博者是赢还是输，若赌博者赢了则吐出相应的硬币。

多臂匪徒模型是对单臂匪徒模型的扩展，也就是给一个老虎机赋予多个拉手，拉动不同的拉手能够产生彼此不相关的收益。具体来讲，一台拥有 K 个拉手的老虎机，面对着这个老虎机的赌博者要从这 K 个拉手中选择一个拉手进行操作来获得收益，这个收益值可能为正值，可能为负值，也有可能为零；各个拉手的收益符合各自的分布，这些分布不尽相同；赌博者每一次可以拉动任意一个拉手，且只能拉动一个拉手，但无论拉动哪一个拉手都可以获得一个收益值。赌博者的目的都是为了赢得尽可能多的钱，获得最大的回报。多臂匪徒模型的目的也是如此，希望找到一个合理的策略，可以使得“拉动拉手”的人取得尽可能大的收益。

我们要做的就是找到这样一个策略，使赌博者能够依照这一解决策略最大限度地获取收益。当一名赌博者面对一台多臂老虎机的时候，可以说他并没有较为完善的解决问题的思路，因为对于他来说所有的拉手概率都相等。他如果想弄清哪个拉手带来的收益是最好的，不断地进行试探来发现规律恐怕是他唯一可行的方法，以此来得出可能获得最大收益的拉手是哪一个。当然，要为赌博者限定试探拉动的次数或者试探的时间，不可能让他无休止地进行试探，即要求他在有限的次数或时间内得出一个结果。为了能够使试探更有效率，赌博者不应以完全随机的方式去试探每个拉手，而应通过某种方法来有选择地有顺序地试探拉动这些拉手，这也就是多臂匪徒模型要解决的问题。应当注意的是，某拉手每被选择一次都会立即产生一个随机的收益，但是决定这些收益的是通过不断地拉动拉手产生的过程。同时，每个拉手收益的分布只有当这个拉手被拉动之后才发生变化，这表明一个拉手的收益并不依赖于从其他拉手获得的收益，每个拉手收益的分布也并不明显依赖于其被拉动的时刻。

这个问题看似平淡无奇，实则极为经典。多臂匪徒模型由于是建立在探索(对每个拉手进行试探以找到最好的那一个)和利用(拉动当前看来回报最好的那个拉手)之间的平衡问题上的，因此它在统计决策领域一直受到研究人员的关注。

2. 多臂匪徒问题的数学模型

从数学角度看，多臂匪徒问题是由一系列的离散型随机变量 $X_{i,n}$ 定义的，其中 $1\leqslant i\leqslant K$，$n\geqslant 1$，每个 i 表示一个拉手，每个 n 表示拉手 i 被拉动的总次数。拉动拉手 i 会得到一系列的收益 $x_{i,1},x_{i,2},\cdots,x_{i,n}$。这些收益是按照某个具有未知数学期望 μ_i 的未知定律产生的，并且是相互独立和恒等分布的。不同拉手之间的收益也是相互独立的，即对于每个 $1\leqslant i<j$ 和每个 $s,t\geqslant 1$，$X_{i,s}$ 和 $X_{j,t}$ 是相互独立的。

多臂匪徒问题的一个策略指的是一个算法，该算法会根据以往拉动拉手的序列和相应的收益决定下一次要拉动的拉手。换句话说，在每一个时间节点 n，需要在 K 个拉手中选择任意一个拉手拉动，该拉手标记为 C_n，而 $C_n\in\{1,\cdots,K\}$。如果 $C_n=j$，那么拉手 j 就会根据随机变量 $X_{j,T_j(n)}$ 产生一个随机收益，其中 $T_j(n)$ 是当总共拉动 n 次拉手的时候拉手 j 被拉动的总次数。显然，每次都拉动可能产生最大回报的拉手是最好的解决方案，即 $C_n = j, \mu_j = \max \mu_i, 1 \leqslant i \leqslant K$。

在探索和利用之间寻求平衡是求解多臂匪徒问题的数学模型(即多臂匪徒模型)的基本思想。探索就是通过更多的试探来获取更多的新知识，而利用则是指对目前已经获取的知识进行充分的利用。在多臂匪徒模型这一问题中，具体来讲，探索就是对目前收益相对较低同时拉动次数相对较少的拉手继续进行试探，而利用则是根据目前已获取的不同拉手的所有收益来遴选出最优的拉手。综上，在试探过程中对于探索和利用进行合理而有效的平衡以得到一个较好的结果，是求解多臂匪徒模型的关键。

3. 上限信心界策略

截至目前，用来处理多臂匪徒模型的求解策略有很多，上限信心界（upper confidence bound，UCB）策略是其中较为经典的一个。上限信心界策略由奥地利格拉茨技术大学的奥尔（Auer）于 2002 年提出，此策略来源于阿格拉瓦尔（Agrawal）于 1995 年提出的基于上限信心索引的策略。在回报的分布方面没有任何先验知识的前提下，通过使用上限信心界策略，能够让多臂匪徒模型的求解策略更佳，求解的结果更接近最优结果。

上限信心界策略并非一个算法，而是一类算法的合称，包括 UCB1 算法和 UCB2 算法等一系列算法，往往用来处理和解决多臂匪徒模型中出现的探索与利用的平衡问题。上限信心界策略的使用是有限制条件的，即多臂匪徒模型中 K 个拉手的收益在[0,1]的区间内。上限信心界策略的上限信心索引由两部分构成，其中一部分是当前已获得收益的平均值，而另一部分则与该收益的平均值的单侧置信区间的大小有所关联。

最基本的上限信心界策略是 UCB1 算法，也称上限信心界策略第一定理。不妨设拉手为 j，其 UCB1 上限信心索引 I_j 的计算公式为

$$I_j = \overline{X_j} + \sqrt{\frac{2\ln n}{T_j(n)}} \tag{3-14}$$

式中：$\overline{X_j}$是拉手 j 所得到的收益的平均值；$T_j(n)$是截至当前拉手 j 被访问的总次数；n 是截至当前访问所有拉手的总次数。

图 3.13 所示为该策略的具体流程图。根据 UCB1 算法中上限信心索引的计算公式，我们可以更加直观地观察出，该公式的前一部分$\overline{X_j}$是到当前为止已经搜集到的知识的价值，而后一部分 $\sqrt{\frac{2\ln n}{T_j(n)}}$ 为充分探索过的拉手需要继续探索的必要性。

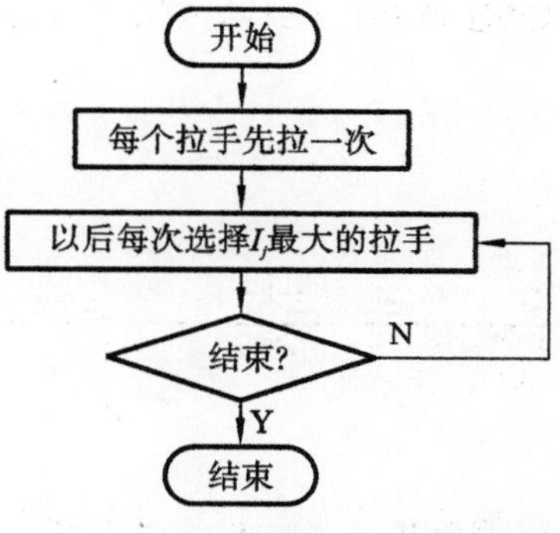

图 3.13　上限信心界策略 UCB1 流程图

在 UCB1 上限信心索引的计算公式中，往往需要根据经验设置参数的值。由于不同的程序对节点评估的需求不同，利用上限信心索引的计算公式时所设置的参数也就会有所不同，因此参数的选择并不唯一。针对所需要解决的具体问题，可以用其他更加合适的参数来替换式(3-14)中的 $\sqrt{\frac{2\ln n}{T_j(n)}}$ 中的系数 2。将此探索的部分扩展为 $\sqrt{\frac{x\ln n}{T_j(n)}}$，UCB1 算法上限信心索引的计算公式就能够采用 $I_j=\overline{X_j}+\sqrt{\frac{x\ln n}{T_j(n)}}$ 这种更加通用的形式来表示。

选取不同的参数，能对 UCB1 算法的性能产生不同的影响。有的问题求解过程中可能更加倾向于利用已有的知识，而有的问题的求解则会以探索为主，具体使探索和利用已有知识的比例为多少不可一概而论。例如，在一个具体应用中，如果本身就已经在程序中加入了很多先验的知识，那么在开始搜索时对节点就已经可以说是有意识地进行选择了。因此，在参数选择的时候，适当增大利用已有知识的占比并且同时减小探索的占比则可以看作一个较为合理的选择。而对于某个需要搜索的问题，如果本身没有任何先验知识，搜索空间又不是非常大，那么适当地增加探索部分所占的比例也许会获得更好的效果。总之，在实际问题求解过程中究竟选择何种参数还要看实际的情况如何，适合他人程序的参数并不一定适合自己的程序，究竟哪一种参数能有着更好的效果还需要通过反复的实验来验证得出。

不管是从理论证明上讲，还是从实际效果来看，上限信心界策略第一定理的确能够在探索与利用已有知识之间取得有效的平衡，效果非常不错。UCB2 算法是通过对 UCB1 算法进行少许改动而实现的，它也能在探索与利用已有知识之间进行良好的平衡，以此来获得不错的效果。同时，有理论证明，将 UCB2 算法应用于计算机围棋博弈可能会比应用 UCB1 算法更好，结果更出色。不过截至目前，UCB2 算法在蒙特卡洛树搜索方面的实验结果仍然有限，需要更多的实验数据来确定其在计算机围棋上的实用价值。

第 3 章应用案例

第 4 章　专 家 系 统

4.1　专家系统的基本概念

专家系统(expert system,ES)是人工智能研究中的一个重要分支,它实现了人工智能从理论研究走向实际应用、从一般思维方法的探讨转入运用专门知识求解专门问题的重大突破。

1. 专家系统的定义

专家系统是一种具有大量专门知识的计算机智能程序系统,它能运用特定领域一位或多位专家提供的专门知识和经验,并采用推理技术模拟该领域中专家的决策过程,以解决那些通常由专家才能解决的各种复杂问题,其对问题的求解可在一定程度上达到专家解决同等问题的水平。

2. 专家系统的起源和发展

20 世纪 60 年代初,出现了运用逻辑学和模拟心理活动的一些通用问题求解程序,它们可以用来证明定理和进行逻辑推理。但是这些通用方法无法解决大的实际问题,很难把实际问题改造成适合于计算机解决的形式,并且对于解题所需的巨大的搜索空间也难于处理。1956 年,F. A. 费根鲍姆等人在总结通用问题求解系统的成功与失败应用案例的基础上,结合化学领域的专门知识,研制了世界上第一个专家系统 DENDRAL。该系统可以推断出化学分子结构。20 多年来,知识工程的研究、专家系统的理论和技术不断发展,这些研究、理论和技术已应用到几乎各个领域,包括化学、数学、物理、生物、医药、农业、气象、地质勘探、军事、工程技术、法律、商业、自动控制、计算机设计等众多领域,不计其数的专家系统得以开发,其中不少在功能上已经到达,甚至超过同领域中人类专家的水平,并在实际应用中产生了巨大的经济效益。

专家系统的发展已经经历了三个阶段,正向第四个阶段过渡和发展。

第一代专家系统(DENDRAL、MACSYMA 等)以高度专业化、求解专门问题的能力强为特点,但是在体系结构的完整性、可移植性,系统的透明性和灵活性等方面存在缺陷,求解问题的能力弱。

第二代专家系统(MYCIN、CASNET、PROSPECTOR、HEARSAY 等)属于单学科专业型、应用型系统,其体系结构较完整,在可移植性方面较第一代专家系统也有所改善,而且在系统的人机接口性能、解释机制、知识获取技术、不确定推理技术,以及增强专家系统的知识表示和推理方法启发性、通用性等方面都有所改进。

第三代专家系统属于多学科综合型系统，采用多种人工智能语言，综合采用各种知识表示方法和多种推理机制及控制策略，并开始运用各种知识工程语言、骨架系统及专家系统开发工具和环境来研制。这一代专家系统多为大型综合专家系统。

在总结前三代专家系统的设计方法和实现技术的基础上，相关研究者已开始采用大型多专家协作系统、多种知识表示、综合知识库自组织解题机制、多学科协同解题与并行推理机制、专家系统开发工具与环境、人工神经网络知识获取及学习机制等最新人工智能技术与工具来实现具有多种知识库、多主体的第四代专家系统的研究与开发。

3. 专家系统的特点

构造方法和结构上的独特性，使专家系统具有有别于其他智能程序的特点和优越性。

从总体上讲，专家系统是一种具有智能的软件(程序)，但它不同于传统的智能程序。专家系统求解问题的方法使用了领域专家解决问题的经验性知识，不是一般传统程序的算法，而是一种启发式方法(弱方法)；专家系统求解的问题也不是传统程序中的确定性问题，而是只有专家才能解决的复杂的不确定性问题。

从内部结构来讲，专家系统包括描述问题状态的全局数据库、存放领域专家解决问题的启发式经验和知识的知识库，以及利用知识库中的知识进行推理的推理策略；而传统程序只有数据级和程序级知识。然而，专家系统把描述算法的过程性计算信息和控制性判断信息合二为一地编码在程序中，缺乏灵活性。

从外部功能看，专家系统模拟的是专家在问题领域的推理，即模拟的是专家求解问题的能力，而不是像传统程序那样模拟问题本身，即通过建立数学模型去模拟问题领域。

另外，在专家系统求解问题的工作过程中，能够回答用户的提问并解释系统的推理过程，因此其求解过程具有透明性；专家系统中，知识库中的知识可以不断得到修改、删除、增加，使得专家系统对问题的求解能力可以不断提高，应用领域也可以更为广泛，因此专家系统具有很大的灵活性。

4.2 专家系统的基本结构

4.2.1 专家系统的组成

不同领域和不同类型的专家系统，由于实际问题的复杂度、功能的不同，其在实现时实际结构存在着一定的差异，但从概念组成上，其结构基本不变。如图 4.1 所示，一个专家系统一般由知识库、全局数据库、推理机、解释机制、知识获取和用户界面 6 个部分组成。下面逐一讨论这 6 个部分。

知识库是专家系统的核心，它由事实性知识、启发性知识和元知识构成。事实性知识指的是领域中广泛共有的事实，启发性知识指的是领域专家的经验和启发性方法，元知识是调度和管理知识的知识。专家系统的知识库可以是关于一个领域或特定问题的若干专家知识的集合体，它可以向用户提供多个专家的经验和知识。

全局数据库简称数据库，存储的是有关领域问题的事实、数据、初始状态、推理过程的各

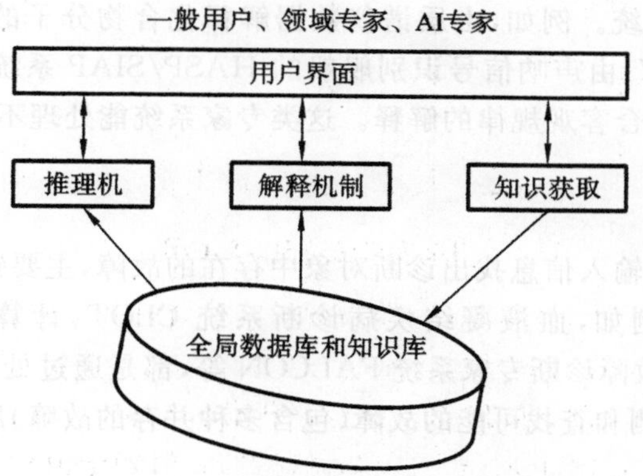

图 4.1 专家系统的基本结构

种中间状态及求解目标等。实际上，它相当于专家系统的工作存储区，存放用户回答的事实、已知的事实和由推理得到的事实。由于全局数据库的内容在系统运行期间是不断变化的，因此它也叫动态数据库。

推理机就是完成推理过程的程序，它由一组用来控制、协调整个专家系统方法和策略的程序组成。推理机根据用户的输入数据(如现象、症状等)，利用知识库中的知识，按一定推理策略(如正向推理、逆向推理、混合推理等)，求解当前问题，解释用户的请求，最终推出结论。

一般来说，专家系统的推理机与知识库是分离的，这不仅有利于知识的管理，而且可实现系统的通用性和伸缩性。

解释机制的主要作用是：解释专家系统是如何推断结论的；回答用户的提问；使用户了解推理过程及推理过程所运用的知识和数据。

知识获取是专家系统的学习部分，它修正知识库中原有的知识，增加新的知识，删除无用的知识。一个专家系统是否具有学习能力，以及学习能力是否足够强大，是衡量专家系统适应性的重要标志。

用户界面实现系统与用户的信息交换，为用户使用专家系统提供一个友好的交互环境。用户通过用户界面向系统提供原始数据和事实，或对系统的求解过程提问；系统通过用户界面输出结果，或回答用户的提问。

4.2.2 专家系统的类型

一般专家系统研制者的兴趣主要是尽快做出一些实用的、高性能的专家系统，较少考虑专家系统的分类。但值得注意的是，如果分类合理，研制者可以迅速、准确引用有关专家系统，为应用问题的求解提供良好的知识处理环境；同时，相邻学科应用问题的知识库有许多相同的规则或知识，在设计知识库时，若能直接引用或共享，则能节约开发时间。

对专家系统的分类，可以按不同角度进行，有的按应用领域(如医学、地质学等)分类；有的按任务类型(如解释、预测等)分类；有的按实现方法和技术分类，如演绎型、工程型等专家系统。这些分类标准不是绝对的。

Hayes-Roth 等人于 1983 年将专家系统按其处理的任务类型分成以下 10 类。

1）解释型

这类专家系统分析所采集到的数据，进而阐明这些数据的实际含义，典型的有信号理解和化学结构解释专家系统。例如，由质谱仪数据解释化合物分子的 DENDDRAL 系统、语音理解系统 HEARSAY、由声呐信号识别舰船的 HASP/SIAP 系统等，都是用于对给定数据，找出与之一致的、符合客观规律的解释。这类专家系统能处理不完整的信息及有矛盾的数据。

2）诊断型

这类专家系统根据输入信息找出诊断对象中存在的故障，主要针对医疗、机械和电子等领域里的各种诊断。例如，血液凝结疾病诊断系统 CLOT、计算机硬件故障诊断系统 DART、化学处理工厂故障诊断专家系统 FALCON 等，都是通过处理对象内部各部件的功能及其互相关系，来检测和查找可能的故障（包含多种并存的故障）所在。

3）预测型

这类专家系统根据处理对象的过去和现状推测未来的演变结果，典型的有天气预报、人口预测和财政预报等专家系统。例如，各种天气预报专家系统、军事冲突预测系统 I&W 等，都是进行与时间有关的推理，处理随时间变化的数据和按时间顺序发生的事件。这类专家系统也能处理不完整信息。

4）调试型

给出已知故障的排除方案，主要是由计算机辅助调试，如 VAX/VMS 计算机系统的辅助调试系统 TIMM/TUNER、石油钻探机械故障的诊断与排除系统 DRILLING ADVISOR 等，都是根据处理对象和故障的特点，从多种纠错方案中选择最佳方案。

5）维修型

这类专家系统制定并实施纠正某类故障的规划，典型的应用有航空和宇航电子设备的维护。例如，计算机网络的专家系统、电话电缆维护专家系统 ACE、诊断排除内燃机故障的 DELTA 专家系统等，都是根据纠错方法的特点，按照某种标准从多种纠错方案中制订代价最小的方案。

6）教育型

这类专家系统主要用于教学和培训任务，诊断和处理学生学习中的错误，如 GUIDON 和 STEMAMER 等专家系统。它们一般是诊断型和调试型的合成。

7）规划型

这类专家系统根据给定目标，拟定行动计划，典型的应用有机器人动作规划和路径规划。例如，制定最佳行车路线的 CARG 专家系统、安排宇航员在空间站活动的 KNEECAP 专家系统、分子遗传学实验设计专家系统 MOLGEN 等，都是在一定的约束条件下，不断调整动作序列，以较小的代价实现给定目标。

8）设计型

这类专家系统根据给定的要求形成所需要的方案或图样描述，典型的有电路设计和机械设计专家系统。例如，计算机的总体配置系统 XCON、自动程序设计系统 PSI、超大规模集成电路辅助设计系统 KBVLSI 等，都是在给定的条件下，提供最佳或较佳设计方案。

9）监督型

这类专家系统主要用于实时监测，典型的应用有空中交通控制和电站监控。例如，航空母舰周围空中交通系统 AIRPLAN、核反应堆事故诊断与处理系统 REACTOR、高危病人监护 VM 系统等，都是随时收集处理对象的数据，并建立对象特征与时间变化的数据模型，一旦发现异常立即发出警报。这类系统通常是解释型、诊断型、预测型和调试型的合成。

10）控制型

这类专家系统自动控制其所应用的系统的全部行为，通常用于实时控制，如商场管理、战场指挥和汽车变速箱控制。例如，维护钻机最佳钻探流特性的 MUD、MVS 操作系统的监督控制系统 YES/MVS 等，大多是监督型和维修型专家系统的合成系统，对实时响应要求较高。

显然，这 10 种专家系统代表的任务类型之间相互关联，彼此间形成一种由低到高的层次，如图 4.2 所示。

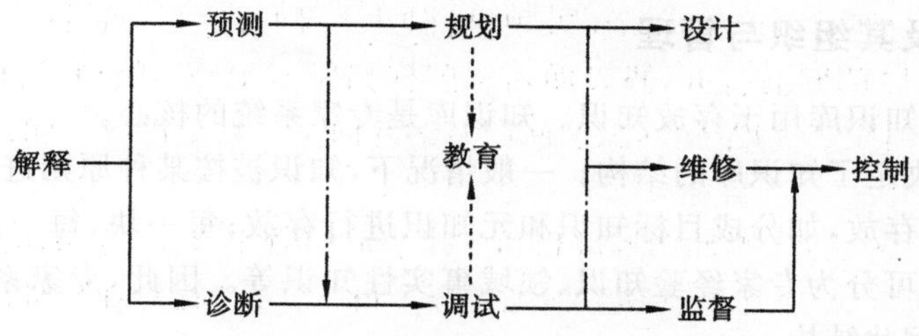

图 4.2　任务的层次结构

有些专家系统常常要完成几种任务，如 MYCIN 系统就是一个诊断型和调试型兼有的专家系统。1985 年 Clancy 指出，不管专家系统完成何种性质的任务，就其问题领域的基本操作而言，专家系统求解的问题可分为分类问题和构造问题。求解分类问题的专家系统统称为分析型专家系统，广泛用于解释、诊断和调试等任务；求解构造问题的专家系统称为设计型专家系统，广泛用于规划、设计等任务。

4.3　知识获取

知识从计算机外部知识源到计算机内部表示的过程称为知识获取。知识如何获取是知识工程的一个重要课题，专家系统中的知识获取是构建专家系统的一个必经过程。

4.3.1　概述

1. 专家系统中的知识

专家系统中的知识有目标知识和元知识之分。

目标知识就是指应用领域中的事实、常识、公式等领域知识，以及该领域专家求解问题的经验知识。

元知识是指关于领域知识、经验知识的知识。与通常意义的知识一样，元知识又分为元事实和元规则。元事实用于描述领域知识、经验知识的表示方法，相互间的控制约束关系，适用范围等信息；元规则用于描述领域知识和经验知识的使用方法。

例如，在 MYCIN 系统中有这样一个例子：

If

1）感染是骨盆脓肿，并且

2）存在前提涉及肠杆菌的规则，并且

3) 存在前提涉及革兰氏阳性杆菌的规则

Then

先考虑涉及 2)的规则，后考虑涉及 3)的规则，CF= 0.4

这是一条说明规则使用顺序的元规则。

元知识和目标知识的形式完全相同，所以对元知识的推理和目标知识的推理可以采用同一个推理机制。在问题求解的过程中，使用元知识对目标知识进行推理，使用目标知识对领域问题进行推理。

2. 知识库及其组织与管理

专家系统中，知识库用于存放知识。知识库是专家系统的核心。

知识的组织决定了知识库的结构。一般情况下，知识被按某种原则进行分类，存放时按类进行分块、分层存放，如分成目标知识和元知识进行存放；每一块、每一层又可再分块、分层，如目标知识又可分为专家经验知识、领域事实性知识等。因此，专家系统的知识库一般采用层次结构或网状结构。

知识库的管理由知识库管理系统完成，主要工作包括知识库的建立、删除、重组，以及知识的录入、更新、删除、归并、查询等。这些都涉及知识库的完整性、一致性检查等工作。

3. 知识获取

专家系统要表现出智能理解和智能行为，首要的一点是掌握专业领域大量概念、事实、关系和方法，其中包括专家处理问题的启发式知识。如何将这些求解问题的知识从专家大脑中和其他知识源中提取出来，并按一种合适的知识表达方法将它们输入计算机中，一直是专家系统开发的一个重要课题。

知识获取由领域专家、知识工程师和计算机之间的一系列交互过程组成。知识获取划分为概念化、形式化和知识求精 3 个阶段，要获取一个好的知识库，需要反复进行这 3 个阶段的工作。

知识获取的主要困难在于恰当把握领域专家多使用的概念、关系及求解问题的方法。一般来说，专家采用的语言与日常用语之间存在较大差异，而且当脱离具体问题环境时，专家对问题求解的描述与实际采用的方法存在差异。这种现象称为知识畸变。知识畸变的原因主要有以下几点。

(1) 每一领域都有自己特定的语言，专家很难用日常语言表达这些“行话”并让知识工程师真正领会。在大部分情况下，这些“行话”缺乏相应的逻辑和数学表达基础，它可能是专家为了描述一种微妙的环境或者领域内沿用下来的习惯而制造出来的词汇。要真正理解这些概念，知识工程师必须具备相应的领域基础知识，并对专家所处的环境有深入的了解。例如，一名没有桥牌经验的人对“偷牌”这个概念有自己的理解，且桥牌大师、普通桥牌手和初学者对“偷牌”的理解也存在着较大的差异。

(2) 在大多数情况下，专家处理问题靠的是经验和直觉，很难采用数学理论或其他模型加以精确描述。例如，在经济预测中，专家能准确地判断某一事件对股市的影响，但这一事件以什么机制来影响股市及影响的程度有多大却难以明确。

(3) 专家为了解决某个领域的问题必须懂得比某领域里的原理和事实更多的内容，其中很大一部分是生活的常识，这些常识的表示和运用都是很困难的。

(4) 由于信息表示形式的影响、问题表达的需要及其他原因,专家对领域知识的表达可能会与实际的使用经验不一致。

(5) 来自多个信息源的知识之间存在冲突。对这些知识的表示和使用不当,导致知识畸变产生。

知识获取方法可以分为 3 类:手工、半自动和自动。自动知识获取属于机器学习的范畴。手工和半自动知识获取一般包括直接方法、知识工程语言和知识获取工具等。其中,直接方法主要用于知识获取概念化阶段,不足之处是效率太低,使得知识获取成为专家系统开发的瓶颈,采用知识工程语言和知识获取工具可以部分解决此问题。知识工程语言和知识获取工具一般用于知识获取的形式化阶段,许多知识获取工具提供了知识求精的功能。

4.3.2 知识获取的直接方法

以下介绍交谈法、观察法、个案分析、多维技术等知识获取的直接方法。

1. 交谈法

交谈是获取领域专家知识的最常见方法,特别是在缺乏书面背景材料时,通过交谈可以准确捕获和理解领域的相关概念和专门术语的内涵。知识工程师可以将领域的概念和问题分成不同的主题,针对每一个主题同专家进行集中式交谈。集中式交谈由以下 3 部分组成。

(1) 专家对目标进行解释,阐述解决问题所需的数据,并将此问题划分成若干子问题。知识工程师从专家的实现角度进一步向专家探明问题之间的结构、数据的来源,以及问题求解的步骤。

(2) 根据讨论的结果,知识工程师和专家可以得到新的问题表,再逐一对每一个子问题或子目标的相关数据、问题之间的关系和求解方法加以探明。

(3) 当问题表中的问题全部讨论完毕后,知识工程师和专家一起对已获取的信息进行总结和评估。

通过集中式交谈,知识工程师可以大致领会专家对问题的处理方法,并将这些知识和求解问题的方法形象地表述出来。为避免篡改领域知识,还须进行反馈式交流:知识工程师将领域知识反馈给专家,专家进行修改和完善,并借此可以评估知识工程师对领域概念和方法的理解正确性与程度。

为了更准确地获取专家领域知识,对一个问题领域,知识工程师可以与不同的专家交谈,然后对所获取的领域知识进行综合评估,也可把从一个专家处获得的领域知识给另一个专家进行评估和修改。

2. 观察法

通过观察或直接参与专家求解问题的过程,知识工程师可以获得有关问题领域的感性认识,从而对问题的复杂性、问题的处理流程及涉及的环境因素有一个直观的理解。在专家缺乏足够时间与知识工程师充分交谈的情况下,观察法提供了知识获取的一种基本方法。

对于策略性知识,如果脱离具体背景,专家描述与实际使用存在差异。因此,直接观察专家的解题活动将是获取难以言传的知识的一种有效途径。其不足是,通过观察,知识工程师是否真正理解专家行为,观察到的知识是否具有典型性,以及所有可能的情况是否都能被知识工程师彻底掌握无法确定。其解决办法是将交谈和观察两种方法进行结合,使通过二者获取的知识相互补充和完善。另外，认真分析专家与用户的对话，可为人机界面的设计提供依据。

学徒式观察是指知识工程师作为一名学徒直接参与到专家处理问题的行为中。通过学徒式观察，知识工程师可以发现理论知识和经验知识之间的差别，理解在负载环境下专家解题方法的灵活性、合理性和有效性。经过一段时间的学徒式观察，知识工程师可以从专家那里得到许多宝贵的知识。

3. 个案分析

个案分析，指记录专家在处理实际问题时所发生的所有情况，如在某个时刻，专家正在想什么、哪些现象正引起他的注意、他正试图采用什么方法来解决、为什么遇到故障等。知识工程师将专家叙述的每一个细节都记录下来。研究者发现，专家解决问题的口语记录往往揭示了交谈过程中难以表述的问题求解过程，而且比交谈中描述策略性知识更具体、更可行。

个案分析的实质是让专家在现实的问题中不受约束地描述情景，体现专家实际求解问题的启发性知识。Welbank 认为，以个案分析为理论导出的规则和专家在交谈中描述的知识为知识校验提供了一种有效手段。

研究表明，个案分析可以了解问题求解的实际过程，交谈可以澄清其中的疑问。在实际应用中，综合个案分析和交谈法可以获得准确的知识。

4. 多维技术

多维技术主要用于获取专家的知识结构。任何对象都呈现出多方面的特性，多维技术逐一研究不同事物在某一特性上表现出的关联，然后将这些关联抽取为事物间的概念相关模型，从而获取专家知识的结构特征，以进行卡片分类、格栅分析等。

4.3.3 知识获取的新进展

专家系统实质上是一个问题求解系统，为专家系统提供知识的领域专家长期以来面向一个特定领域的经验世界，通过人脑的思维活动积累了大量有用信息。

首先，在研制一个专家系统时，知识工程师要从领域专家那里获取知识，这一过程实质上是归纳过程，是非常复杂的个人与个人之间的交互过程，有很强的个性和随机性。因此，知识获取成为专家系统研究中公认的瓶颈问题。

其次，知识工程师在整理表达从领域专家那里获得的知识时，用 If-Then 等规则表达，约束性太大；用常规数理逻辑来表达社会现象和人的思维活动局限性太大，也太困难；勉强抽象出来的规则差异性极大，有很强的工艺色彩，对其进行知识表示又成为一大难题。

此外，即使某个领域的知识通过一定手段获取并表达出来，然而这样做成的专家系统拥有的常识和百科知识出奇地贫乏，而人类专家的知识是以拥有大量常识为基础形成的。人工智能学家 Feignebaum 估计，一般人拥有的常识存入计算机大约可形成 100 万条事实和抽象经验法则，离开常识的专家系统有时会比“傻子”还傻。例如，战场指挥员会根据“在某地发现一只刚死的波斯猫”的情报很快断定敌方高级指挥所的位置，而最好的军事专家系统也难以顾全此类信息。

以上这些难题大大限制了专家系统的应用。人工智能学者开始对基于案例的推理进行研究，尤其是从事机器学习研究的科学家们，不再满足自己构造的小样本学习模式的象牙塔，开始正视现实生活中大量的、不完全的、有噪声的、模糊的、随机的大数据样本，也走上了数据挖掘的道路。

知识获取的最终解决取决于知识的自动获取。一方面，人们从专家那里获取领域知识；另一方面，人们注重从已有的的数据库中获取知识，以指导工作，这就是人们常说的知识发现，且这种过程是自动的。故也可以说，知识获取就是从大量的、不完全的、有噪声的、模糊的、随机的数据中，提取隐含在其中的、人们事先不知道的，但又有潜在价值的信息和知识的过程。

知识获取所能发现的知识有以下几种。

(1) 广义型知识：反映同类事物共同性质的知识。

(2) 特征型知识：反映事物各方面特征的知识。

(3) 差异型知识：反映不同事物之间属性差别的知识。

(4) 关联型知识：反映事物之间依赖或关联关系的知识。

(5) 预测型知识：根据历史的和当前的数据推测未来的知识。

(6) 偏离型知识：揭示事物偏离常规的异常现象。

所有这些知识都可以在不同的概念层次上被发现，随着概念树的提升，从微观再逐步到宏观，以满足不同用户、不同层次决策的需要。例如，从一家超市的数据仓库中，可以发现的一条典型关联规则可能是“买面包和黄油的顾客十有八九也买牛奶”，也可能是“买食品的顾客几乎都用信用卡”，这些规则对于商家开发和实施客户化的销售计划、策略是非常有用的。知识获取的常用方法主要有分类、聚类、减维、模式识别、可视化、构建决策树、使用遗传算法和不确定性处理等。

4.4 专家系统的解释机制

专家系统除了具有强大的推理能力和渊博的知识外，还具有良好的解释能力。

专家系统的解释内容主要是推理的结论，即对推理过程、推理方法和策略、推理用到的知识和知识库进行解释。用户与专家系统互动时，不仅知道做什么，而且知道怎么做和为什么这样做。

解释系统的设计除了要满足解释的全面与准确、解释的可理解性和解释系统的界面友好性之外，还应注重解释的结构，如解释的基础、用户模型和解释方法。解释的基础指知识库中用于问题求解的知识，包括知识互动含义和注释。用户模型指使用专家系统的用户类型，不同类型的用户对知识的掌握程度不同，需要解释的内容和侧重点也不同，因此在设计时应考虑用户的类型和层次。解释方法是设计中的关键，下面介绍预制文本解释法、路径跟踪解释法、自动程序员解释法和策略解释法等，它们的侧重点不同，解释功能也不同。

1. 预制文本解释法

预制文本解释法是最简单的一种解释方法，它类似于一般应用系统的出错处理。知识工程师在设计专家系统时，预先估计各种可能需要解释的问题，并把对每个问题的解释以文本的形式插入程序代码中。当用户输入待解释的语句时，系统将其转换为相应的代码，然后再根据这个代码将相应的解释信息显示给用户。在这种方法中,解释信息与普通唱片的使用方法类似,即将解释的文本写入程序代码等价于录制唱片,显示解释文本相当于唱片的播放,故人们又将预制文本解释法称为唱片解释法。

预制文本解释法的最大优点是设计简单,可以很方便地解释有关系统功能方面的问题,以及监控系统运行状态,并在系统出错时显示相关的出错信息。

在构建专家系统时,知识工程师可以将有关的解释语句按系统可能执行的操作顺序和语义存放。在系统执行某操作而用户想知道系统正在做什么或准备做什么时,可将与操作相关的解释语句显示出来。这个解释语句可包括为完成当前的动作,系统调用的函数、函数的各种参数设置、推理所用到的前提及推理方式等信息,用户可以通过这些解释内容理解系统的运行状况。

为了提高预制文本解释法的灵活性,可在解释文本中加入状态变量。状态变量的值根据系统具体情况动态设定,从而使得同一段文本在解释同一类问题时可更好地反映系统的求解状态,提高解释同一类问题的求解一致性。

如果要求知识工程师能预先知道所有需要解释的情况,并对每一种提问提供一种可能的解释,预制文本解释法有时则难以完成。另外,由于此方法是针对已设计好的程序代码来设计解释,那么可想而知,这些解释依赖于程序代码,而且这种依赖是固定的,因此,当程序代码被修改后,相关的解释代码也需修改,否则,可能会产生错误的解释。这种现象说明此方法的一致性维护成本高。最后,此方法较难回答超出范围或不同层次用户的提问。

2. 路径跟踪解释法

路径跟踪解释法,通过跟踪并重新显示系统问题求解过程的推理路径和知识使用情况来解释相关的用户提问。此方法从系统的运行角度用运行轨迹来解释系统的动作。

在路径跟踪解释法中,解释的深度是一个重要问题。首先,解释不能太泛,太泛将导致没有问题能得到解释。其次,解释的层次也不能太低,太低则解释会脱离于用户所希望了解的主要内容。例如,用户要求得到当前结论的推理路径时,系统回答得太细,细到结论的详细计算步骤,就有可能违背用户的意愿。

解释层次的选择与知识的表示方法有关。产生式是由条件和动作组成的指令,即所谓的条件-活动规则,在基本规则的产生式系统中,产生式的匹配是系统求解过程的最基本操作,由这些基本操作组成对目标的搜索。推理路径和有关产生式匹配情况的显示,产生了问题求解过程中的解释。因此,选择产生式规则作为解释的基本层次是较为合适的。另外,每一个产生式是一个独立的数据结构单元,具有明确的意义。在这个层次上,它容易被用户接受,避免泛泛而谈和过于烦琐。

由于路径跟踪解释法可以重现系统的推理过程,因此它有助于知识工程师在开发过程中调试、诊断专家系统,知识工程师可以通过比较求解路径和专家的推理思路,来检查推理控制策略及知识库的不足。路径跟踪解释法广泛地用于各种专家系统中。

当解释的层次确定后,路径跟踪解释法接着要将系统的追踪结果翻译成用户可理解的语句。但是,由于程序代码与问题求解领域的专业术语之间存在语义差别,因此这种转换是比较难实现的。而如果局限于某个领域的具体问题求解,那么在一定范围内进行转换是可行的。

总之,路径跟踪解释法不采用预先设计解释文本,而是通过对系统运行轨迹的追踪进行解释，它具有较好的维护一致性。

3. 自动程序员解释法

自动程序员指一个生成专家系统的工具。自动程序员解释法由 W. R. Swartout 提出，其基本思想是利用自动程序员来建立专家系统。在专家系统的构造过程中，自动程序员从最一般的抽象目标经过逐步求精产生专家系统的执行程序，同时保留推理轨迹和相关信息，解释系统可以利用这些信息来解释系统动作的合理性。预制文本解释法和路径跟踪解释法缺乏深层知识，因此很难对系统行为的合理性作出适当的解释。而当用自动程序员解释法构造专家系统时，保留的推理轨迹是一种深层知识，在解释时有其独有的特点。

自动程序员解释法已应用于确定洋地黄用量的咨询专家系统——XPLAIN 中。XPLAIN 由生成器、领域模型、领域规则、英语生成器和求精结构等 5 个部分组成，如图 4.3 所示。

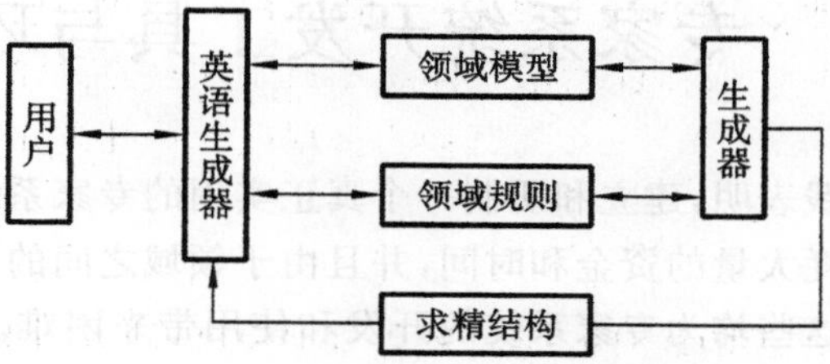

图 4.3　XPLAIN 的结构

图 4.3 中的生成器就是自动程序员，它产生的执行程序即完成咨询功能的程序。领域模型和领域规则包含了领域的专家知识。求精结构是生成器生成执行程序后的轨迹，它说明了 XPLAIN 系统是如何开发咨询系统的，用户也可以利用求精结构产生对用户咨询的解释。英语生成器将通过检查求精结构和目前正在进行的咨询步骤给用户提供一个英语方式的回答。

在大多数专家系统中，描述性知识和过程性知识没有分离。这样，问题求解的方法或规则必须用描述性知识表示，这限制了系统解释的灵活性。在 XPLAIN 中，领域模型与领域规则被分开。领域模型包含问题领域的描述性事实，如实体间的因果关系、分类层次等。领域规则包含问题求解方法和启发式过程，是关于问题求解的过程性知识，它是生成器工作的基础。自动程序员通过问题领域的过程性知识同描述性事实结合来生成执行程序，这种结合过程的记录就可用于系统行为的解释。另外，领域模型与领域规则分离可从不同的抽象级别上描述相关的方法和启发式信息，因此，不同层次的解释可适应不同层次的用户。

生成器从最一般的任务描述开始，逐步求精，形成执行程序的目标树。利用目标树及有关的基本原则，英语生成器给出系统行为的英语解释。

自动程序员解释法可以在不同层次对用户的“Why”提问给出合理的解释，但是自动程序员解释法的关键是能够自动构造专家系统，当然，这还是一个未完全解决的问题。同时，根据求精结构生成英语语句也是一个十分困难的工作。因此，自动程序员解释法真正走向实用还需要做大量工作。

4. 策略解释法

策略解释法是由 D. W. Hasling 等人提出，并由 W. J. Clancey 和 R. Letsinger 等人在

NEOMYCIN 系统中实现的。它向用户解释的是与问题求解策略有关的规划和方法，从策略的抽象表示及其使用过程中产生关于问题求解的解释。NEOMYCIN 的策略知识有明确的表示，并提供一个有效的环境让用户进行诊断推理，或解释用户的推理行为。所谓策略，是指为达到某个目标而精心编制的计划。在 NEOMYCIN 系统中，控制知识由元规则和任务表示，元规则指与领域无关的概念，即元规则是以轴向的形式而不是具体的方式表示。这样，通过元规则与领域知识的结合，不仅可以完成诊断任务，而且可以方便地通过策略对诊断过程进行解释。

NEOMYCIN 系统在进行解释时，对于用户的问题可以从任务和元规则的层次给出问题求解策略的一般解释，也可以将元规则与领域目标相关的规则结合给出某种疾病诊断过程的具体解释。

策略解释法本质上是基于元规则的一种路径跟踪法。

4.5　专家系统开发工具与环境

开发专家系统的实践表明，建立和研制一个真正实用的专家系统是很困难的，往往需要投入大量人力、物力，消耗大量的资金和时间，并且由于领域之间的隔阂，知识工程师与领域专家的协作变得复杂。这些均为专家系统的开发和使用带来困难。为此，人们不断推出专家系统开发工具与环境，以期帮助知识工程师和领域专家设计专家系统。建立和调试专家系统、使用这些开发工具与环境，可以极大简化专家系统的构造工作，提高系统的设计效率，加快建设速度，不断增强系统的功能和适应性。

4.5.1　专家系统开发工具与环境的基本概念

专家系统开发工具与环境是一种为高效、快速开发专家系统而设计和实现的智能计算机软件系统。通常，一个专家系统开发工具与环境的主要构成有知识库空壳、推理及控制机制、用户接口、开发人员接口、相关辅助工具等。利用不同的工具，知识工程师可开发出不同水平和级别的专家系统。专家系统开发工具与环境按功能分主要有两类：生成工具与辅助工具。其基本分类如图 4.4 所示。

- 专家系统开发工具与环境
  - 生成工具
    - 通用编程语言（FORTRAN/PASCAL/C++）
    - AI程序设计语言（LISP/PROLOG）
    - 骨架系统（EMYCIN/EXPERT/KAS）
    - 通用知识工程语言（OPS/ROSIE）
    - 其他专家系统开发工具
  - 辅助工具
    - 知识获取工具（TEIRESIAS/TIMM）
    - 设计辅助工具（AGE）
    - 建造辅助工具（ROGET/SEEK）
    - 人机接口（PLUME）
    - 其他辅助工具

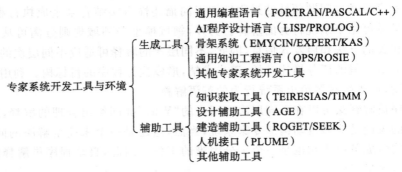

图 4.4　专家系统开发工具与环境的基本分类

1. 生成工具

生成工具主要帮助知识工程师构造专家系统中的推理机和知识库。生成工具按照其本身的特点可分为程序设计语言、骨架系统、通用知识工程语言和其他专家系统开发工具。

程序设计语言是开发专家系统的最基本工具，它包括通用编程语言和 AI 程序设计语言。其中 AI 程序设计语言具有符号和逻辑推理功能，可以完成推理、规划、决策、分析、论证等智能行为，用其开发专家系统十分灵活，但开发的难度大、周期长，只适用于受过 AI 良好训练的程序员使用。

骨架系统就是一个专家系统删除其特定领域知识而留下的系统框架，如 EMYCIN 专家系统就是由 MYCIN 专家系统演变而来的。骨架系统使用固定的知识表示和优化的推理机制，只需把特定领域的知识输入知识库，就构成了一个特定的专家系统。使用骨架系统具有速度快、效率高的优点，但其灵活性和通用性较差，因为其推理机制和知识表示固定不变，每一个骨架系统只适合于某一类特定领域，而不能满足另一类特定领域专家系统的开发要求。

通用知识工程语言是专门用于构造和调试专家系统的通用程序设计语言，它能处理不同领域和类型的问题，提供各种控制结构。用其设计推理机和知识库，比使用 AI 程序设计语言更方便。

其他专家系统开发工具是以一种或多种工具和方法为核心，加上各种辅助工具而集成的软件系统，可提供多种类型的推理机制和多种知识表示，帮助设计者选择结构、规则和各种组件。

作为工具系统，"通用"是生成工具追求的目标，但过于考虑通用性，将使工具难以适应某些领域的专业要求，反而影响其应用范围。为兼顾工具系统的通用性和其在某些领域专用的特色，生成工具目前的发展方向是在不影响专用性的前提下，尽量提高通用性。因此，组合式、开放式工具系统成为其主要的研究方向。

2. 辅助工具

辅助工具主要是与知识获取、知识库管理及维护等有关的工具。知识获取工具能进行知识的自动获取、知识库的编辑，并且具有面向特定问题、特定知识、特定领域的知识获取能力。知识库管理和维护工具能检查知识库的不一致性，发现知识编辑中的异常现象，自动维护知识库中知识的一致性和完备性。这些工具能帮助知识工程师加快专家系统的开发速度，保证知识库的质量。

随着专家系统的应用日益广泛，知识工程师对专家系统开发工具的要求越来越高，对好的专家系统开发环境的需求也更加迫切。一个好的专家系统开发环境应提供的功能主要如下。

(1) 具备多种知识表示方法，如产生式、框架、语义网络等。

(2) 提供多种不确定推理模型供用户选择，并留下模型扩充的接口。

(3) 提供多种知识获取手段，包括手工获取、半自动获取、自动获取（即机器学习）等。这些获取手段具有知识求精、知识库一致性和完备性验证等功能。

(4) 提供各种多媒体界面，包括具有自然语言接口的开发界面和专家系统用户界面。

(5) 适用范围广，即能在较大的范围内为各领域专家系统提供合适的开发环境。

专家系统开发工具与环境在专家系统的商业化、工业化过程中起着重要的作用。

4.5.2 专家系统工具 JESS

JESS(Java Expert System Shell)是一个用 Java 编写的专家系统开发平台，它以 CLIPS 专家系统外壳为基础，由美国桑迪亚国家实验室(Sandia National Laboratories)分布式系统计算组成员 Ernest J. Friedman-Hill 在 1995 年开发出来。JESS 将专家系统的开发过程与功能强大的 Java 语言结合起来，允许在 Applet 和 Java 的其他应用当中使用规则，并且可以在系统运行环境下直接调用 Java 的类库等，这些都使 JESS 开发出的专家系统具有良好的移植性、嵌入性，而且具有非常高的效率，在某些特定的问题上它甚至比 CLIPS 本身更有效。JESS 已被广泛用于人工智能的很多领域，具有非常广阔的开发前景。

1. JESS 的知识表示和基本组成

JESS 采用产生式规则作为基本的知识表达模式，其核心由事实库、规则库、推理机 3 大部分组成。其中推理机由模式匹配、冲突集、执行引擎组成，规则库与事实库则组成知识库。执行引擎按一定优先级激活冲突集中的规则，修改事实库。循环这个过程，直到事实库无变化，推理结束。其中事实包括简单事实和对象事实。匹配是指 JESS 通过模式匹配语言对事实进行操作，而 JESS 中的规则库是中心数据库，存储了各个领域模拟人类问题求解的产生式规则。

1）事实

JESS 中的事实包括简单事实和对象事实。简单事实就是对一个事实的直接描述，不含有任何方法；而对象事实是封装了方法，并可以接受外界信息改变自身特征的事实。JESS 对于简单事实的表示用断言来完成。对于对象事实，JESS 用 Java 语言来定义对象，类的定义由 Java 语言书写，编译通过后即可动态地加入系统中。该类用 Java 虚拟机编译通过后，通过 defclass 命令来将其加入系统，对象事实就可以执行对类的各种操作，如生成对象事实的一个实例、调用对象事实的方法等。

2）匹配

JESS 通过模式匹配语言对事实进行操作。JESS 具有很多匹配操作符，如支持同任意事实进行匹配的单一操作符，以及只能同满足特定约束值的事实进行匹配的复杂操作符。JESS 使用了“unique”条件元素，用于标识同该模式匹配的事实是唯一的。匹配过程中，当模式发现一条事实同它匹配时，就会停止对事实库的检索。这大大提高了系统的效率。

3）规则

JESS 中，规则通过限定规则前件和后件来支持内容丰富的模式匹配语言。通过使用控制语句，JESS 可以控制规则后件的操作流程，使用这些面向过程的编程，给知识的表示带来很大方便。

2. JESS 开发环境

JESS 是一个用 Java 语言编写的基于规则的专家系统推理框架，它被封装成了一个 jar 包(JESS 开发包)。要使用 JESS 开发包，机器必须安装 Java 虚拟机(Java virtual machine, JVM)。Java 虚拟机可以在 Sun Microsystems 公司的官方网站下载。现在的 JESS 版本到了 8.0，需要 JDK 1.4 或者更高版本的 JDK 才能支持推理机的执行。在下载完 JDK 后，直接在本机上安装，并要求设置环境变量。其中，在 Path 环境变量下加入 JDK 安装目录下的

bin 文件夹的路径，在 ClassPath 环境变量下加入 JDK 和 JRE 安装目录下的 bin 文件夹的路径，同时还要加入 JESS 的 jar 包所在目录的路径。

JESS 开发包可以在桑迪亚国家实验室的网站下载。下载完解压后，可以发现在解压后的文件夹中包含一个"eclipse"文件夹，这个文件夹包含 JESS 的集成开发环境(integrated development environment，IDE)所需的 Eclipse 的开发插件。解压这个文件夹下的所有文件到 Eclipse 的安装目录即可。解压完后，可以到 Eclipse 安装目录下的"plugins/gov.sandia.jess_8.0.0"去查看该文件是否存在。如果存在，则 JESS 开发环境搭建完成。

3. JESS 语言的语法规则

1）事实模板

在事实被创建之前，必须先定义事实模板，其一般格式为

```
(deftemplate< template-name> [< optional-comment> ]< slot-definition>
* )
```

其中，<slot-definition>的语法描述定义为

```
(slot< slot-name> [(type< type-name> )])
```

比如，下面是根据语法要求创建的状态事实模板：

```
(deftemplate MAIN::status)
(slot search-depth)
(slot parent)
(slot wildman-shore1-number)
(slot wildman-shore2-number)
(slot whiteman-shore1-number)
(slot whiteman-shore2-number)
(slot boat-location)
(slot last-move)
```

其中，status 是事实模板名称，status 模板有 search-depth、parent、wildman-shore1-number、wildman-shore2-number、 whiteman-shore1-number、 whiteman-shore2-number、 boat-location 和 last-move 这 8 个槽。

其实，事实模板可以与关系表定义有很好的对应关系。因此，可以从数据库中抽取关系表的定义来构造事实模板。表 4.1 说明了事实模板与关系表的对应关系。

表 4.1 事实模板与关系表的对应关系

事实模板	模板名	槽名	槽类型	槽值
关系表	表名	字段名	字段类型	字段值

2）事实的实现

事实是事实模板的一个实例，由事实模板名、零个或多个槽及槽值组成。以下事实是实现上面的事实模板 status 的一个实例：

```
(deffacts MAIN::initial-positions
(status(search-depth1)
        (parent no-parent)
```

```
        (wildman-shore1-number3)
        (wildman-shore2-number0)
        (whiteman-shore1-number3)
        (whiteman-shore2-number0)
        (boat-location shore1)
        (last-move no-move)))
```

其中,status 是事实模板;initial-positions 是事实的名称。里层的内容是对 8 个槽填槽后的槽值。

根据表 4.1 中的对应关系,关系表中每一条记录都可以转化为一个事实。

3) 规则

一条 JESS 规则类似于过程性语言中的 If…Then…结构。一条满足 JESS 语法的规则的一般格式为

```
(defrule< rule-name> [< comment> ]  //规则的名称和描述
< patterns> *                      //规则的条件部分,可包含一个或多个模式
= >
< action> * )                      //规则的动作部分,可包含一个或多个通知动作
```

规则的头部包括 3 部分:关键词 defrule;规则名称;可选的注释字符串,一般用于描述规则的目的或其他信息。

在规则头部之后,是由一个或多个模式构成的条件元素。每一个模式由一个或多个领域构成,其目的是匹配事实中的槽值。如果规则的所有模式与事实匹配,则规则就被激活。规则中模式后面的符号"=>"用于区分规则的左部和右部,相当于 If…Then…中的 Then 部分开始的标记。规则的最后一部分是动作列表,当此规则被触发时这些动作就会被执行。

此外,规则的左部可使用"and"和"or"条件元素对多个模式进行"与"和"或"的组合,也可使用"not"条件元素对模式匹配结果进行求反;"test"条件元素也可应用于模式中,用于判断条件是否成立。

下面是一个规则的实例:

```
(defrule MAIN::moveto-shore1-onewildman
? node< -(status(search-depth? num)
                  (wildman-shore1-number? nums1)
                  (wildman-shore2-number? nums2&(> = ? nums2 1))
                  (boat-location shore2))
= >
(duplicate? node(search-depth(= 1? num))
                  (parent? node)
                  (wildman-shore1-number(+ 1? nums1))
                  (wildman-shore2-number(- ? nums2 1))
                  (boat-location shore1)
                  (last-move one-wildman toshore1)))
```

其中,(wildman-shore2-number? nums2&(>=? nums2 1))语句是为了检验河岸 2 上野人的人数是否大于或等于 1;(boat-location shore2)是为了检验船当前是否停靠在河岸 2。

4.5.3 JESS 中的 Rete 匹配算法和逆向推理机制

JESS 中采用了 Rete 匹配算法，Rete 匹配算法利用了专家系统中时间冗余性和结构相似性这两个特点，有效地减少了用于匹配操作的次数，从而提供了非常高效的推理。因此，当系统的性能是由匹配算法的质量决定时，JESS 的优点将更为明显。应当指出的是，Rete 匹配算法是一个以空间换取时间的算法，所以，应用 JESS 时应当考虑内存的消耗。

除了前向推理方式外，JESS 还支持逆向推理。在 JESS 的逆向推理中，规则仍采用 If…Then…结构，但是在逆向推理时，推理引擎执行的是前件没有得到满足的规则，这种行为常常被称为目标寻找。显然，JESS 同时支持前向和逆向推理的特点使其推理能力得到了加强。

4.6 专家系统开发与评价

专家系统的构造和开发过程是知识工程的一个重要研究内容。一般来说，一种工程技术不仅要求相当成熟的理论基础，而且需要一套工程设计方法、规范和标准。但从专家系统的开发实践看，专家系统的构造不存在同一方法和模式，下面简单介绍专家系统开发步骤和方法评价。

4.6.1 专家系统开发步骤

成功开发一个专家系统必须要求领域专家、知识工程师和用户进行密切配合：用户提供需求；领域专家提供知识和求解方法；知识工程师从专家那里获得知识，并将其转换输入计算机。这些基本要素及其相互关系如图 4.5 所示。

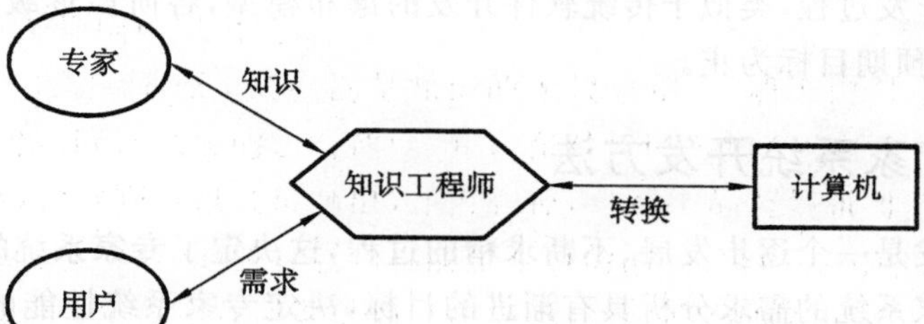

图 4.5 专家系统开发的基本要素及其相互关系

专家系统开发的生命周期与一般计算机软件的生命周期类似。根据经验，人们对专家系统开发过程的划分策略不同。有人将其划分为需求分析（问题选择）、概念设计、功能设计、结构设计、知识获取和表示、功能的详细设计、系统实现、测试与维护等阶段；也有人将其简单划分为问题确定、概念设计、知识形式化、实现和测试等阶段。无论采用何种开发步骤和划分成几个阶段，知识获取和知识形式化均是开发中的难点和瓶颈。图 4.6 所示是一个专家系统开发的过程，下面对此过程稍做讨论。

1）问题调研

知识工程师通过与领域专家和用户的沟通，对用户的需求请专家分析，包括问题难度与

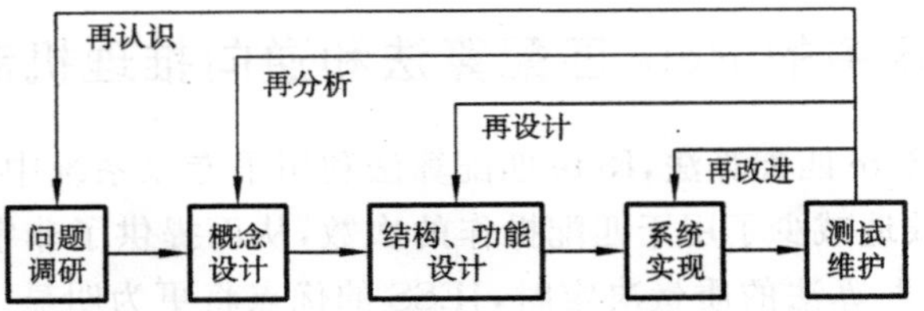

图 4.6　某专家系统开发的过程

范围、问题类型、专家知识的可获取性、预期效益等，并确定领域的知识结构，以及开发所需要的各种资源。

2）概念设计

知识工程师把问题求解所需的各种专门知识概念化，确定概念之间的关系，并对任务进行划分，确定求解问题的控制流和约束条件，一般采用一种或几种知识工程语言进行描述和表达。

3）结构、功能设计

知识工程师确定系统的数据结构、推理规则、控制策略，建立问题求解模型，明确系统所需的基本功能，确定系统的体系结构。

4）系统实现

此步骤依赖于硬件环境，主要是编码和调试，也就是把建立的形式化模型映射到具体的计算机环境中，最终生成可执行的计算机程序系统。

5）测试维护

知识工程师通过新建立的专家系统运行大量的实例，检测原型系统的正确性及系统性能等各种目标是否可达到。通过测试，知识工程师对反馈信息进行分析，并进行必要的修改，如重新认识问题、建立新的概念或修正概念之间的关系、完善知识的表示与组织、扩展新知识和改进推理方法等。

专家系统的开发过程，类似于传统软件开发的瀑布模型，各阶段逐级深化，不断完善系统，直到最终达到预期目标为止。

4.6.2　专家系统开发方法

专家系统开发是一个逐步发展、不断求精的过程，这决定了专家系统的建立是一个不断完善的过程。专家系统的需求分析具有渐进的目标，决定专家系统性能的专门知识是逐步增加的，这就是常说的增量式开发方法。增量式开发得益于专家系统的知识库与推理机的分离，这种结构使得专家系统在增加知识时不至于影响知识库以外的部分。另外，专家系统是一个复杂的应用系统，需要建立一系列原型，如演示原型、研究原型、领域原型、产品原型，以及最终建立的商品化系统。

演示原型：主要用于系统方案的可行性论证，以搭建应用中的主体结构和功能。

研究原型：解决应用中的关键技术，并能对部分领域问题进行求解。

领域原型：经过大量测试，系统具有较强的稳定性和较好的性能。

产品原型：可以脱离开发环境，在用户环境下运行，具有较高的性能、效率和稳定性。

商品化系统：在产品原型的基础上，进一步完善系统的功能和用户接口，系统可投入市场。

总之，专家系统的开发需要将瀑布模型、增量式开发方法和快速原型方法三者进行有机结合。

4.6.3 专家系统的评价

专家系统是逐渐生成和完善的，根据用户、领域专家及知识工程师的实际使用情况，不断改进。对系统的评价渗透到整个系统的建立过程，并且对改进系统设计和性能起到关键作用。

1. 主观评价法

主观评价法是指从用户角度对系统进行评价，评价的目标是系统的可用性。这需要由确定系统的效能量度来完成，效能量度将提供评价系统的可用性所需的信息。这些量度对于知识工程师来说非常重要，因为知识工程师可以从这些量度中弄明白专家系统的动机，从而获得为系统进行设计或改进的思路。

多属性应用技术为效能量度提供了一个正式的体系。多属性应用技术是一种处理那些难于完全用定量方法来分析的复杂问题的手段，是一种定性、定量相结合的方法。一般使用多属性效能量度评价方法对专家系统进行主观评价。

多属性效能量度评价方法，其基本思想是将全局的效能量度分解成若干层次，在比原有问题简单得多的层次上逐步分析，可以将人的主观评价以数量形式表达，之后，再将它们综合生成一个总评价量度。当多属性效能量度评价方法应用于专家系统评价时，将系统从概念上分解成不同属性类，该类再进一步分解，依次下去，直至评价主体觉得对每一系统属性都能定义并获取精确、可靠、有效的量度为止；然后通过将属性打分转换成整体量度，来得到对专家系统的主观评价结果。

2. 技术评价法

技术评价法有三类，一类是评价知识库是否是最小表示，评价知识库逻辑一致性和完整性的静态测试；一类是由领域专家评价知识库的功能完整性和预见准确性，以及推理能力；再一类是评价整个系统服务需求的软件测试和检验方法。

1）问题最小表示

影响问题最小表示的因素如下。

冗余规则：各规则或规律组基本有相同的结论。比如，$p \land q \to h$ 和 $q \land p \to h$；$A \in \{(2,4)\} \cup \{(3,5)\} \to g$ 和 $A \in \{(2,5)\} \to g$，这两组规则实际上分别是等价的，故是冗余规则，可以直接从库中删除一个。

包含规则：当一个规则或一组规则的含义已在另一个规则中表示出来时，可从类似的但约束条件较少的一个规则中得出结论。

规则的简化：实际上，上面主要指的是知识的无效表示，一般来说对系统的正确性没有大的影响，但是它可以降低系统的运行速度，并且在对知识库修改与扩充期间会成为问题的根源。冗余规则、包含规则可以被检测出，并被删掉，对系统的逻辑推理没有影响，然而，某些情况下，在库中保留较特殊的包含规则可能是有目的的，它可以影响冲突的解决机制和推理控制策略。规则的简化意味着用等价的单个规则替换原有的两个或多个规则。这样，通过以上异常的清除将得到一个逻辑上等价的知识库。

2）逻辑一致性和完整性

逻辑一致性是指两种或两种以上的知识形式、规范一致，知识库中的知识不会发生矛盾、冲突等。逻辑的精确性要求知识确切、无二义性。下面给出适合于静态测试的知识库异常分类，这里的知识库以 If…Then…的形式生成规则。有了这一分类，可以分别对每一异常做出相应的处理，以保证知识库的一致、准确。

（1）逻辑一致性。

一致性涉及这样的情况：其一，一致规则的应用导致结果的模糊或非一致性；其二，有两个规则可以应用于同一输入，但输出却不同。产生这样的结果可能是因为下列几个因素。

①冲突规则：采用了相同或非常相似的条件，但导致不同结论的规则（规则组），或其组合违背了逻辑原理（例如递推性等）的规则。冲突规则是一种有危害性的规则，例如，有些设备可以工作在一个（有且仅有一个）状态，而推出的结论是设备同时工作在两种不同的状态，这将导致物理上的不协调。

②圆周规则：导致返回初始条件（或中间条件）而非结论的规则。

③不必要的 If 条件：在一个条件上的值并不影响任何规则的结论。

（2）逻辑完整性。

影响逻辑完整性的因素有下列几个。

①非参考属性值：规则中，条件的值不能导致一个结论。

②非法性值：规则中条件所能接受的值之外的值。

③不可得到的结论（或终点）：不能将输入条件和输出结论直接或间接连接起来的规则。

对于小且结构良好的知识库，上述异常的静态测试可以由人工来完成；对于中等规模或大规模的数据库，人工完成静态测试需要做出很大的努力，因此目前正在实现由人工向自动静态测试的转变，这将代表着评价知识库逻辑一致性和完整性的主要发展进程。

3）功能完整性和预见准确性

一般而言，知识库的功能完整性和预见准确性要有领域专家参与，要用一些典型的测试用例与专家系统的诀窍来测试其反应，看反应是否与专家的看法一致或能否提示专家思考更深入的问题。

功能完整性的主要判据包括知识库是否包含了所有希望的输入条件和结论，结论是否完整，以及知识是否存在边界。预见准确性的最终目的是检验知识库能否表现“正确的推理”，即正确的输入能否得到正确的输出，同样的输入能否得到一致的输出。而“正确的推理”又必须以知识库的准确性为基准，知识库准确性的主要判据包括：事实的准确性、规律的准确性、知识表示的准确性、知识库的可改性（控制可扩充性）。

预见准确性用测试器和性能标准来完成，所要求的标准是以事实为根据。预见准确性的测试要通过测试实例来体现。测试时要注意，测试实例的结构是一个重要问题，即问题不是测试实例的个数，而是测试实例的作用范围，也就是反映输入范围的良好程度。测试实例中应包含那些容易导致系统严重故障的实例，也应包含那些模拟系统最普通操作的实例。

知识库的完备性也可通过对整个系统完备性的分析和执行来获得，在某些情况下（不是太大的系统）可以由 PROLOG 的执行机制完成，也可以由某些基于规则的验证系统完成，比如，CHECK 可以检测循环规则，而 COVER 可用于检测反映推理系统的缺点。确实，一个系统一旦被证实具有完整性，那么该系统可以被认为是可靠的，在将来可以安全使用。然而，对于一些复杂系统，这种完整性检测未必是可行的，尤其是系统中掺和了某种语言解释函数，这时可以通过保持执行规则的动态轨迹和在随后阶段获得的结果来验证系统的完整性。

4）服务评价

上面介绍的两类技术评价法主要是针对知识库而言的，服务评价实际上是对专家系统满足用户需求程度的评价。它包含 4 个阶段：第一阶段是人工分析，由有经验的软件工程师针对问题，分析其需求说明、设计和实现计划；第二阶段是静态分析，可由人工完成或自动完成，分析设计文档和软件；第三阶段是动态分析，借助一组测试数据，比如随机测试、功能测试的数据，来运行软件；第四阶段是可选的，用来证明程序的正确性。

3. 经验评价法

经验评价阶段侧重于从用户角度获得系统性能的主要量度。经验评价法要求有真正的专家和有代表性的用户参与评价，用户给出对系统的主观评价，专家给出系统的技术评价，以便系统性地评估系统性能是否满足用户需求。

经验评价方法可分为：实验法、准实验法、实验仿真研究法和历史数据统计分析法。

实验法是经验评价中最一般的方法。当用户想实际使用开发好的专家系统时，实验法特别适合，因为实验法专门帮助用户或实验参与人员完成从一个采集测试到较大抽样群的测试的转换。

典型情况要考虑下面两种实验。其一，实验要反映专家系统性能约束的客观基准，如果专家系统通过该实验测试合格，则系统是有效的，否则将其搁置起来。例如，假设用户借助专家系统在 30 min 内可以做出某决策，然而，若用户组织要求一项决策在 20 min 内做出，那么专家系统的这种辅助是无效的。不过这个性能基准对于一些实时的活动是必要的，对于其他的应用，该基准是不必要的。其二，实验要反映专家系统非伸缩判决规则的性能基准，即系统的其他特征对性能基准的失效没有补偿作用。

第 4 章应用案例

第5章 逻辑学的原理及其应用

人工智能学科的中心内容之一是“机器思维”——知识处理问题。它涉及知识的表示、知识的积累和存储、知识推理和问题求解等。而这一切思维活动都是建立在某种逻辑之上的，因此逻辑是人工智能的基础。本章将简要介绍逻辑学的基本原理和一些应用。

5.1 思维、语言与逻辑

逻辑学是以人们的思维为研究对象的，是一门关于思维的学科。

那么，什么是思维？它有哪些特征呢？

思维有广义和狭义之分。广义的思维是相对于物质而与意识同义的范畴；狭义的思维则是相对于感性认识而与理性认识同义的范畴。逻辑学主要讨论狭义的思维，即思维是人脑对客观事物的反映。

辩证唯物主义认识论告诉我们，人们对客观事物的认识是一个由低到高、由浅入深的过程，它包括感性认识和理性认识这两个相互联系的阶段。感性认识和理性认识是认识过程的两个不同的认识阶段，它们之间有着本质的区别。感性认识是认识的低级阶段，包括感觉、知觉、表象三种形式，特点是直接性和具体性。理性认识是认识的高级阶段，包括概念、判断、推理及假说和理论等形式，特点是间接性和抽象性。从内容上看，感性认识的对象是事物的现象，理性认识的对象是事物的本质。从形式上看，感性认识是人脑凭借感觉器官以感觉、知觉和表象等具体形象的形式直接反映事物，理性认识则是人脑在感性材料基础上以概念、判断和推理等抽象思维的形式反映事物。

感性认识和理性认识不只有相互区别、相互对立的一面，而且还相互依赖、相互渗透，两者在实践基础上具有辩证统一关系。感性认识是理性认识的基础，理性认识依赖于感性认识。从认识的来源看，一切真知都是从社会实践中来的，而感性认识直接来源于实践，在社会实践中，人们首先获得的是感性认识的直接经验，只有积累了十分丰富的合乎实际的感性材料，然后才能进行科学的抽象，达到理性认识。例如，英国科学家牛顿受苹果落地的启示发现了万有引力定律。因此，没有感性认识，理性认识也就成了无源之水、无本之木了，承认理性认识依赖于感性认识，就在认识论中坚持了唯物论。

感性认识有待于深化、发展到理性认识。这是感性认识的局限性和认识的任务、目的决定的。感性认识虽然是整个认识过程的起点，但它属于认识过程的初级阶段，它只能反映事物的现象，而不能反映事物的本质和规律。认识的真正任务，不是认识事物的表面、外部特征，而是认识事物的内在本质和规律。认识的最终目的是改造世界，而只有掌握事物的本质和规律，按规律行动，才能达到有效地改造世界的目的。坚持感性认识必须上升到理性认识，这就在认识论中坚持了辩证法。有一则故事叫作“两小儿辩日”，讲孔子去东方讲学，遇到路旁两个小孩在激烈争论什么，便走上前去一看究竟。其中一个小孩说：“太阳早晨的时候离人近，中午的时候离人远。”另一个小孩接着说：“不对！应该是早上离人远，中午离人近。”

前一个小孩反问道：“太阳刚出来的时候足有伞那么大，到了中午，却变成茶盘那样小，这不是近大远小的缘故吗？”另一个小孩理直气壮地答道：“早上的时候，天气凉飕飕的，中午却热得像在汤锅里，这不正合乎近热远凉的道理吗？”

对于两个小孩究竟谁是谁非，孔子也难以决断。于是，两个小孩嘲笑孔子说：“谁说你是一个无所不知的圣人呢？”在这则故事中，小儿辩日，孔子难断的原因是，要解决比较复杂的问题，不能单凭直观的感性认识，应该重视理性认识，深刻地揭示事物的本质。

感性认识和理性认识相互渗透。感性认识和理性认识的辩证统一，不仅表现在它们的相互依存和相互转化上，而且还表现在它们的相互渗透上。这也就是说，在实际的认识过程中，既没有纯粹的感性认识，也没有纯粹的理性认识，感性认识和理性认识总是交织在一起的。

感性认识渗透着理性认识，主要表现在以下几方面。

(1) 人的感觉是理解了的感觉。人的感性认识与动物的被动感知的根本区别，就在于人的感性总是渗透着理性的感受，是在理性指导下的感觉。人在感知某一具体事物时，大脑并非一张白纸，总是有以往的理性认识掺杂在其中，理性认识加强了感觉的明确清晰的程度，并且由于理解而使感觉更敏锐、更深刻。

(2) 人的感觉必须通过概念、理论等理性认识的形式来表达，纯粹的心理体验是不能作为认识传达给别人的。

(3) 感性认识在理性认识的参与下进行，人总是用自己已有的逻辑知识去感知外部对象的。如看到玫瑰花是红的，天空是蓝的，实际上，人们头脑中早已有了红的、蓝的等理性认识了。

理性认识中有渗透着感性认识因素，主要表现在以下几方面。

(1) 理性认识不仅以感性材料为基础，而且要以语言、文字、图像及通信手段等感性形式来传递和表达。越是抽象的理论，越要用生动形象的语言来传递和表达。

(2) 对理性思维的深刻理解，往往要借助于丰富的感性经验才能获得。正因为如此，对同一理论的理解，一个饱经风霜的老人，往往比青年人理解得更深刻。

思维同感性认识一样，也是人脑对客观事物的反映。但是，思维对客观对象的反映与感性认识不同，它具有自己的特征。

(1) 概括性。思维的概括性，是指思维能够反映整个一类事物的共同的本质属性。例如，“商品”“国家”“学校”等概念，都不是反映个别商品、个别国家、个别学校的个别属性，而是对一切商品、一切国家、一切学校共同的本质属性的反映。

(2) 间接性。思维的间接性是指人们能够借助已有知识，打破时间、空间和人的直接认识能力的限制，认识那些自己目前尚未认识的事物。《淮南子·说山训》中说：“见一叶落，而知岁之将暮；睹瓶中之冰，而知天下之寒；以近论远。”这里说的就是思维间接反映事物的问题。

思维和语言有着极为密切的联系。一方面，思维离不开语言，语言是思维存在的形式和得以表达的形式。思维只有借助于语言才能产生，才能存在和发展。如果没有语言，思维既不能存在，又无法交流，更谈不上发展。马克思认为，语言是思维本身的要素，是思想的直接现实。科学实验表明，人脑中的思维活动是凭借简化的内部语言进行的，甚至在利用电脑模拟人类思维的过程中，也离不开相应的人工语言符号系统。人工语言是现代科学思维中必不可少的重要工具。另一方面，语言也离不开思维，思维是语言所表达的思想内容。语言是一种声音，但声音并不就是语言，只有能表达一定思想内容的声音才叫作语言。同时，语言的发展也依赖于思维的发展，语词意义的变化和新语词的产生，都是在概念的变化发展、在新概念出现的基础上形成的。

思维和语言虽然密切联系，但二者也存在着本质的差别。具体表现在以下两方面。

(1) 语言是民族习惯的产物，具有鲜明的民族特色，不同的民族具有不同的语言形式；而思维则不是民族习惯的产物，无论哪个民族的人，只要是正确地反映了同一客观对象，其所形成的思想就是相同的。

(2) 思维是大脑的属性，是一种精神现象，隶属于意识的范畴；而语言则是表示对象或思想的一些声音或笔画，是一种客观现象，隶属于物质的范畴。因此，语言只能作为思维的物质外壳或符号，而不是思维自身。

5.2 逻辑与逻辑学

汉语中的逻辑一词是个外来词，它是英文 logic 的音译，导源于希腊文 logos（逻各斯），原意为思想、言辞、理性、规律等。

在现代汉语中，逻辑是个多义词，其含义主要有以下几种。

(1) 表示客观事物发展的规律。例如，“实现四个现代化，这个宏伟任务是我国半个多世纪以来，在中国共产党领导下全部革命过程的合乎逻辑的继续”。

(2) 表示某种特殊的理论、观点或看问题的方法。例如，“侵略者奉行的是强盗逻辑”。

(3) 表示人们思维的规律、规则。例如，“只有感觉的材料十分丰富和合乎实际，人们才能根据这样的材料得到正确的概念、恰当的判断、合乎逻辑的推理”。

(4) 表示一门学问，即逻辑学。例如，“为了搞好管理工作，实现科学决策，学点逻辑是十分必要的”。

逻辑学是一门有着悠久历史和巨大生命力的学科。早在两千多年前，古希腊、古代中国和古代印度的学者，就各自独立地建立了自己的逻辑学说。

古希腊是逻辑学的主要诞生地。古希腊哲学家亚里士多德是逻辑学的奠基人，他在古希腊较繁荣的科学文化基础上，全面、系统地对演绎逻辑做了深刻的阐述，为后人留下了宝贵的财富。他的著作有《范畴篇》《解释篇》《前分析篇》《后分析篇》《论辩篇》和《辩谬篇》，后人把它们收集在一起，合称《工具论》。《工具论》是一部划时代的逻辑著作，它对逻辑的各个方面，即概念、判断和推理、证明及逻辑谬误等都做了系统的论述。此外，亚里士多德在其重要哲学著作《形而上学》中，明确地提出并表述了矛盾律和排中律，同时也涉及同一律。亚里士多德的演绎逻辑系统（主要指三段论）是以对概念（即词项）的研究为基础的，所以现在人们把它称为“词项逻辑”。亚里士多德对逻辑学的重大贡献，奠定了西方逻辑学发展的基础。

到了中世纪，亚里士多德开创的演绎逻辑不断发展和完善，形成了西方的传统逻辑。17世纪，随着近代实验科学的兴起，弗朗西斯·培根第一次系统地研究了归纳逻辑，奠定了近代归纳逻辑的基础。此后，赫舍尔、休厄尔、穆勒等人使近代归纳逻辑获得了进一步发展，穆勒还将近代归纳逻辑纳入了传统逻辑的体系。在近代归纳逻辑产生的同时，演绎逻辑也开始新的发展。在莱布尼兹、布尔、弗雷格、罗素等人的努力下，一门新的逻辑——数理逻辑（现代演绎逻辑）诞生了。数理逻辑将数学方法引入逻辑学的研究，开创了逻辑研究的新局面。随着数理逻辑的产生和发展，逻辑学的领域空前扩大，所研究的内容日益丰富。20 世纪 20 年代以后，以数理逻辑为工具的现代归纳逻辑也逐渐建立起来。

古代中国是逻辑学的发源地之一。春秋战国时期，有不少学派、学者研究过属于逻辑学方面的问题，并称逻辑学为“名辩之学”。其主要内容表现在惠施、公孙龙、后期墨家成员、荀况、韩非等人的著述中。其中，以《墨经》和《正名篇》对逻辑学的贡献最为卓著。例如，《墨经》提出了“以名举实，以辞抒意，以说出故”的光辉思想。这里所谓“名”，相当于概念；所谓“辞”，相当于命题；所谓“说”，相当于推理。它说明，在人们的思维和论证过程中，概念是用来反映事物的，命题是用来表达思想认识的，推理是用来推导事物的因果联系的。这是对概念、命题、推理的本质和作用所作的精辟说明。

古代印度的逻辑学说称为“因明”。“因”指推理的依据，“明”即通常所谓“学说”，“因明”就是古代印度关于推理的学说。主要代表著作有：陈那的《因明正理门论》、商羯罗主的《因明入正理论》等。在这些著作中，作者研究了推理和论证的方法，形成了古代印度特有的逻辑理论和体系。

今天，逻辑学已经发展成为一个多层次、多分支的重要学科领域，主要包括传统逻辑、数理逻辑、现代归纳逻辑，以及自然语言逻辑、科学逻辑等。此外，还有模态逻辑、多值逻辑、模糊逻辑、认知逻辑、时态逻辑、规范逻辑等。

5.3　逻辑学的研究对象

5.3.1　思维形式

思维形式是相对于思维内容而言的。思维作为人所特有的对客观事物的反映活动，在感性认识的基础上产生，通过概念、命题、推理等形态反映客观事物。一方面，思维总是表现为对一定的事物和事物情况的反映，这种对事物和事物情况的具体反映，称为思维内容；另一方面，思维在将其内容的各个部分连接或组织起来时，又总是具有一定的结构或框架，这种思维内容的组织结构或框架，称为思维形式。

例如：

“所有的商品都是有价值的。”

“所有的物质都是可以分割的。”

“所有的小说都是文学作品。”

这三个命题的内容不同，但组织结构相同，即“所有……都是……”，这就是它们的逻辑形式。我们分别用 S 和 P 代替由“所有”和“是”连接的两个概念，上述三个命题所共同具有的逻辑形式则为：所有 S 都是 P。

再例如：

“一切代表人民利益的事业都是会成功的，我们的社会主义现代化建设事业是代表人民利益的，所以，我们的社会主义现代化建设事业是会成功的。”

“凡金属都是导电体，凡铁都是金属，所以，凡铁都是导电体。”

这是两个推理，它们的具体内容各不相同，但仔细分析一下便可看出，它们的形式结构却是相同的。它们都有三个不同的命题，其中包含三个不同的概念。我们以 M、P、S 分别表示上述两个推理中那三个不同的概念，它们的逻辑形式即：所有的 M 都是 P，所有的 S 都是 M，所以，所有的 S 都是 P。注意：任何一种逻辑形式都包含两个组成部分：一是逻辑常项，一是变项。逻辑常项是指逻辑形式中不变的部分，即在同类型的思维形式中都存在的部分；变项则是指逻辑形式中可变的部分，即在逻辑形式中可以表示任一具体内容的部分，变项中不管代入何种具体内容，都不会改变其逻辑形式。例如，在“所有 S 都是 P”这一逻辑形式中，“所有”和“都是”在这种逻辑形式中都存在，不能任意改变，因此“所有”和“都是”是逻辑常项。S 和 P 所表示的概念的具体内容是可以变换的，我们可以用任何一个概念去代换它。因此，S 和 P 是变项。

需要指出，在实际思维中，思维的形式与思维内容是紧密联系在一起的。没有思维的内容，就无所谓思维的形式；没有思维的形式，思维的内容也就无法存在和表现。但是，这只是问题的一个方面。另一方面，人们在科学研究中可以把思维形式从不同的思维形态中抽象出来，可以暂时撇开思维的内容而只研究其形式，而且，这种研究的目的也正是为了更好地表现思维内容。因此，不能因为思维内容与形式的密切联系，而否认逻辑学只研究思维形式的可能性与必要性。

5.3.2 逻辑规律与逻辑方法

逻辑学不仅研究思维形式本身，还研究思维形式的规律和一些简单的逻辑方法。思维形式的规律，简称为“逻辑规律”，主要包括同一律、矛盾律和排中律。

(1) 同一律要求：一个思想自身要保持确定性、一致性，不能随意地改变，也不能把不同的思想混为一谈。

(2) 矛盾律要求：对于两个不能同真的思想，不能同时加以肯定，而应指出其中有假的思想。

(3) 排中律要求：对于两个不能同假的思想，不能同时加以否定，而要指出其中有真的思想。

思维实践证明，只有遵守这三条逻辑规律，才能使人们的思维具有确定性、首尾一贯性和明确性。它们是人们进行正确思维的必要条件。

人的思维能力有四种：抽象化能力、具象化能力、洞察探索力、想象创造力。想象创造能力是在前面三种思维能力的基础上发展的且最高级的思维能力。逻辑方法也有四种：辨别和论证、分析与综合、归纳和演绎、历史统一。思维方式本质上就是逻辑方法，思维能力本质上就是逻辑能力。文字、数学符号、音符、颜料……是针对不同研究对象(内容)进行逻辑演练而采用的不同形式。每一个笔画、数字、颜料、音符都是最小的逻辑单元。它们的演绎所用到的逻辑原理和方法都是一样的，只是精确度不同，数学的精确度最高，因为它的逻辑数量级最大(即逻辑层级最多)，而文字、音符和颜料的逻辑数量级非常有限。数学本来是演练逻辑方法的一种符号模型。加、减、乘、除是最底层的四种逻辑方法，其他所有的逻辑演算，都是建立在它们的基础之上，也都可以用这四种逻辑方法表达出来。只是为了便于演算，每到一个逻辑层次，都会用新的符号或概念来替代前面的流程，从而简化后面的演算流程。注意：这里说的逻辑层次，指的是递进关系，表层是直接递进，底层是间接递进，即常说的直接影响和间接影响。那么，其实只要掌握最基本的这四种逻辑方法和逻辑原理就可以了，顺着这个原理用这四种底层逻辑方法可以推导出所有的数学问题，只是如果不用中间概念来替换，过程会比较复杂和烦琐。

逻辑讲究严密性。它体现在：假如一个人想超越别人，那么他必须把别人走过的路一步不差地走一遍，他可以走得比别人快，但是不能抄近道，一旦抄近道就会留下漏洞，有漏洞就意味着逻辑不通，逻辑不通就没有辩证力。

相对于数学逻辑的严密性，仅次于它的是语言（文字）逻辑，最主要的原因是文字概念的创造受有限的逻辑单元的限制（即用有限的笔画种类来创造新的文字和概念太难了）。它们的共同特点就是追求统一的标准化的逻辑方法，有严格的表达方式，当然这样做的目的是便于交流。而比起数学逻辑和语言逻辑，艺术的逻辑演绎就充满了辩证性和更大的局限性，因为艺术的逻辑单元数量更有限，组合方式比文字还有限。除了临摹和写实讲求顺应原物的逻辑性，那些抽象的艺术创作本身靠的就是混乱逻辑，因为只有这样才能创新。而混乱逻辑追求创新，就意味着没有既定的逻辑方式。这样在交流的时候就具有更强的辩证性，即每个人都可以有不同的表达和理解方式。因此很难用作品本身对大众进行说服，最终还得通过艺术背后思想理念的比对来定位。

5.4　逻辑学在人工智能中的应用

人工智能主要研究用人工方法模拟和扩展人的智能，最终实现机器智能。人工智能研究与对人的思维研究密切相关。逻辑学始终是人工智能研究中的基础科学问题，它为人工智能研究提供了根本观点与方法，而且人工智能只能使用数学（符号）化的逻辑，因此笔者仅限于研究数理逻辑在人工智能中的应用问题。

1. 逻辑学为人工智能学科的诞生提供的理论基础

智能和逻辑是同源的，它们从不同的侧面研究同一个问题，因而人工智能的诞生与逻辑学的发展是密不可分的。

古希腊哲学家亚里士多德在《工具论》中提出了形式逻辑和演绎法，创立了逻辑学。12 世纪末 13 世纪初，西班牙逻辑学家罗门・卢乐提出了制造可解决各种问题的通用逻辑机的想法，初步揭示了人类思维与计算可同一的思想。17 世纪，英国哲学家和自然科学家培根在《新工具》(1620) 中提出了归纳法。随后，德国数学家和哲学家莱布尼兹改进了帕斯卡的加法数字计算器，做出了四则运算的手摇计算器，并提出了“通用符号”和“推理计算”的思想，使形式逻辑符号化，可以说，这是“机器思维”研究的萌芽。

19 世纪，英国数学家布尔创立了布尔代数，他在《思维法则》(1847) 一书中，第一次用符号语言描述了思维的基本推理法则，真正使逻辑代数化。布尔系统奠定了现代形式逻辑研究的基础。德国数学家弗雷格完善了命题逻辑，并在《算术基础》(1884) 中创建了一阶谓词演算系统。

这种形式系统在创建人工智能的知识表示和推理理论中起到了非常重要的作用。意大利数学家皮亚诺在《算术原理:新的论述方法》(1889)一书中也对算术系统进行了公理化研究。怀特海和罗素合著的《数学原理》(1910—1913),从纯形式系统的角度(机械角度)来处理数学推理的方法,为数学推理在计算机上的自动化实现奠定了理论基础。他们开发的逻辑句法和形式推理规则是自动定理证明系统的基础,也是人工智能的理论基础。塔斯基创立了指涉理论,在《真理的语义概念和语义基础》(1944)中对形式系统语义的深入研究,进一步丰富了逻辑语义学。

20世纪,哥德尔在《论〈数学原理〉及其相关系统的形式不可判定命题》(1931)论文中,对一阶谓词完全性定理与N形式系统的不完全性定理进行了证明。这些研究成果揭示了机械的与非机械的思维活动的基本性质,论证了形式系统的逻辑标准和局限性。在此基础上,克林对一般递归函数理论做了深入的研究,丘奇建立了演算理论。在《关于可计算的数及其对判定问题的应用》(1937)一文中,英国数学家图灵建立了描述算法的机械性思维过程,提出了理想计算机模型(即图灵机),创立了自动机理论,奠定了整个计算机科学的理论基础。这些都为1945年匈牙利数学家冯·诺依曼(John von Neumann)提出存储程序的思想和建立通用电子数字计算机的冯·诺依曼型体系结构,以及1946年美国的莫克利和埃克特成功研制世界上第一台通用电子数学计算机ENIAC做出了开拓性的贡献。以上经典数理逻辑的理论成果,为1956年人工智能学科的诞生奠定了坚实的逻辑基础。

2. 逻辑学应用于人工智能研究

逻辑方法是人工智能研究中的主要形式化工具,逻辑学的研究成果不但为人工智能学科的诞生奠定了理论基础,而且它们还作为重要的成分被应用于人工智能系统中。

1) 经典逻辑的应用

人工智能诞生后的20年间是逻辑推理占统治地位的时期。这期间主要研究的是一些可以确切定义并具有良性的确定性难题,经典数理逻辑和启发式搜索在其中发挥了关键的作用。但是,同数学方法一样,在逻辑方法中也存在着算法危机。例如,1930年,海伯伦证明了一阶谓词演算是半可判定的,从而提出海伯伦定理,奠定了推理算法的理论基础。1965年,鲁宾逊以此为基础,提出了一阶谓词逻辑的消解原理,大大简化了海伯伦定理的判定步骤,使推理算法达到了可实用的程度。但对复杂的数学定理,则必须引入数学专家的启发式经验知识,否则就会导致严重的“组合爆炸”。1956年,纽厄尔、西蒙等人编制的“逻辑理论机”数学定理证明程序(LT),使机器迈出了逻辑推理的第一步。1963年,经过改进的LT程序可以证明《数学原理》第2章中的全部52条定理。在此基础之上,纽厄尔和西蒙编制了通用问题求解程序(GPS),开拓了人工智能“问题求解”的一大领域。GPS可解决不定积分、三角函数、代数方程、猴子与香蕉问题、河内塔问题、传教士问题、人羊过河问题等11类不同类型的问题。虽然这使启发式程序有了较大的普遍应用性,但由于海量知识库的难以建立及其与快速搜索之间存在的矛盾,GPS并不能解决所有的问题。

经典数理逻辑只是数学化的形式逻辑,它排除了一切形式的不确定性、矛盾和演化,只研究确定性问题,因此只能满足人工智能的部分需要。当人工智能模拟人在经验科学中的思维或日常思维时,经典逻辑就不适用了,因而必须寻求不同于经典逻辑的方法。

2）非经典逻辑的应用

(1) 不确定性的推理研究。

人工智能要进行人脑的智能模拟，难点不在于模拟人脑所进行的各种必然性推理，而在于模拟最能体现人的智能特征的能动性、创造性等不确定性的思维。因此，必须着重研究人的思维中最能体现其能动性特征的各种不确定性推理。

人工智能发展了用数值的方法表示和处理不确定的信息，即给系统中每个语句或公式赋一个数值，用来表示语句的不确定性或确定性。比较具有代表性的有：1976 年杜达提出的主观贝叶斯模型，1975 年肖特里夫提出的确定性模型，1978 年查德提出的可能性模型，1981 年巴内特引入专家系统的证据理论模型，1984 年邦迪提出的发生率计算模型，以及假设推理、定性推理和证据空间理论等经验性模型。

对归纳推理、类比推理等不确定性推理的研究，在专家系统中都有广泛的应用，可实现机器学习，达到"机器创造"的目的。归纳逻辑是关于或然性推理的逻辑。1921 年，凯恩斯把概率理论与归纳逻辑结合起来，建立了第一个概率逻辑系统，这标志着现代归纳逻辑的产生。在人工智能中，可把归纳看成从个别到一般的推理。借助这种归纳方法，计算机不仅可以自动获得新概念以"增长"知识，而且也能够证实已有的理论并发现新的理论。在一个专家系统或决策系统中，其内部储存的经验知识的数量是有限的，而运用类比的方法，计算机就可以通过新、老问题的相似性，从相应的知识库中调用有关知识来处理新问题。文斯通提出的类比理论、根特内的结构映射理论(SM)是类比推理较成熟的理论模型，而霍罗亚克和山迦尔德的类比约束映射机(AC-ME)则是类比推理较成熟的实验性系统。

(2) 不完全信息的推理研究。

知识是人类智能的基础，因而也是人工智能研究的一个核心问题。人脑与机器智能的差别就在于人脑能够运用不精确的、非定量的、模糊的知识信息进行思维活动。常识知识和专家知识都是经验性知识，都具有不完全性和不精确性，而现在的计算机是建立在精确科学和二值逻辑的基础上的。因此，在处理常识表示和常识推理时，经典逻辑就显得无能为力。

常识推理是一种非单调逻辑，即人们基于不完全的信息推出某些结论，当人们得到更完全的信息后，可以改变甚至收回原来的结论。非单调逻辑可处理信息不充分情况下的推理。人工智能若要在日常应用领域实现良好的推理特性，就必须从日常推理中抽象出一个较为完善的非单调系统。20 世纪 80 年代，赖特的缺省逻辑、麦卡锡的限定逻辑、麦克德莫特和多伊尔建立的 NML 非单调逻辑推理系统、摩尔的自认知逻辑都是具有开创性的非单调逻辑系统。常识推理也是一种可能出错的不精确的推理，是在容许有错误的知识的情况下进行的推理，即容错推理。

弗协调逻辑是由普里斯特、达·科斯塔等人在对悖论的研究中发展起来的，是关于从矛盾中不能推出一切的理论。弗协调逻辑限制或者否定了经典逻辑中矛盾律的作用，能够容纳矛盾，但又认为从矛盾不能推出一切，不允许矛盾任意扩散，以免导致系统成为"不足道的"。在人工智能领域的研究中，由于计算机处理的信息范围日益扩大，系统的知识库需要包含从与领域有关的常识性知识到原理性知识、经验性知识、元知识等多层次的知识，知识库规模的增大会导致各种不协调的情况发生，弗协调逻辑则可为解决这类问题提供强有力的工具。

此外，多值逻辑和模糊逻辑也已经被引入人工智能中来处理模糊性和不完全性信息的推理。多值逻辑是具有多个命题真值的逻辑，它是对传统的二值逻辑的重大突破。多值逻辑的三个典型系统分别是克林、卢卡西维兹和波克万的三值逻辑系统。它们可以作为人类程序行为的逻辑基础，这种程序行为是智能的，它可以用系统化的方式来收集关于环境的知识。模糊逻辑是研究模糊概念、模糊命题和模糊推理的逻辑理论，其真值域是 0 到 1 上的连续区间，可以应用到人工智能专家系统、自动控制、智能决策等众多领域。它的研究始于 20 世纪 20 年代卢卡西维兹的研究。1972 年，查德提出了模糊推理的关系合成原则，现有的绝大多数模糊推理方法都是关系合成规则的变形或扩充。

第 5 章应用案例

第 3 篇

机器学习与神经网络

第6章 机器学习

6.1 概 述

机器学习，顾名思义，就是用人类最原始的学习方法（规律性学习）给予机器可以处理数据的能力，通过训练数据训练出算法，用测试数据测试算法准确性，再通过历史数据所产生的经验作出有效的决策。机器学习作为人工智能的技术基础，不仅拥有通过算法对计算机数据进行快速处理的能力，还拥有统计模型所具有的对问题进行预测、分类的能力，在当今数据量急增的趋势下，有着巨大的发展潜力。

6.1.1 机器学习的定义和意义

从广义上来说，机器学习（machine learning，ML）是一种能够赋予机器学习的能力以此让它完成直接编程无法完成的功能的方法。但从实践的意义上来说，机器学习是一种通过利用数据，训练出模型，然后使用模型预测的方法。它是AI的一个子集，机器学习让我们通过算法来解决一些复杂的问题。正如人工智能先驱Arthur Samuel在1959年写的那样，机器学习是需要研究的领域，它给计算机学习的能力而不是明确地编程的能力。机器学习是指用某些算法指导计算机利用已知数据自主构建合理的模型，并利用此模型对新的情境给出判断的过程。它不同于传统计算机，因为传统计算机由人给出指令，计算机按照这些指令被动工作；机器学习则是机器通过大数据的输入，从中主动寻求规律，验证规律，最后得出结论，机器据此结论来自主解决问题，如果出现了偏差，机器会自主纠错。

6.1.2 机器学习的研究简史

自从科技和人工智能被提出以来，科学家们追随帕斯卡和莱布尼茨的脚步，思考着“机器是否能像人类一样具备智能”这一命题。儒勒·凡尔纳、法兰克·鲍姆（《绿野仙踪》）、玛丽·雪莱（《弗兰肯斯坦》）、乔治·卢卡斯（《星球大战》）都设想了能够模仿人类行为，甚至在不同情境下都具备类人技能的人造物。机器学习是实现人工智能的一个重要途径，如今在学术界和工业界都是研究主流，公司和高校都投入了大量资源来拓展这一领域的知识。其最新的成果在多种不同任务中都表现得非常不错，足以媲美人类（识别交通标志的准确率高达98.80%，超过了人类）。接下来要讲的，是机器学习发展历程的一条粗略时间线，这里会指出其中一些具有里程碑意义的节点。

1949年，Hebb在一个神经心理学学习方程的基础上，向如今盛行于世的机器学习迈出了第一步，该理论被称为“赫布理论”。简单来讲，赫布理论研究的是循环神经网络(recurrent neural network，RNN)中节点之间的相关性。RNN 在网络中记忆共性特征，起到类似记忆的作用。赫布理论的形式化表述如下：

假定反射行为的持续和重复(或称作“痕迹”)能够引起细胞的永久改变，进而提高该行为的稳定性；如果细胞 A 的轴突距离近到可以激发细胞 B，并且反复或持续地参与到细胞 B 的激活中，那么两个细胞之一或者两者皆会进行增长或发生代谢性变化，使得 A 激活 B 的效率得到提升。

1952 年，IBM 的 Arthur Samuel 开发了一个玩西洋跳棋的程序，这个程序可以观察棋子的位置并构建一个隐式的模型，用来改进之后下棋的策略。Arthur Samuel 和这个程序玩了很多局，发现它随着时间的推移玩得越来越好。

Arthur Samuel 用这个程序推翻了“机器的能力不能超越其代码且不能像人类一样学习”的论断。他以如下方式定义了“机器学习”这一概念：不需要显式编程就可以赋予机器某项能力的研究领域。

1957 年，同样具备神经科学背景的 Rosenblatt 提出了第二个模型：感知器(perceptron)，它更接近如今的机器学习模型。这在当时是一个让人激动的发现，实际上感知器也比赫布的理论更加容易应用。Rosenblatt 是这样介绍感知器的：感知器用来从总体上描述智能系统的一些基本属性，而不必过多纠缠于具体生物组织的那些特殊的、通常未知的条件。

3 年之后，Widrow 提出了差量学习规则，该规则随即被用于感知器的训练。这也被称为“最小平方”问题。结合感知器和差量学习，可以创建出很好的线性分类器。然而，Minsky 在 1969 年给感知器的热潮泼了一盆冷水。他提出了著名的“异或”问题，指出感知器无法处理像这样线性不可分的数据分布。这是 Minsky 对当时神经网络研究社区的“致命一击”。此后，神经网络研究陷入停滞，直到 20 世纪 80 年代才有所发展。

尽管 Linnainmaa 在 1970 年曾以“reverse mode of automatic differentiation”这个名字提出过反向传播的想法，但是并没有得到太多关注，直到 Werbos 在 1981 年提出了多层感知器(multi-layer perceptron，MLP)的设想和针对神经网络的反向传播(back propagation，BP)算法。反向传播至今仍是神经网络架构的关键算法。有了这些想法，神经网络的研究再次提速。1985 到 1986 年之间，多位研究者先后提出了 MLP 的想法和具有使用价值的 BP 算法。

与此同时，J. R. Quinlan 在 1986 年提出了一个非常著名的机器学习算法，我们称之为“决策树”，具体来讲就是 ID3 算法。这是机器学习另一个主流分支的起点。不仅如此，作为一个发行软件，ID3 的简单规则和清晰预测可以找到更具实际意义的使用场景，这点不同于还是黑盒的神经网络模型。

在 ID3 之后，研究社区提出了很多变体和改进(例如 ID4、回归树、CART 等)，使其至今仍是机器学习领域里的一个活跃分支。

机器学习的最重要的突破之一，是 Vapnik 和 Cortes 在 1995 年提出的支持向量机(support vector machine，SVM)，它同时具备坚实的理论基础和亮眼的实验结果。从那时开始，机器学习研究社区分裂成了拥护神经网络或 SVM 的两个派别。然而，当 SVM 的核化版本被提出之后，神经网络开始在竞争中处于下风。SVM 在此前被神经网络模型占据的很多任务中都取得了最佳成绩。并且，SVM 可以利用在凸优化、综合边际理论和核函数方面的丰富研究成果来超越神经网络。因此，SVM 可以从不同学科汲取养分，从而极大地推动了理论和实践的发展。

Hochreiter 在 1991 年的学位论文和 2001 年发表的论文又给了神经网络研究社区沉重的一击，这些论文表明，应用 BP 学习在神经网络的单元饱和时将遭遇梯度下降。简而言之，由于单元会饱和，在超过一定循环次数之后继续训练神经网络是画蛇添足的，因为神经网络很可能在少数训练循环之后就产生了过拟合。

Freund 和 Schapire 在 1997 年提出了另一个有效的机器学习模型，这种名为 Adaboost 的模型组合多个弱分类器来提升性能。这项研究在当时为作者赢得了哥德尔奖（Gödel Prize）。Adaboost 构建一组易于训练的弱分类器，同时对其中相对较难训练的个体赋予较高的重要性。这一模型现在也是很多不同任务的基础，比如面部识别和检测。Adaboost 也是“可能近似正确”（PAC）学习理论的实现原理。一般来讲，所谓的弱分类器被选作简单的决策桩（决策树中的单个节点）。提出者们如此介绍 Adaboost：我们研究的模型可以被解释为在一般决策场景下对已经充分研究的在线预测模型的一种广泛的、抽象的扩展。

Breiman 在 2001 年研究了另一种使用多个决策树的组合模型，其中每棵树都是用训练样例的一个随机子集训练得到的，树的每个节点都来自一组随机选择的特征子集。基于这一特点，该算法被称作“随机森林”（random forest，RF）。理论和实践都证明 RF 可以避免过拟合。Adaboost 在面临过拟合和异常数据时表现不佳，但是 RF 在这方面则表现得更加“健壮”，并且 RF 在 Kaggle 竞赛等很多任务上都有不错的表现。

随机森林是一组树形预测器的组合，每棵树取决于独立随机采样的向量值且该向量值对森林中所有树具有相同分布。当森林中树的数目很大时，泛化误差收敛于某个极限值。

时至今日，神经网络已经进入“深度学习”的新时代。“深度学习”一词是指具备多个级联层次的神经网络模型。2005 年前后，依靠 Hinton、LeCun、Bengio、Andrew Ng 及其他很多资深研究人员在以往和当时的各种研究成果，神经网络开始了第三次崛起。下面列出了其中一些重要的模型或概念：GPU 编程，卷积神经网络（convolutional neural networks，CNN），deconvolutional network，最优化算法，随机梯度下降（stochastic gradient descent），BFGS 和 L-BFGS，共轭梯度下降（conjugate gradient descent），反向传播，整流单元（rectifier units），稀疏性（sparsity），Dropout 网络，Maxout Nets，无监督神经网络，深度置信网络（deep belief networks，DBN），Stacked AutoEncoder，Denoising NN models。

基于这些及其他没有列出的成果，神经网络模型在诸多不同任务上都击败了当时最先进的算法，例如物体识别、语音识别、自然语言处理等。然而，值得说明的是，这绝不表示机器学习的其他分支就此终结。尽管深度学习声名鹊起，对这些模型，仍然有很多关于训练成本和外生参数调优的批评。同时，SVM 凭借其简洁性仍然得到了很多应用。

随着万维网和社交媒体的增长，机器学习领域里另一个相对新兴的研究课题——大数据这个新概念开始崭露头角，并且其对机器学习的研究产生了重大影响。由大数据引发的大问题，让很多强大的机器学习算法在现实系统中毫无用武之地。因此，研究人员提出了一类被称为“土匪算法”（官方名称是“在线学习”）的简单模型，这让学习变得更加简单以适应大规模问题。人工智能发展历程如图 6.1 所示。

机器学习是一类算法的总称，这些算法企图从大量历史数据中挖掘出其中隐含的规律，并用于预测或者分类，更具体地说，机器学习可以看作寻找一个函数，输入是样本数据，输出是期望的结果，只是这个函数过于复杂，以至于不太方便形式化表达。需要注意的是，机器

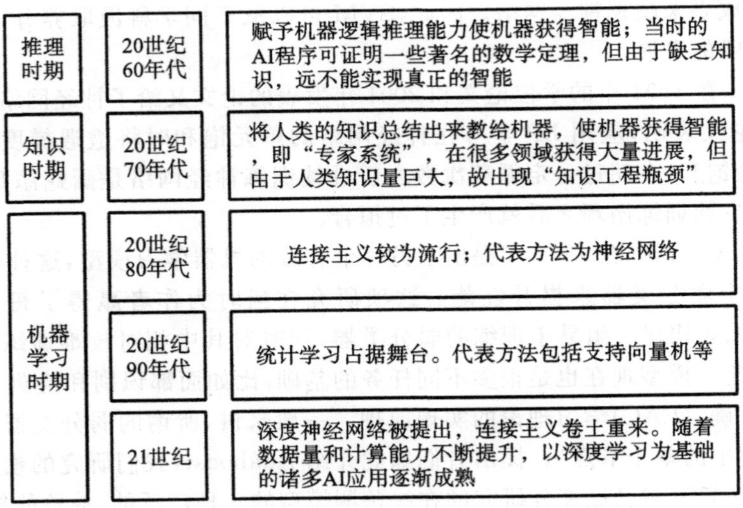

推理时期
20世纪60年代
赋予机器逻辑推理能力使机器获得智能；当时的AI程序可证明一些著名的数学定理，但由于缺乏知识，远不能实现真正的智能
知识时期
20世纪70年代
将人类的知识总结出来教给机器，使机器获得智能，即“专家系统”，在很多领域获得大量进展，但由于人类知识量巨大，故出现“知识工程瓶颈”
机器学习时期
20世纪80年代
连接主义较为流行；代表方法为神经网络
20世纪90年代
统计学习占据舞台。代表方法包括支持向量机等
21世纪
深度神经网络被提出，连接主义卷土重来。随着数据量和计算能力不断提升，以深度学习为基础的诸多AI应用逐渐成熟

图 6.1　人工智能的发展历程

学习的目标是使机器学到的函数很好地适用于“新样本”，而不仅仅是在训练样本上表现很好。学到的函数适用于新样本的能力，称为泛化(generalization)能力。

通常学习一个好的函数，分为以下三步。

(1) 选择一个合适的模型。这通常需要依据实际问题而定，针对不同的问题和任务需要选取恰当的模型。模型就是一组函数的集合。

(2) 判断一个函数的好坏。这需要确定一个衡量标准，也就是我们通常说的损失函数(loss function)。损失函数的确定也需要依据具体问题而定，如回归问题一般采用欧式距离，分类问题一般采用交叉熵代价函数。

(3) 找出“最好”的函数。如何从众多函数中最快地找出“最好”的那一个，这一步是最大的难点，做到又快又准往往不是一件容易的事情。常用的方法有梯度下降算法、最小二乘法，以及其他一些技巧(tricks)。

学习得到“最好”的函数后，该函数需要在新样本上进行测试，只有在新样本上表现很好，才算是一个“好”的函数。机器学习步骤如图 6.2 所示，学习得到函数 f^* 后，输入新样本——猫的图像，进行 Testing，对该样本的识别为“cat”准确，函数 f^* 才算一个“好”的函数。

机器学习是一个庞大的家族体系，涉及众多算法、任务和学习理论，图 6.3 所示是机器学习的学习路线图。

图 6.3 中方框代表不同的 scenario(学习理论)，圆角矩形框代表 task(任务)，椭圆形框代表 method(方法)。

机器学习模型按照不同的分类标准有不同的分类。

(1) 按任务类型分类。

机器学习模型可以分为回归模型、分类模型和结构化学习模型。回归模型又叫预测模型，输出是一个不能枚举的数值。分类模型又分为二分类模型和多分类模型，常见的二分类问题有垃圾邮件过滤，常见的多分类问题有文档自动归类。结构化学习模型的输出不再是一个固定长度的值，如图片语义分析，输出是图片的文字描述。

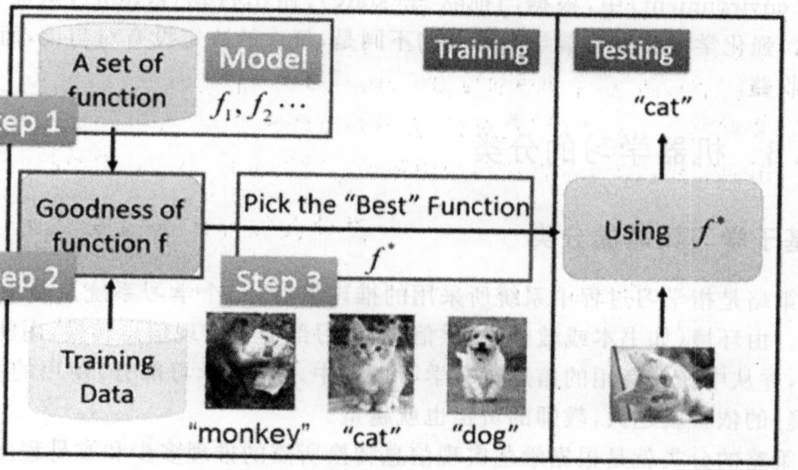

图 6.2 机器学习步骤

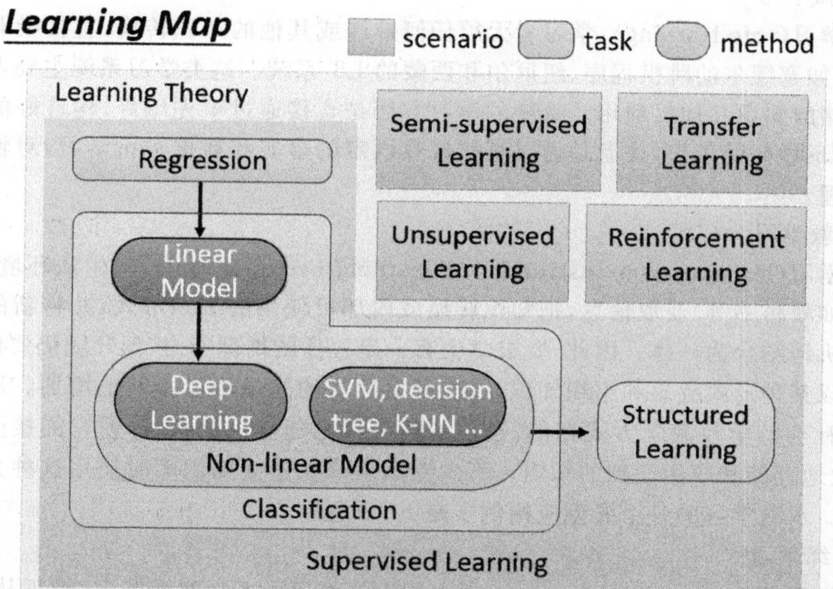

图 6.3 机器学习的学习路线图

(2) 按方法的角度分类。

机器学习模型可以分为线性模型和非线性模型。线性模型较为简单，但作用不可忽视，线性模型是非线性模型的基础，很多非线性模型都是在线性模型的基础上变换而来的。非线性模型又可以分为传统机器学习模型，如 SVM、K-NN、决策树等，以及深度学习模型。

(3) 按学习理论分类。

机器学习模型可以分为有监督学习、半监督学习、无监督学习、迁移学习和强化学习。当训练样本带有标签时是有监督学习；训练样本部分有标签、部分无标签时是半监督学习；训练样本全部无标签时是无监督学习。迁移学习就是把已经训练好的模型参数迁移到新的模型上以帮助新模型训练。强化学习是一个学习最优策略(policy)，可以让本体(agent)在特定环境(environment)中,根据当前状态(state),做出行动(action),从而获得最大收益(reward)。强化学习和有监督学习最大的不同是,每次的决定没有对与错,而是希望获得最多的累计收益。

6.1.3 机器学习的分类

1. 基于学习策略的分类

学习策略是指学习过程中系统所采用的推理策略,一个学习系统总是由学习和环境两部分组成。由环境(如书本或教师)提供信息,学习部分则实现信息转换,用能够理解的形式记忆下来,并从中获取有用的信息。在学习过程中,学生(学习部分)使用的推理越少,他对教师(环境)的依赖就越大,教师的负担也就越重。

学习策略的分类就是根据学生实现信息转换所需的推理多少和难易程度来进行的。依从简单到复杂,学习策略从少到多的次序分为以下 6 种基本类型。

1) 机械学习

机械学习(rote learning):学习者无须任何推理或其他的知识转换,直接吸取环境所提供的信息,如塞缪尔的跳棋程序、纽厄尔和西蒙的 LT 系统。这类学习系统主要考虑的是如何索引存储的知识并加以利用。系统的学习方法是直接通过事先编好、构造好的程序来学习,学习者不做任何工作,或者是通过直接接收既定的事实和数据进行学习,对输入信息不做任何推理。

2) 示教学习

示教学习(learning from instruction 或 learning by being told):学生从环境(教师或其他信息源如教科书等)获取信息,把知识转换成内部可使用的表示形式,并将新的知识和原有知识有机地结合为一体。因此,要求学生有一定程度的推理能力,但环境仍要做大量的工作。教师以某种形式提出和组织知识,以使学生拥有的知识可以不断地增加。这种学习方法和人类社会的学校教学方式相似,学习的任务就是建立一个系统,使它能接受教导和建议,并有效地存储和应用学到的知识。不少专家系统在建立知识库时使用这种方法去实现知识获取。示教学习的一个典型应用例子是 FOO 程序。

3) 演绎学习

演绎学习(learning by deduction):学生所用的推理形式为演绎推理,推理从公理出发,经过逻辑变换推导出结论。这种推理是"保真"变换和特化(specialization)的过程,使学生在推理过程中可以获取有用的知识。这种学习方法包含宏操作(macro-operation)学习、知识编辑和组块(chunking)技术。演绎推理的逆过程是归纳推理。

4) 类比学习

类比学习(learning by analogy):利用两个不同领域(源域、目标域)中的知识相似性,可以通过类比,从源域的知识(包括相似的特征和其他性质)推导出目标域的相应知识,从而实现学习。类比学习系统可以使一个已有的计算机应用系统适应新的领域,完成原先没有设计的相类似的功能。

类比学习需要比上述 3 种学习方式更多的推理。它一般要求先从知识源(源域)中检索出可用的知识,再将其转换成新的形式,用到新的状况(目标域)中去。类比学习在人类科学技术发展史上起着重要作用,许多科学发现就是通过类比得到的。例如著名的卢瑟福类比就是通过将原子结构(目标域)同太阳系(源域)作类比,揭示了原子结构的奥秘。

5) 基于解释的学习

基于解释的学习(explanation-based learning,EBL):学生根据教师提供的目标概念、该概念的一个例子、领域理论及可操作准则,首先构造一个解释来说明为什么该例子满足目标概念,然后将解释推广为目标概念的一个满足可操作准则的充分条件。EBL 已被广泛应用于知识库求精和改善系统的性能。

著名的 EBL 系统有迪乔恩(G. DeJong)的 GENESIS,米切尔(T. Mitchell)的 LEXII 和 LEAP,以及明顿(S. Minton)等人的 PRODIGY。

6) 归纳学习

归纳学习(learning from induction):由教师或环境提供某概念的一些实例或反例,让学生通过归纳推理得出该概念的一般描述。这种学习的推理工作量远多于示教学习和演绎学习,因为环境并不提供一般性概念描述(如公理)。从某种程度上说,归纳学习的推理量也比类比学习的大,因为没有一个类似的概念可以作为"源概念"加以取用。归纳学习是最基本的、发展也较为成熟的学习方法,在人工智能领域中已经得到广泛的研究和应用。

2. 基于所获取知识表示形式的分类

学习系统获取的知识可能有行为规则、物理对象的描述、问题求解策略,以及其他用于任务实现的知识类型等。

对于学习中获取的知识,主要有以下一些表示形式。

1) 代数表达式参数

学习的目标是调节一个固定函数形式的代数表达式参数或系数来达到一个理想的性能。

2) 决策树

用决策树来划分物体的类属,树中每一内部节点对应一个物体属性,而每一边对应这些属性的可选值,树的叶节点则对应物体的每个基本分类。

3) 形式文法

在识别一个特定语言的学习中,通过对该语言的一系列表达式进行归纳,形成该语言的形式文法。

4) 产生式规则

产生式规则表示为条件-动作对,已被极为广泛地使用。学习系统中的学习行为主要是:生成、泛化、特化(specialization)或合成产生式规则。

5) 形式逻辑表达式

形式逻辑表达式的基本成分是命题、谓词、变量、约束变量范围的语句,以及嵌入的逻辑表达式。

6) 图和网络

有的系统采用图匹配和图转换方案来有效地比较和索引知识。

7) 框架和模式

每个框架包含一组槽,用于描述事物(概念和个体)的各个方面。

8) 计算机程序和其他的过程编码

获取这种形式的知识,目的在于取得一种能实现特定过程的能力,而不是为了推断该过程的内部结构。

9）神经网络

神经网络主要用在连接学习中。学习所获取的知识，最后归纳为一个神经网络。

10）多种表示形式的组合

有时一个学习系统中获取的知识需要综合应用上述几种知识表示形式。

根据表示的精细程度，可将知识表示形式分为两大类：泛化程度高的粗粒度符号表示，泛化程度低的精粒度亚符号(sub-symbolic)表示。例如，决策树、形式文法、产生式规则、形式逻辑表达式、框架和模式等属于符号表示类；而代数表达式参数、图和网络、神经网络等则属于亚符号表示类。

3. 按应用领域的分类

最主要的应用领域有：专家系统、认知模拟、分类和问题求解、数据挖掘、网络信息服务、图像识别、故障诊断、自然语言理解、机器人和博弈等。

从机器学习的执行部分所反映的任务类型上看，大部分的应用研究领域基本上集中于以下两个范畴：分类和问题求解。

(1) 分类任务要求系统依据已知的分类知识对输入的未知模式(该模式的描述)做分析，以确定输入模式的类属。相应的学习目标就是学会用于分类的准则(如分类规则)。

(2) 问题求解任务要求对于给定的目标状态，寻找一个将当前状态转换为目标状态的动作序列。机器学习在这一领域的研究工作大部分集中于通过学习来获取能提高问题求解效率的知识(如搜索控制知识、启发式知识等)。

4. 综合分类

综合考虑各种学习方法出现的历史渊源、知识表示、推理策略、结果评估的相似性、研究人员交流的相对集中性，以及应用领域等诸因素，将机器学习方法区分为以下 6 类。

1）经验性归纳学习

经验性归纳学习(empirical inductive learning)采用一些数据密集的经验方法(如版本空间法、ID3 算法、定律发现方法)对例子进行归纳学习。其例子和学习结果一般都采用属性、谓词、关系等符号表示。它相当于基于学习策略分类中的归纳学习，但扣除连接学习、遗传算法、加强学习的部分。

2）分析学习

分析学习(analytic learning)方法是从一个或少数几个实例出发，运用领域知识进行分析。其主要特征为：

(1) 推理策略主要是演绎，而非归纳；

(2) 使用过去的问题求解经验(实例)指导新的问题求解，或产生能更有效地运用领域知识的搜索控制规则。

分析学习的目标是改善系统的性能，而不是产生新的概念描述。分析学习包括应用解释学习、演绎学习、多级结构组块，以及宏操作学习等技术。

3）类比学习

它相当于基于学习策略分类中的类比学习。在这一类型的学习中比较引人注目的研究是通过与过去经历的具体事例作类比来学习，称为基于范例的学习(case-based learning)，或简称范例学习。

4）遗传算法

遗传算法(genetic algorithm)模拟生物繁殖的突变、交换和达尔文的自然选择(在每一生态环境中适者生存)。它把问题可能的解编码为一个向量，称为个体，向量的每一个元素称为基因，并利用目标函数(相应于自然选择标准)对群体(个体的集合)中的每一个个体进行评价，根据评价值(适应度)对个体进行选择、交换、变异等遗传操作，从而得到新的群体。遗传算法适用于非常复杂和困难的环境，比如，环境中存在大量噪声和无关数据、事物不断更新、问题目标不能明显和精确地定义，以及通过很长的执行过程才能确定当前行为的价值等。同神经网络一样，遗传算法的研究已经发展为人工智能的一个独立分支，其代表人物为霍勒德(J. H. Holland)。

5）连接学习

典型的连接学习模型为人工神经网络，其由称为神经元的一些简单计算单元及单元间的加权连接组成。

6）增强学习

增强学习(reinforcement learning)的特点是通过与环境的试探性(trial and error)交互来确定和优化动作的选择，以实现所谓的序列决策任务。在这种任务中，学习机制选择并执行动作，导致系统状态变化，并有可能得到某种强化信号(立即回报)，从而实现与环境的交互。强化信号就是对系统行为的一种标量化的奖惩。系统学习的目标是寻找一个合适的动作选择策略，即在任一给定的状态下选择哪种动作的方法，使产生的动作序列可获得某种最优的结果(如累计立即回报最大)。

在综合分类中，经验性归纳学习、遗传算法、连接学习和增强学习均属于归纳学习，其中经验性归纳学习采用符号表示方式，而遗传算法、连接学习和增强学习则采用亚符号表示方式；分析学习属于演绎学习。

实际上，类比策略可看成是归纳和演绎策略的综合。因而最基本的学习策略只有归纳和演绎。

从学习内容的角度看，采用归纳策略的学习由于是对输入进行归纳，所学习的知识显然超过原有系统知识库所能蕴涵的范围，所学结果改变了系统的知识演绎闭包，因此这种类型的学习又可称为知识级学习；而采用演绎策略的学习尽管所学的知识能提高系统的效率，但仍能被原有系统的知识库所蕴涵，即所学的知识未能改变系统的演绎闭包，因此这种类型的学习又被称为符号级学习。

6.1.4 学习形式分类

1. 监督学习

监督学习(supervised learning)，即在机械学习过程中提供对错指示。一般是在数据组中包含最终结果(0,1)。通过算法，机器可自我减少误差。这一类学习主要应用于分类和预测(regression & classify)。监督学习从给定的训练数据集中学习出一个函数，当新的数据到来时，可以根据这个函数预测结果。监督学习的训练集要求包括输入和输出，也可以说是特征和目标。训练集中的目标是由人标注的。常见的监督学习算法包括回归分析和统计分类。

2. 非监督学习

非监督学习(unsupervised learning)又称归纳性学习(clustering),利用 K 方式(K-means)建立中心(centriole),通过循环和递减运算(iteration & descent)来减小误差,达到分类的目的。

下面简单介绍初学者的十大机器学习基本算法。

1) 线性回归

在 ML 中,我们有一组输入变量 x 用于确定输出变量 y。输入变量和输出变量之间存在某种关系,ML 的目标是量化这种关系。

在线性回归中,输入变量 x 和输出变量 y 之间的关系表示为形式为 $y=a+bx$ 的方程。因此,线性回归的目标是找出系数 a 和 b 的值。这里 a 是截距,b 是线的斜率。

图 6.4 显示了利用数据集绘制的 x 和 y 值。目标是拟合最接近大部分点的线。这将减少数据点的 y 值和行之间的距离("错误")。

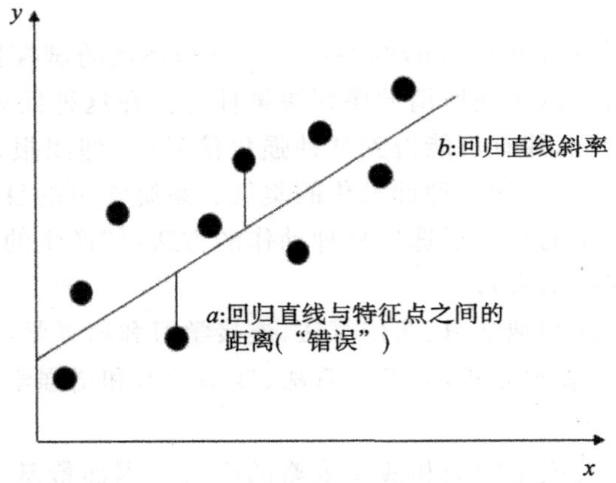

图 6.4　线性回归表示为 $y=a+bx$ 形式的线

2) 逻辑回归

线性回归预测是连续的值(如以 cm 为单位的降雨量),逻辑回归预测是在应用变换函数之后的离散值(如学生考试的结果:通过/失败)。

逻辑回归最适用于二元分类(数据集中 y 为 0 或 1,其中 1 表示默认类)。例如:在预测事件是否发生时,发生的事件被分类为 1;在预测人会生病或不会生病时,生病的实例记为 1。它是以其中使用的变换函数命名的,称为逻辑函数 $h(x)=1/(1+e^{x})$,它是一个 S 形曲线。

在逻辑回归中,输出是以默认类的概率形式出现的(不同于直接生成输出的线性回归)。因为这是一个概率,所以输出位于[0,1]的范围内。输出(y 值)通过对 x 值进行转换,使用对数函数 $h(x)=1/(1+e^{-x})$来生成。然后应用阈值将该概率强制为二元分类。逻辑回归方程 $P(x)=e^{(b_0+b_1x)}/(1+e^{(b_0+b_1x)})$可以转化为 $\ln\dfrac{P(x)}{1-P(x)}=b_0+b_1x$。

逻辑回归的目标是使用训练数据来找到系数 b_0 和 b_1 的值,以使预测结果与实际结果之间的误差最小化。这些系数是使用最大似然估计技术估计的。

3) CART

分类和回归树(CART)是决策树的一个实现,其中包括 ID3、C4.5 等算法。

非终端节点是根节点和内部节点。终端节点是叶节点。每个非终端节点表示一个输入变量(x)和该变量上的分裂点;叶节点表示输出变量(y)。该模型用于预测:漫游树的分裂以到达叶节点并输出叶节点处存在的值。

图 6.5 所示的决策树,根据一个人的年龄和婚姻状况,对他是否会购买跑车或小型货车进行了分类。如果这个人年龄超过 30 岁,而且还没有结婚,我们遍历树的过程如下:超过 30 岁? →是→已婚? →不。因此,此时该模型输出为一个跑车。

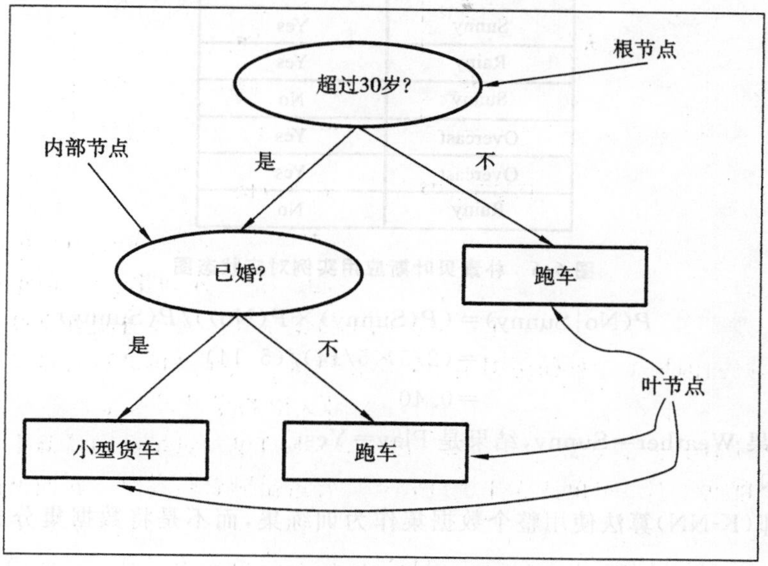

图 6.5 决策树部分

4) 朴素贝叶斯

为了计算给定某个变量值的结果的概率,也就是说,根据我们的先验知识(d)计算假设(h)为真的概率,我们使用贝叶斯定理。该定理表示如下:

$$P(h \mid d) = (P(d \mid h) \times P(h))/P(d) \tag{6-1}$$

式中:$P(h|d)$为后验概率,假设 h 为真的概率为给定数据 d,其中 $P(h|d)=P(d_1|h)\times P(d_2|h)\times\cdots\times P(d_n|h)\times P(d)$;$P(d|h)$表示可能性,给出假设 h 为真的数据 d 的概率;$P(h)$为类别先验概率,假设 h 的可能性为真(不考虑数据);$P(d)$为预测值先验概率,表示数据的可能性(与假设无关)。

这个算法被称为"天真的"。因为它假定所有的变量都是相互独立的,而在现实世界中,这假设无法成立,所以称其为"天真的"。

以图 6.6 为例,如果 Weather=Sunny,结果如何?

为了确定结果 Play=Yes/No,给定变量 Weather=Sunny 的值,计算 $P(\text{Yes}|\text{Sunny})$和 $P(\text{No}|\text{Sunny})$,并选择概率较高的结果。根据图 6.6,有

$$\begin{aligned} P(\text{Yes}|\text{Sunny}) &= (P(\text{Sunny}|\text{Yes})\times P(\text{Yes}))/P(\text{Sunny}) \\ &= (3/9\times 9/14)/(5/14) \\ &= 0.60 \end{aligned}$$

Weather	Play
Sunny	No
Overcast	Yes
Rainy	Yes
Sunny	Yes
Sunny	Yes
Overcast	Yes
Rainy	No
Rainy	No
Sunny	Yes
Rainy	Yes
Sunny	No
Overcast	Yes
Overcast	Yes
Rainy	No

图 6.6 朴素贝叶斯应用实例对应状态图

$$
\begin{aligned}
P(\text{No}|\text{Sunny}) &= (P(\text{Sunny})\times P(\text{No}))/P(\text{Sunny}) \\
&= (2/5\times 5/14)/(5/14) \\
&= 0.40
\end{aligned}
$$

因此，如果 Weather＝Sunny，结果是 Play＝Yes。

5) K-NN

K 最近邻(K-NN)算法使用整个数据集作为训练集，而不是将数据集分成训练集和测试集。

当新的数据实例需要结果时，K-NN 算法遍历整个数据集，以找到新实例的 K 个最近的实例，或者与新记录最相似的 K 个实例，然后输出均值分类问题的结果(对于回归问题)或模式(最常见的分类)。K 的值是用户指定的。

实例之间的相似度使用欧几里得距离或汉明距离等度量来计算。

6) Apriori

Apriori 算法用于事务数据库挖掘频繁项集，然后生成关联规则。它在市场篮子分析中被广泛使用，多用于检查在数据库中经常发生的产品组合。一般来说，可以写出“如果一个人购买项目 X，那么他很可能会购买项目 Y”的关联规则为：$X\rightarrow Y$。

例如：如果一个人购买牛奶和糖，那么他很可能会购买咖啡粉。这可以写成的关联规则的形式为：{牛奶，糖}→咖啡粉。

关联规则 $X\rightarrow Y$ 的支持度(Support)、置信度(Confidence)和提升(Lift)的公式如图 6.7 所示。$X\rightarrow Y$ 的支持度为所有情况下 X、Y 同时出现的概率，$X\rightarrow Y$ 的置信度为 X 出现的情况下 X、Y 同时出现的概率，$X\rightarrow Y$ 的提升为 $X\rightarrow Y$ 的支持度除以 X 的支持度、Y 的支持度后得到的。支持度量有助于修剪在频繁项集生成期间要考虑的候选项目集的数量。这一支持措施以 Apriori 原则为指导。Apriori 原则规定，如果一个频繁项集出现，那么它的所有子集也必须频繁出现。

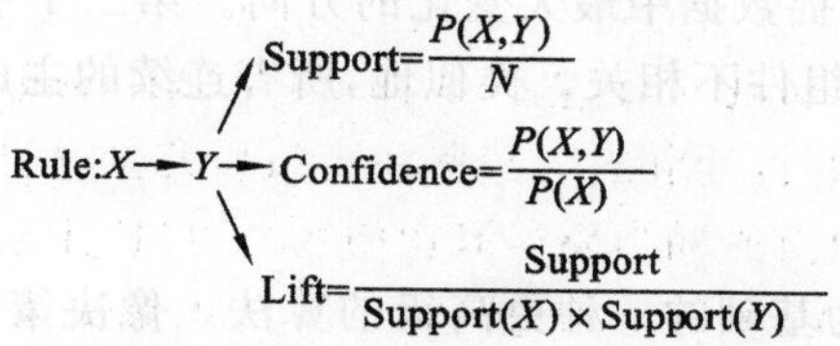

图 6.7　关联规则 $X \rightarrow Y$ 的支持度、置信度和提升的公式

7）K-means

K-means 是一种迭代算法，将类似数据分组为簇。它计算 K 个簇的质心，并将数据点分配给质心和数据点之间距离最小的簇，如图 6.8 所示。

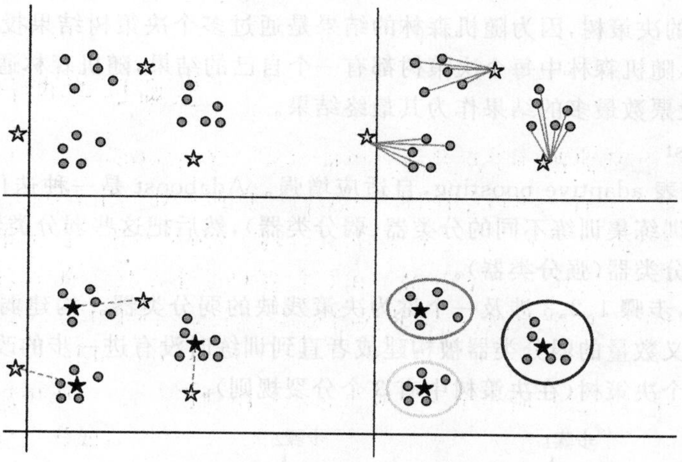

图 6.8　K-means 算法示意图

步骤 1：K-means 初始化。

①选择 K 的值。这里取 $K=3$。

②将每个数据点随机分配给 3 个集群中的任何一个。

③为每个集群计算集群质心。五角星表示 3 个星团中的每一个星团的质心。

步骤 2：将每个观察结果与集群相关联。

将每个点重新分配到最近的集群质心。这里，高 5 个点被分配到具有上方五角星质心的集群。按照相同的步骤将点分配给包含左下方和右下方五角星质心的集群。

步骤 3：重新计算质心。

计算新簇的质心。从旧的五角星（空心五角星）质心到新的五角星质心（实心五角星）。

步骤 4：迭代，然后退出。

如果不变，重复步骤 2～3，直到没有数据点从一个集群切换到另一个集群。一旦连续两个步骤没有切换，则退出 K-means 算法。

8）PCA

主成分分析（PCA）用于减少变量的数量来使数据易于探索和可视化。这是通过将数据中的最大方差捕获到一个称为“主要成分”（一般用 PC 表示）的轴上的新的坐标系来完成的。每个组件是原始变量的线性组合，并且彼此正交。组件之间的正交性表明这些组件之间的相关性为零。

第一个主成分(PC1)捕捉数据中最大变化的方向。第二个主成分(PC2)捕获数据中的剩余变量,但变量与第一个组件不相关。类似地,所有连续的主成分在与前一个成分不相关的情况下捕获剩余的方差。

9) 随机森林

随机森林是以决策树为基础的一种更高级的算法。像决策树一样,随机森林既可以用于回归也可以用于分类。从名字中可以看出,随机森林是用随机的方式构建的一个森林,而这个森林是由很多的相互不关联的决策树组成。事实上,随机森林从本质上属于机器学习的一个很重要的分支——集成学习。集成学习通过建立几个模型组合来解决单一预测问题。它的工作原理是生成多个分类器,各个分类器各自独立地学习和做出预测。这些预测最后结合成单预测,单预测优于任何一个分类器做出的预测。因此理论上,随机森林的表现一般要优于单一的决策树,因为随机森林的结果是通过多个决策树结果投票来决定最后的结果。简单来说,随机森林中每个决策树都有一个自己的结果,随机森林通过统计每个决策树的结果,选择投票数最多的结果作为其最终结果。

10) Adaboost

Adaboost 代表 adaptive boosting,自适应增强。Adaboost 是一种迭代算法,其核心思想是针对同一个训练集训练不同的分类器(弱分类器),然后把这些弱分类器集合起来,构成一个更强的最终分类器(强分类器)。

在图 6.9 中,步骤 1、2、3 涉及一个称为决策残缺的弱分类器。构建弱分类器的过程一直持续到用户定义数量的弱分类器被构建或者直到训练时没有进一步的改进。步骤 4 结合了以前模型的 3 个决策树(在决策树中有 3 个分裂规则)。

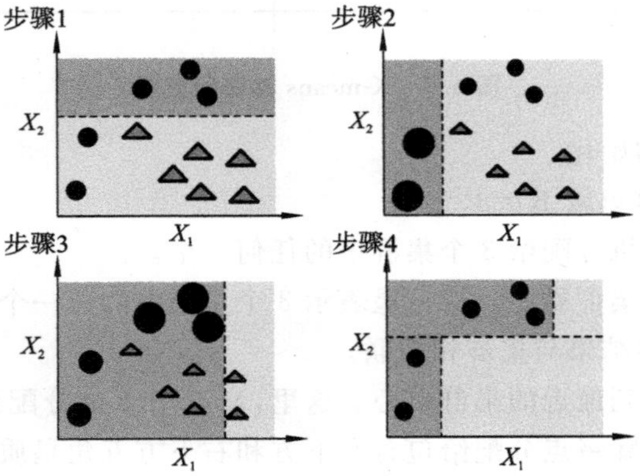

图 6.9 决策树的 Adaboost

步骤 1:从一个决策树桩开始,对一个输入变量做出决定。

数据点的大小表明已经应用相同的权重将它们分类为一个圆或三角形。决策树桩在上半部分产生了一条水平线来分类这些点。可以看到,有 2 个圆错误地预测为三角形。因此,将为这 2 个圆分配更高的权重,并应用另一个决策树桩。

步骤 2:移动到另一个决策树树桩,以决定另一个输入变量。

可以观察到,上一步的两个分类错误圆的大小大于其余点。现在,第二个决策树会试图正确预测这 2 个圆。

作为分配更高权重的结果,这 2 个圆已经被左边的垂直线正确地分类。但是现在这导致了对顶部3个圆的错误分类。因此,将对顶部这3个圆分配更高的权重,并应用另一个决策树桩。

步骤3:训练另一个决策树树桩来决定另一个输入变量。

来自上一步的3个错误分类圆大于其余的数据点。现在,已经生成了一条垂直线,用于分类圆和三角形。

步骤4:结合决策树桩。

至此,已经组合了前3个模型中的分隔符,并观察到与任何单个弱分类器相比,来自该模型的复杂规则将数据点正确分类。

3. 强化学习

强化学习是指智能体(agent)以"试错"的方式进行学习,agent通过与环境进行交互获得的奖赏来指导自身行为,目标是获得最大的奖赏。强化学习不同于连接主义学习中的监督学习,主要表现在强化信号上,强化学习中由环境提供的强化信号是对产生动作的好坏做一种评价(通常为标量信号),而不是告诉强化学习系统RLS(reinforcement learning system)如何去产生正确的动作。由于外部环境提供的信息很少,RLS必须靠自身的经历进行学习。通过这种方式,RLS在行动-评价的环境中获得知识,改进行动方案以适应环境。

6.2 归纳学习

6.2.1 归纳学习概述

归纳学习(inductive learning)旨在从大量的经验数据中归纳抽取出一般的判定规则和模式,是从特殊情况推导出一般规则的学习方法。归纳学习的目标是形成合理的能解释已知事实和预见新事实的一般性结论。例如,通过"麻雀会飞""燕子会飞"等观察事实,可以归纳得到"鸟会飞"这样的一般结论。归纳学习由于依赖于经验数据,因此又称为经验学习(empirical learning),又由于归纳依赖于数据间的相似性,因此归纳学习也称为基于相似性的学习(similarity based learning)。

传统的归纳思想中,一直认为归纳只不过是观察一个全称量化命题中的足够多的事例,从中得出一个假设。形如:

S_1 具有性质 P,

S_2 具有性质 P,

⋮

S_n 具有性质 P,

所以,所有 S 具有性质 P。

其中,$S_1,\cdots,S_n$ 是 S 的部分分子。

其思想是,只要 n 的数量足够大并且没有反驳的实例(反例),就足以支撑结论,但在智能体的归纳学习中很难利用这一思想。

在机器学习领域,一般将归纳学习问题描述为使用训练实例以引导一般规则的搜索问题。全体可能实例构成实例空间,全体可能的一般规则构成规则空间。基于规则空间和实例空间的学习就是在规则空间中搜索要求的规则，并从实例空间中选出一些示教的例子，以便解决规则空间中某些规则的二义性问题。学习的过程就是完成实例空间和规则空间之间同时、协调的搜索，最终找到要求的规则。

依照双空间模型建立的归纳学习系统，其执行过程可以大致描述如下。

首先由施教者提供实例空间中的一些初始示教例子，由于示教例子在形式上往往和规则形式不同，因此需要对这些例子进行转换，解释为规则空间接受的形式。然后利用解释后的例子搜索规则空间，由于一般情况下不能一次从规则空间中找到要求的规则，因此需要寻找和使用一些新的示教例子，这就是选择例子。程序会选择对搜索规则空间最有用的例子，对这些示教例子循环上述步骤。如此循环多次，直到找到所要求的例子。在归纳学习中，常用的推理技术包括泛化、特化、转换及知识表示的修正和提炼等。

泛化用来扩展一个假设的语义信息，以使其能够包含更多的正例，应用于更多的情况。特化则是泛化的相反的操作，用于限制概念描述的应用范围。

实例空间所要考虑的主要问题包括两个，一个是示教例子的质量，另一个是实例空间的搜索方法。解释示教例子的目的是从例子中提取出用于搜索规则空间的信息，也就是把示教例子变换成易于进行符号归纳的形式。选择例子就是确定需要哪些新的例子和怎样得到这些例子。规则空间的目的就是规定表示规则的各种算符和术语，以描述和表示规则空间中的规则，与之相关的两个问题是对规则空间的要求和规则空间的搜索方法的确定。对规则空间的要求主要包括三个方面：规则表示方法应适合归纳推理、规则的表示与例子的表示应一致，以及规则空间应包含要求的规则。规则空间的搜索方法包括数据驱动的方法、规则驱动的方法和模型驱动的方法。数据驱动的方法适合于逐步接受示教例子的学习过程，后面提到的变型空间方法就是一种数据驱动的学习方法，模型驱动方法通过检查全部例子来测试和放弃假设。

从归纳推理的角度上看，一个担任着明确任务的，或者说有明确目的的有监督学习的算法，实质是在有输入的情况下，寻找一个未知的函数。即使找不到一个明确的未知函数，也要寻找到一个与这个未知函数相接近的一个近似的函数。每一对$(x, f(x))$，称为一对实例。反过来看，当有关 f 的实例数量增加，我们就可以得到一个接近 f 的函数 h，用形式化语言表达，归纳学习就是：给定 f 的实例集合，求得 f 的近似函数 h。

我们习惯性地称 h 为假设，在这里称为假设函数。它必须具备两个基本特征：第一，它是由若干实例当中归结出的一般性知识；第二，这一假设能够对未来做出合理的预测。如何找到这个假设，是人类研究了几个世纪的难题，今天的人工智能学习仍然绕不开它，并试图给出新的研究结果。

熟悉归纳方法的人都知道，如果考察的场合和实例过少，并且其中某些现象又以较高的概率出现，那么这个时候往往会得出错误的结论。相对应的是，如果考察的场合和实例足够多，得出的结论就是比较可信的。因此，在归纳学习当中确定一个基本的原则：任何一个错误的假设都是因为只使用少量的实例，并且这个假设会以极高的概率被发现。如果训练实例集合足够大，从中得出的假设就不太可能出错，我们称之为近似的正确（probably approximately correct)，故这种学习算法，称之为 PAC 算法。现在剩下两个问题。第一是随机独立取样。概率和统计相关书籍中有详细的取样方法论述，此处不赘述。第二，n 得取多大？换言之，需要多少实例，才能得出期望的函数 $f(x)$？这就像在社会调查当中究竟需要多少个样本一样。令 N 是考察的实例的个数，H 是所有可能的假设函数的集合，并约定

函数 f 一定在假设函数 H 之中。假设函数 h 和实际函数 f 之间的误差就可以定义为在某个实例上 h 和 f 之间存在不同的概率：

$$\text{error}(h)=P(h(x)\neq f(x))$$

如果 $\text{error}(h)\leqslant\varepsilon$，其中 ε 是一个任意小的常数，那么假设 h 就是近似正确的。此时某个实例与假设不相吻合概率的界限就应该是 $1-\varepsilon$。由于有 N 个实例，所以其概率界限就为 $(1-\varepsilon)N$。被排除出去的假设当中至少包含一个我们所需要的假设的概率则可以表达为

$$P\leqslant|H|(1-\varepsilon)N \tag{6-2}$$

实际上当然不希望正确的假设函数被排斥在 ε 所划定的范围之外。用数学语言表达就是希望正确的假设函数被排斥这个事件发生的概率小于一个很小的数 δ。于是：

$$|H|(1-\varepsilon)N\leqslant\delta \tag{6-3}$$

据此可以求得：

$$N\geqslant\frac{1}{\varepsilon}\left(\ln\frac{1}{\delta}+\ln|H|\right) \tag{6-4}$$

得到的 N，是个很大的数，N 的大小，专门的叫法为样本空间的复杂度，在推理和归纳学习中称为假设空间的复杂度。

6.2.2　归纳学习的方法分类

归纳学习方法可以划分为单概念学习和多概念学习两类。这里概念指用某种描述语言表示的谓词，当应用于概念的正实例时，谓词为真，应用于负实例时为假。从而概念谓词将实例空间划分为正、反两个子集。对于单概念学习，学习的目的是从概念空间(即规则空间)中寻找某个与实例空间一致的概念；对于多概念学习任务，则是从概念空间中找出若干概念描述，且对于每一个概念描述，实例空间中均有相应的空间与之对应。

典型的单概念学习系统包括米切尔(T. Mitchell)的基于数据驱动的变型空间法、昆兰(J. R. Quinlan)的 ID3 方法、狄特利希(T. G. Dietterich)和米哈尔斯基(R. S. Michalski)提出的基于模型驱动的 Induce 算法。典型的多概念学习方法和系统有米哈尔斯基的 AQ11、DEN-DRAL 和 AM 程序等。多概念学习任务可以划分成多个单概念学习任务来完成，例如，AQ11 对每一概念的学习均采用 Induce 算法来实现。

在例子空间中，给出关于某个概念的正例和反例集合，归纳学习系统使用一般化(generalization)和特殊化(specialization)操作在空间中进行搜索，并根据学习倾向(bias)进行抉择，获得该概念的一般化描述，这是一个从特殊实例到一般规律的推理过程，其哲学和数学基础是源自 F. Bacon 归纳法以来的归纳理论。

归纳学习是发展最成熟的学习方法之一，拥有形式化理论模型，应用已达到商品化。其代表性的方法和系统有版本空间法(version space)，决策树(ID3)，AQ 算法，BACON 系统，概念聚类等。

6.3　基于解释的学习

基于解释的学习是近年出现的一种机器学习方法。这种方法利用单个例子的问题求解，依靠领域知识构造出求解过程的因果解释结构，并获取控制知识，以便用于指导以后对

类似问题的求解。

6.3.1 基于解释的学习简介

基于解释的学习(EBL)起源于经验学习的研究。20 世纪 50 年代末,对神经元的模拟中发明了一种用符号来标记另一些符号的存储结构模型,这是早期的存储块(chunks)概念。在象棋大师的头脑中,就保存着在各种情况下对弈经验的存储块。20 世纪 80 年代初,Newell 和 Rosenbloom 认为,通过获取任务环境中关于模型问题的知识,可以改进系统的性能,chunks 可以作为对人类行为进行模拟的模型基础。通过观察问题求解过程,获取经验 chunks,用其代替各个子目标中的复杂过程,可以明显提高系统求解的速度。由此奠定了经验学习的基础。

1983 年,美国伊利诺伊大学的 DeJong 提出了基于解释的学习的概念:在经验学习的基础上,运用领域知识对单个例子的问题求解做出解释,这是一种关于知识间因果关系的推理分析,可产生一般的控制策略。1986 年,Mitchell、Keller 和 Kedarcabelli 提出了基于解释的概括化(explanation-based generalization)的统一框架,把基于解释的学习过程定义为两个步骤:

(1) 通过求解一个例子来产生解释结构;

(2) 对该解释结构进行概括化,获取一般的控制规则。

此后,DeJong 和 Mooney 提出了更一般的术语——基于解释的学习。从此,基于解释的学习成为机器学习中的一个独立分支。

基于解释的学习从本质上说属于演绎学习。它根据给定的领域知识,进行保真的演绎推理,存储有用结论,经过知识的求精和编辑,产生适于以后求解类似问题的控制知识。

基于解释的学习获取的是控制知识,因此可以明显提高系统效率。解释的思想使人可以利用现有的演绎推理方法和计算机领域已有的成果。第十届国际人工智能联会的论文表明,知识获取的研究已从前几年的以归纳学习为重点转到各种方法并驾齐驱,而对基于解释的学习的研究正逐步增多。

基于解释的学习可以用于软件再利用、计算机辅助设计和计算机示教等方面。

解释在传统程序中的作用主要是说明程序、给出提示、向用户提供良好的可读性。按人工智能程序的特点,解释已被赋予新的含义,其作用是:

(1) 对所产生的结论的推理过程作详细说明,以增加系统的可接受性;

(2) 对错误决策进行追踪,发现知识库中知识的缺陷和错误的概念;

(3) 对初学的用户进行训练。

解释的方法也因此由简单变得复杂了。一般采用的解释方法有如下几种。

(1) 预制文本法:预先用英文写好,并插入程序中。

(2) 执行追踪法:遍历目标树,通过总结与结论相关的目标,检索相关规则,以说明结论是如何得到的。

(3) 策略解释法:明确表示控制知识,即用元知识概括地描述,与领域规则完全分开。策略解释法从策略的概括表示中产生解释,能为用户提供关于问题求解策略的解释。

基于解释的学习中主要采用了执行追踪法。通过遍历目标树,智能体对知识相互之间的因果关系给出解释,而通过对这种因果关系的分析,智能体得以学习控制知识。

6.3.2 基于解释的学习的工作原理

这方面最重要的工作是 1986 年 Mitchell 等人所提出的方法——EBG。EBG 的价值在于其概念的清晰性，尤其是把目标概念和可操作性准则明确地提了出来，这两个因素在以前的工作里没有充分认识到。DeJong 等人对 EBG 做了详细的分析，指出 EBG 概括能力不强、可操作性准则本身不可操作且不应是静态的、解释来源范围较窄等不足之处，还提出了以图式为基础的描述。

1985 年，Mooney 等人给出了不依赖于特定领域的解释结构的概念。1986 年，Rosenbloom 等人考察了 SOAR 和 EBG 之间的关系，指出二者之间的相似性；Mostow 比较了几个 EBL 系统的知识类型。1988 年，Prieditis 等人指出了 EBG 和逻辑程序中部分求值之间的等价性。

1990 年，Tadepalli 探讨了在领域理论难以陈述性表达时如何实现解释学习。1994 年，Segre 等人给出了一个扩充的 EBL 算法，试图在传统的 EBL 算法无法学习时仍然可以获得较好的宏规则；Cho 等人提出了在分布合作环境中的分布式解释学习方法 DEBL；Makino 等人使得控制知识的学习在问题的解决过程之中进行，而不是仅出现在问题结束的时候。Dietterich 等人认为 EBL 和增强学习(reinforcement learning)在基本思想上是一致的。Mitchel 等人提出了基于解释的学习的两个步骤，具体过程如下。

(1) 产生解释。用户输入实例后，系统首先进行问题求解。如由目标引导反向推理，从领域知识库中寻找有关规则，使其后件与目标匹配。找到这样的规则后，就把目标作为后件，该规则作为前件，并记录这一因果关系。然后以规则的前件作为子目标，进一步分解推理。如此反复，沿着因果链，直到求解结束。一旦得到解，便证明了该实例的目标可满足，并获得了证明的因果解释结构。

构造解释结构通常有两种方式：一是将问题求解的每一步推理所用的算子汇集，构成动作序列作为解释结构；另一种是自顶向下地遍历证明树结构。前者比较概括，略去了关于实例的某些事实描述；后者比较细致，每个事实都出现在证明树中。解释的构造可以在问题求解的同时进行，也可在问题求解结束后，沿着解路径进行。这两种方式形成了边解边学(learning while doing)和解完再学(learning by solving)两种方法。

(2) 对得到的解释结构及事件进行概括。在这一步，通常采取的办法是将常量转换为变量，即把例子中的某些数据换成变量，并略去某些不重要的信息，只保留求解所必需的那些关键信息，经过某种方式的组合，形成产生式规则，从而获得概括性的控制知识。

1. 宏规则的生成、保留、优化及效用分析

(1) 要防止创建无用的宏规则或图式。DeJong 等人说明了在被解释的目标经常出现或学到的一般规则会经常运用的情况下，生成宏规则和图式比较有益。Minton 指出，应该在一个较难的问题被一种新颖的方式解决的时候进行概括，其系统 PRODIGY 用一些启发知识来选择看起来可生成有用规则的例子。Laird 等认为，SOAR 在为了解除困境而必须搜索的情况下才进行学习。

(2) 生成的宏规则或图式并不一定在实践中会带来效益。Minton 等人可以采用实际运行考察的经验方法确定所学规则是否实际有用。Minton 的 PRODIGY 采用一些统计信息计算所学规则的效益，如规则的使用频率、使用这条规则带来的好处，只有那些经过计算

有实际效益的规则才被保留在系统中。

(3) 对于保留在系统中的规则还可以用一些表达式简化技术进行处理，以减少使用规则时的代价。Minton 采用了压缩分析(compression analysis)，简化个别的规则或把几条规则结合成一条规则。Prieditis 等人的 PROLEARN 程序采用部分求值以简化表达式。

(4) Yamada 探讨了逻辑程序设计环境中解释学习的效用分析问题。Greiner 尝试了一种概率爬山法来解决解释学习效用的局部最佳问题。Lewins 等人指出了只针对样本例子计算宏规则效用时存在的问题。Etzioni 等人提出了若干概率假设测试，以防止解释学习实验中人为选择时间限制可能导致反映效用的结果的片面性。Greiner 等人使用一个样本集合来估计未知的问题分布以寻找较优的解释学习效用。

2. 对解释的分析

分析解释技术的思想最早出现在 Nisson 等人的文章中。EBG 在 Horn 子句的情况下只计算所学规则的充分条件。EGGS 以 SRTIPS 操作符为背景，应用范围比 EBG 广。Laird 等人认为，PrologEBG(Kedar Cabelli)在定理证明的环境下，把 EBG 看成元解释器，给出了一段简洁的 Prolog 代码，但它仅部分地克服了 EBG 的一个技术缺陷。Prieditis 等人认为，PROLEARN 和 MRS 均是逻辑程序环境下关于 EBG 的实现。MRS 与 EGGS 及 PrologEBG 不同，它的可操作性判断是在证明过程中同时完成的。

EBG 方法无法对解释中的推理步数进行概括，而在现实中经常出现概念定义的组成成分的数目不固定、规划中操作的次数不确定问题。这类问题称为数字概括(generalizing number)。Shavlik 等人认为，BAGGER 系统检查对训练例子概括以后的证明，寻找单个规则的重复使用，通过分析得到该规则可以重复任意次数的递推规则；BAGGER2 系统能够得到任何包含树状应用规则的递归概念定义。Cohen 的 ADEPT 系统把 EBL 看作学习控制知识的定理证明器，分析解释，产生代替这种控制知识、包含循环的有限状态自动机。Bostrom 对目标状态中有用的信息进行处理，完成数字概括，这种方法学到的 SRTIPS 形式的一般规划不仅包含选择什么样的操作，而且还包括怎么样使用它们，从而使学到的规则用起来更方便和有效。Mooney 于 1988 年扩展了 EGGS，使之能对宏操作符中操作符的顺序进行概括。Flann 等人提出了用于概括解释结构的经验性方法，该方法比较多个例子的解释结构，找到并抽出共同的子结构，然后再进行概括。

3. 可操作性

DeJong 等人认为可操作性是 EBL 的中心问题。一般性的图式比特殊的图式应用范围广，然而在实用中一般性的图式实例化要比特殊的图式实例化困难，即可操作性程度低。Segre 给出了关于这种一般性和可操作性冲突的初步实验数据，并提出了控制一般性程度的方法。Braverman 等人指出了可操作性的边界，提供了寻找既可操作又尽量一般化的规则的方法。然而 Keller 却认为应把一般性与可操作性看作两个分开的、潜在无关的因素，指出它们是不矛盾的。Mitchell 等人的 EBG 框架中定义可操作的概念为用预先定义的可操作的谓词表达的那些概念。而 DeJong 等人指出可操作性有时依赖于谓词中的参数或者谓词本身，并指出可操作性会随系统所含的知识而变化。与 Mitchell 等人对概念可操作或不可操作的二分法不同，MetaLEX 系统及 PRODIGY 系统采用了可操作性的连续量的度量，这么做的优点是能反映出计算效率的概念，并且更加贴近现实。石纯一等人通过费用函数以形式化的方式描述了可操作性,还以模糊数学为工具,从动态、连续的角度描述可操作性。Segre 等人认为仅用是否提高效率来定义可操作性是不够的。Keller 认为不存在通用的一套准则,可操作性的定义要与其相应学习场景联系起来。此外,一些学者认为 EBL 系统最好自身具有推断可操作与否的能力。Hirsh 使用了特殊的规则推断表达式的可操作性,而 Keller 等人对概念描述的可操作性在使用中进行了测试。

4. 理论修正

理论修正(theory revision)也称为知识求精。EBL 要求系统拥有一个领域理论,且它足够充分,可以解释被处理的所有例子。这个条件只是在某些场合才被满足,如积木世界、国际象棋。在现实世界里,大多数的领域不具备这个特征。因此,必须研究如何使 EBL 在不完善的领域理论(imperfect domain theory)中依然有效;同时,还要研究如何修改不完善的领域理论,使之具有更强的解释能力,而这件事似乎比前者更为重要。不完善领域问题,不是为 EBL 所独有的研究课题,如常识推理就是知识不完善下的推理问题。

1) 不可计算的领域理论

具有不可计算特点的领域理论很多,如国际象棋、电路设计等。在这些领域中,所要考虑的情况太复杂以至于对有意义的例子无法给出全面的解释,或即使有这样的解释也因为计算量太大而难于实现。如国际象棋里关于某一格局的解释所要考虑的步数可能随着解序列的长度而呈指数地增加,很快耗尽所允许的时间或空间资源。

许多研究在处理这类问题时所采用的方法都是引进一些简化假设(simplifying assumptions),使计算可以进行,但结果是近似的。Bennett 根据领域本身的特点及数学中的近似计算,使原为不可计算的数学公式变为可计算。Chien 假设,在没有不利因素的干扰时学习规划。为实现可计算,他不仅采用有限的计算,而且也使用了持续性简化规则(persistence simplification rule)。Tadepalli 假设系统本身拥有的知识库为完全的。Ellman 提出了假设的集合,其中每个元素都可导致一个可计算、近似的理论。

上面介绍的方法具有渐进(incremental)的特点,即在简化假设下学到了近似、可计算的知识,以后再对知识不断修改。这种方法的实质是将不可计算转化为以后对近似规则的不断修改。这种方法的缺点是学到的知识在以后使用中可能出错,而且不知所学规则正确使用的条件,因而无法断定给出的答案是否正确。Flann 等人采用一种滚雪球的方法:先从简单的问题中学习一些可操作并且正确的规则,这些知识仅适用于原不可计算理论的一个子集;然后结合一些简化假设使更加复杂的问题得以解决,这样渐渐学下去,最后覆盖整个领域。只要学习中做的假设在解决问题中成立,则可以保证所学知识是正确的。

简化假设导致修改的领域理论是近似的,因此误差率是关键问题之一。这方面工作较少。Bennett 在数学领域中完全实现了误差控制。Ellman 用一批训练例子在近似理论的空间中选择有一定正确率的一个近似理论,然而例子的选择具有主观性且不一定全面。

至于简化假设导致的近似理论,Chien 等人提出了一些理论性问题,如规则中的错误能否保证最终会消除,学习算法找到的解释能否覆盖它应包括的例子。

Tadepalli 没有采用简化假设,而是试图发现下棋序列中的目标体系,把问题分解,实现可计算。由于没有考虑子目标之间的关系,所得结果也是近似的。而 Doyle 将领域理论中的知识概括成体系,控制解释的构造所用的细节性知识仅限于能解释例子即可,从而控制了计算量。

Yamamura 等人指出要对问题进行分析，找到有用的特征去避开不可计算的搜索，例如利用八数码问题中顺序可分解的子目标这样的概念。

2）不完全的领域理论

现实中复杂的领域理论常常是不完全的，虽然领域理论不完全，但仍然可以构造可能的解释(plausible explanation)，这种解释反映了例子特征与目标概念之间可能存在的联系。这种不完全的领域理论对于形成一般的知识仍然具有指导作用。

Fawcett 处理这类领域理论的常用方法是对部分解释(partial explanation)使用反绎推理(abductive inference)，从而构造完整的可能的解释。由于部分解释可能不止一个，因此必须进行评价，挑出一个最好的部分解释。Pazzani 等人将启发式知识用于挑选解释，对于选定的部分解释，推测新规则以使解释完整。对于推测出的规则，Hall 采用一个单独的"确认理论"(confirmation theory)，对规则进行分析和确定。而 Pazzani 等人采用 SBL(sparse Bayesian learning，稀疏贝叶斯学习)的方法用多例去修改。利用部分解释的这种方法在最初的理论比较接近完全时是比较有效的。

Genest 等人提出的解决 EBL 的不完全领域理论问题的方法是：第一步采用反绎推理；若失败，再使用类比推理；再不成功，就采用基于示例的推理。

Yamamura 等在领域理论和例子之外还使用教科书词典中的常识性知识作为背景理论，基于例子的相似性从背景理论中转移知识到不完全的领域理论中去，以解决不完全领域理论问题，还结合 EBL 和 SBL 以克服不完全的领域理论。Gick 等人讨论了在不完全的领域理论中选择部分解释时因果链及重叠事实的作用问题。

Pazzani 等人讨论了领域理论不完全和不正确时结合 EBL 和 SBL 学习关系性概念。Richards 等人研究了用一阶谓词表示领域理论时，理论改正的若干问题。Hamakawa 在树转换作为改正费用的概念下，结合 SBL 和 EBL 对近似的领域理论进行改正。

3）不正确的领域理论

不正确的现象在领域理论中经常出现，处理这类不完善特性需要两步：指出错误(blame assignment)和修改错误。指出错误就是指出领域理论中引起某个错误的那一部分规则和事实。

实现指出错误的技术可以用跟踪依赖关系链(dependency links)，从错误的结论开始，通过解释结构反向追踪，就有可能找到错误的知识。然而在多数情况下，要唯一地确定真正引起错误的知识是有困难的，因为被怀疑有错的部分可能不止一个。

由于领域理论的被使用，错误的知识有可能被用来生成了其他又含有错误的知识，如此多次。要查到所有与某个已被发现有错的知识有关的其他的错误知识，计算上代价较大。通常的处理办法是等到错误发生时，仅对有错的部分进行修改。

对于不正确是由克服不可计算领域理论问题带来的情形，通常采用基于解释的方法，构造关于错误的解释，然后进行修改。而 Ellman 则是在假设集合中转而使用另一个正确率更高的假设。

Doyle 采用分析的方法，利用知识的层次确定错误，再用"深加工"(elaboration)或"重新例化"(re-instantiation)方法修改知识。Quston 等人采用 EBL 与 SBL 结合的方法修改错误。Yamamura 等人指出可以使用版本空间(version space)处理不正确领域问题。而 Laird 等人采用接受外部指导的方法改正和扩展领域知识。

4) 不一致的领域理论

不一致特征出现时，对于同一个例子，系统给出了多于一个的互不相容的解释，而其中只有一个是正确的。这方面的研究工作不多。

Rajamoney 等人提出了一套有关试验设计的理论，让系统自己依据一定的原则有效地设计试验，通过这些试验获得有用信息，从而可以把不正确的解释剔除掉。Cohen 把原始 EBL 扩展成反绎式的 EBL，用集合覆盖技术和反例去处理多个互相不一致的解释。为了消除不一致，有时需要增加知识。

5. EBL 与其他方法的结合

EBL 与其他学习方法的结合很有实际意义，尤其是与 SBL 的结合可以用来比较多个例子的解释以找到公共部分，处理含有噪声和错误的例子。另外，EBL 与 SBL 的结合在"理论修正"方面可以弥补领域理论的各种缺陷。

EBL 和 SBL 的结合在使用上分为 3 类：

(1) 用解释处理 SBL 的结果；

(2) 用 SBL 处理解释过程的结果；

(3) EBL 和 SBL 的联合使用。

Hirsh 从可能的概括的空间角度描述了这些系统的特征。Lebowitz 探讨了 SBL 和 EBL 的相对重要性。EBL 和 SBL 结合可以相得益彰，用 SBL 方法可以更方便地使用 EBL。如果在 EBL 之前使用 SBL，则构造解释的计算量就小一些，如 UNIMEM 系统，OCCAM 系统。这样可以去掉一些使解释过程变慢的无关及错误的特征。而在 EBL 之后使用 SBL，则可以滤掉和数据不一致的解释。用 EBL 也可以帮助 SBL。在 SBL 之前使用 EBL，可以改善训练例子的表达，因为 EBL 可以找出例子中隐含着的特征，也能去掉无关的特征。而在 SBL 之后用 EBL，则能删除或改善 SBL 的概括，使结果少受例子中偶然因素的影响。石纯一等人在将 EBL 与 SBL 结合时，更多地考虑了可操作性问题。Yoo 等人则注重知识的组织，以获得高的使用效率。

此外，还有 EBL 与其他方法的结合，这些方法如类比方法、遗传算法、联想及神经网络。Knoblock 等把抽象技术和解释学习相结合，利用它们的互补性来更好地改善系统的性能。Etzioni 指出部分计算技术和 EBL 结合是有意义的工作。Cohen 结合反绎法与 EBL 实现了一个增量式、知识密集的归纳学习算法。Rorke 结合反绎法和解释学习，利用反绎法来扩大解释的范围，指出二者可以互补和协同使用。

6. EBL 技术的应用

近年来，EBL 技术在深入研究的同时，也在诸多领域得到了应用。如在知识库中的应用，Wusteman 在专家系统的开发中，使用 EBL 技术验证输入的知识，并把它与知识库中已有的知识联系起来；EBL 技术还可以引导知识库的验证，并用来观察问题的解决以改善知识库的组织；依靠 EBL 技术，一种知识制导的学习方法得以提出，以使基于模型的诊断程序能够有针对性地积累和总结过去的经验；另外，将知识获取方法和 EBL 技术结合，以构造工程制造任务的问题分项。在智能化应用上，EBL 技术可以运用到智能指导系统的开发及过程规划中。在其他系统中也有着 EBL 技术的运用，如：在基于限制的调度系统中使用 EBL 技术动态地获得搜索控制知识；在基于模型的诊断系统中结合 EBL 技术和类比推理方法来改善系统的性能。EBL 技术还能与其他算法进行结合，如：利用 EBL 技术和类比搜索算法，控制对物理知识的学习；结合 EBL 技术和归纳学习算法，在物体识别系统中使系统具有学习功能；运用 EBL 技术及遗传、权变换等学习方法，在下棋中学习、删除、评价格局；在数据库模式中，结合 EBL 技术和示例推理算法，以消除一般的类别描述和类的个别成员的特殊表示之间的冲突。此外，EBL 技术还可运用在软件复用、获取有关算法设计的策略、总结程序转变过程的一些特点以实现自动获取程序转变规则等方面。

6.4 类比学习

6.4.1 类比学习简介

类比学习(learning by analogy)是基于类比推理的一种学习方法。类比学习是人工智能的核心内容之一。其一般含义是：对于两个对象，如果它们之间有某些相似之处，那么就推知这两个对象间还有其他相似的特征。类比学习系统就是通过在几个对象之间检测相似性，根据一方对象所具有的事实和知识，推论出相似对象所具有的事实和知识。

近二十年来，类比技术受到了认知科学、哲学及人工智能研究者的广泛重视，这一领域的研究不仅是学习新知识的重要途径，而且是解决相似问题的简捷方式，同时对它的研究有助于探讨人类求解问题及学习新知识的机制。

类比学习是指将早先获得的关于某一系统的知识，作为推测另一类类似的系统的手段。这种类比学习的客观基础在于事物、过程和系统之间各要素的普遍联系，以及这种联系之间所存在的可以比较的客观基础。

类比学习的数学描述：如果 β_1 和 α 是 S_1 成立的事实，β_1' 和 α' 是 S_2 成立的事实，Ω 是对象之间关系的相似性，且 $S_1 \Omega S_2$，即有

对象 S_1：前提 $\beta_1, \beta_2, \cdots, \beta_n \rightarrow$ 结论 α，S_1 与 S_2 的相似性 Ω

对象 S_2：前提 $\beta'_1, \beta'_2, \cdots, \beta'_n \rightarrow$ 结论 α'，S_1 与 S_2 的相似性 Ω

类比推理要能够进行，必须具备以下条件：

(1) 相似性 Ω 的定义；

(2) 从所给对象 S_1 和 S_2 求出 Ω 的方法；

(3) 由 $\alpha \Omega \alpha'$，推出 α' 的操作。

6.4.2 类比学习的过程及关键问题

类比学习都是在两个相似域之间进行的。一个是人们已经认识的域，它包括过去曾经解决过且与当前问题类似的问题，称为源域，记为 S；另一个是人们当前尚未完全认识的域，它是遇到的新问题，称为目标域，记为 T。类比学习的目的就是要从 S 中选出与当前问题最相似的问题及其求解方法来求解当前的问题。

在进行类比学习之前，首先需要解决知识表示的问题。这里包括两个方面，其一是源域的表示，也就是已解决的老问题的形式化描述；其二是目标域的表示，即新问题的形式化描述。

1. 类比学习的学习过程

类比学习的学习过程包括如下一些主要的步骤。

(1) 回忆与联想:当遇到新情况或新问题 T 时,首先通过回忆与联想找出与 T 相似的有关问题,这些问题是过去已经解决了的,有现成的求解这些问题的知识。

(2) 选择:从上一步找出的问题中选出与当前问题最相似的问题及其有关知识,其相似度越高越好,这有利于提高学习的可靠性。

(3) 建立对应关系:一旦获得求解过去相似问题的知识,就要在这些知识与当前问题之间建立相应的对应关系,以便获得求解新问题的知识。

(4) 验证与归纳:验证的目的是检验已获得知识的有效性。如发现有错,就需要重复上述的步骤进行修正,直到获得正确的知识。对于正确的知识,经推广、归纳等过程取得一般性的知识。

2. 类比系统中的关键问题

1) 类比的匹配机制

为了判断两个对象是否相似,就要将两个对象的各个部分对应起来。但是在类比活动中,并不是所有部分都能完全匹配。因此,在类比推理中,匹配应当是灵活的,而不是严格的。

2) 类比的相似性

类比学习的关键是相似性的定义和度量。相似性定义所依据的对象随着类比学习目的不同而变化。常用的相似性的度量有:权系数方法、语义距离方法、规则方法、空间方法等。

3) 类比的修正

类比学习和推理虽有很多优点,但它是不保真的方法。在类比中,经过合理的变换与重构后,可能产生一些无用的甚至是失效的案例。这时,不仅会造成存储量过大,检索速度减慢,甚至会导致类比学习的失效。因此除了将老问题的知识直接应用于新问题求解的特殊情况外,一般来说,对于检验过的老问题的概念或求解知识,要进行修正,才能得出关于新问题的求解规则。最后还要考虑知识库的更新问题,对类比学习得到的新问题的知识进行校验,校验正确的知识将存入知识库中,而暂时还无法验证的知识只能作为参考性知识,置于数据库中。

6.5 深度学习

深度学习(deep learning,DL)是机器学习领域一个新的研究方向,近年来在语音识别、计算机视觉等多类应用中取得突破性的进展。其动机在于建立模型模拟人类大脑的神经连接结构,在处理图像、声音和文本这些信号时,通过多个变换阶段分层对数据特征进行描述,进而给出数据的解释。以图像数据为例,灵长类的视觉系统中对这类信号的处理依次为:首先检测边缘、初始形状,然后再逐步形成更复杂的视觉形状,同样地,深度学习通过组合低层特征形成更加抽象的高层表示、属性类别或特征,给出数据的分层特征表示。

深度学习所具有的"深度",是相对支撑向量机(SVM)、提升方法(boosting)、最大熵方法等"浅层学习"方法而言的，深度学习所学得的模型中，非线性操作的层级数更多。浅层学习依靠人工经验抽取样本特征，其网络模型学习后获得的是没有层次结构的单层特征；而深度学习通过对原始信号进行逐层特征变换，将样本在原空间的特征表示变换到新的特征空间，自动地学习得到层次化的特征表示，从而更有利于分类或特征的可视化。深度学习理论的另外一个理论动机是：如果一个函数可用 k 层结构以简洁的形式表达，那么用 $k-1$ 层的结构表达则可能需要指数级数量的参数（相对于输入信号），且泛化能力不足。

深度学习的概念最早由多伦多大学的 Hinton 等人于 2006 年提出，指基于样本数据、通过一定的训练方法得到包含多个层级的深度网络结构的机器学习过程。传统的神经网络随机初始化网络中的权值，导致网络很容易收敛到局部最小值，为解决这一问题，Hinton 提出使用无监督预训练方法优化网络权值的初值，再进行权值微调的方法，从而拉开了深度学习的序幕。

深度学习所得到的深度网络结构包含大量的单一元素（神经元），每个神经元与大量其他神经元相连接，神经元间的连接强度（权值）在学习过程中动态修改并决定网络的功能。通过深度学习得到的深度网络结构符合神经网络的特征，因此深度网络就是深层次的神经网络，即深度神经网络（deep neural networks，DNN）。

深度神经网络是由多个单层非线性网络叠加而成的，常见的单层网络按照编码解码情况分为 3 类：只包含编码器部分，只包含解码器部分，既有编码器部分也有解码器部分。编码器提供从输入到隐含特征空间的自底向上的映射；解码器以重建结果尽可能接近原始输入为目标，将隐含特征映射到输入空间。深度神经网络分为以下 3 类，如图 6.10 所示。

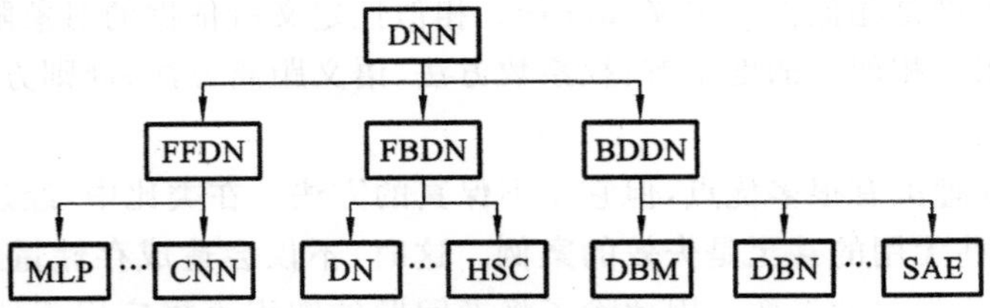

图 6.10　深度神经网络分类结构

（1）前馈深度网络（feed-forward deep networks，FFDN），由多个编码器层叠加而成，如多层感知器（MLP）、卷积神经网络（CNN）等。

（2）反馈深度网络（feed-back deep networks，FBDN），由多个解码器层叠加而成，如反卷积网络（deconvolutional networks，DN）、层次稀疏编码（hierarchical sparse coding，HSC）网络等。

（3）双向深度网络（bi-directional deep networks，BDDN），通过叠加多个编码器层和解码器层构成（每层可能是单独的编码过程或解码过程，也可能既包含编码过程也包含解码过程），如深度玻尔兹曼机（deep Boltzmann machines，DBM）、深度置信网络（DBN）、栈式自编码器（stacked auto-encoders，SAE）等。

6.5.1　深度学习相关应用领域

1. 图像识别

物体检测和图像分类是图像识别的两个核心问题，前者主要定位图像中特定物体出现的区域并判定其类别，后者则对图像整体的语义内容进行类别判定。Yang 等人提出的算法是传统图像识别算法中的代表——在 2009 年提出的采用稀疏编码来表征图像，通过大规模数据来训练支持向量机(SVM)进行图像分类。该方法在 2010 年和 2011 年的 ImageNet 大规模视觉识别挑战竞赛(ImageNet Large Scale Visual Recognition Challenge，ILSVRC，后简称 ImageNet 竞赛)中取得了最好成绩。

图像识别是深度学习最早尝试的应用领域。早在 1989 年，LeCun 等人发表了关于卷积神经网络的相关研究成果，这些成果在手写数字识别任务上取得了当时世界上最好的结果，并广泛应用于各大银行支票的手写数字识别任务中。百度在 2012 年将深度学习技术成功应用于自然图像 OCR(optical character recognition，光学字符识别)和人脸识别等问题上，并推出相应的移动搜索产品和桌面应用。从 2012 年的 ImageNet 竞赛开始，深度学习在图像识别领域发挥出巨大威力，在通用图像分类、图像检测、光学字符识别、人脸识别等领域，最好的系统都是基于深度学习的。图 6.11 所示为 2010—2016 年 ImageNet 竞赛的识别错误率变化及人的识别错误率。2012 年是深度学习技术第一次被应用到 ImageNet 竞赛中，从图 6.11 可以看出，相对于 2011 年，识别错误率大幅降低了 10.685%，且 2015 年基于深度学习技术的图像识别错误率已经低于人类，2016 年最新的 ImageNet 竞赛的图像识别错误率已经低至 2.991%。

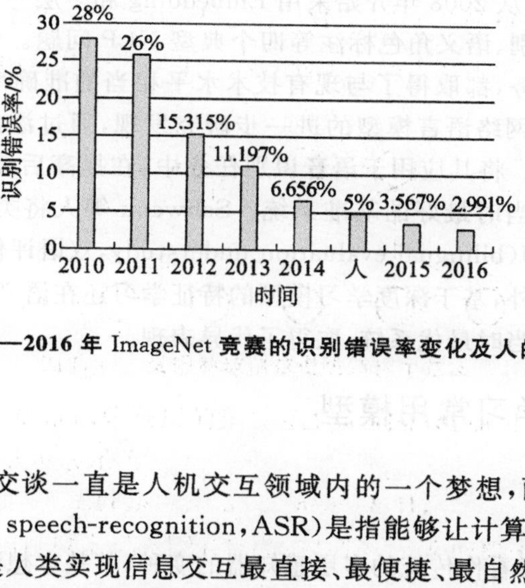

图 6.11 2010—2016 年 ImageNet 竞赛的识别错误率变化及人的识别错误率

2. 语音识别

长久以来，人与机器交谈一直是人机交互领域内的一个梦想，而语音识别是其基本技术。语音识别(automatic speech-recognition，ASR)是指能够让计算机自动地识别语音中所携带信息的技术。语音是人类实现信息交互最直接、最便捷、最自然的方式之一，自人工智能(AI)的概念出现以来，让计算机甚至机器人像自然人一样实现语音交互一直是 AI 领域研究者的梦想。

最近几年，深度学习理论在语音识别和图像识别领域取得了令人振奋的性能提升，迅速成了当下学术界和产业界的研究热点，为处在瓶颈期的语音等模式识别领域提供了一个强有力的工具。在语音识别领域，深度神经网络(DNN)模型给处在瓶颈阶段的传统 GMMHMM 模型带来了巨大的革新，使得语音识别的准确率又上了一个新的台阶。目前国内外知名互联网企业(如谷歌、科大讯飞及百度等)的语音识别算法采用的都是 DNN 方法。2012 年 11 月，微软在中国天津的一次活动上公开演示了一个全自动的同声传译系统，讲演者用英文演讲，后台的计算机一气呵成自动完成语音识别、英中机器翻译和中文语音合成，效果非常流畅，其后台支撑的关键技术就是深度学习。近期，百度将深层卷积神经网络

(Deep-CNN)应用于语音识别研究，使用了 VGGNet 及包含残差连接的 Deep-CNN 等结构，并将长短期记忆网络(long short term memory，LSTM)与 CTC(connectionist temporal classification，连接时序分类)的端到端语音识别技术相结合，使得识别错误率相对下降了10%以上。2016 年 9 月，微软的研究者在产业标准 Switchboard 语音识别任务上，取得了产业中最低 6.3%的词错率。国内科大讯飞提出的前馈型序列记忆网络(feed-forward sequential memory network，FSMN)语音识别系统，使用大量的卷积层直接对整句语音信号进行建模，更好地表达了语音的长时相关性，其效果比学术界和工业界最好的双向 RNN 语音识别系统识别率提升了 15%以上。由此可见，深度学习技术对语音识别率的提高有着不可忽略的贡献。

3. 自然语言处理

自然语言处理(natural language processing，NLP)也是深度学习的一个重要应用领域，经过几十年的发展，基于统计的模型已成为 NLP 的主流，同时人工神经网络在 NLP 领域也受到了理论界的足够重视。加拿大蒙特利尔大学教授 Bengio 等人在 2003 年提出用 Embedding 的方法将词映射到一个矢量表示空间，然后用非线性神经网络来表示 N-gram 模型。世界上最早的将深度学习用于 NLP 的研究工作诞生于 NEC Laboratories America，其研究员 Collobert 等人从 2008 年开始采用 Embedding 和多层一维卷积的结构，用于词性标注、分块、命名实体识别、语义角色标注等四个典型 NLP 问题。值得注意的是，他们将同一个模型用于不同的任务，都取得了与现有技术水平相当的准确率。Mikolov 等人通过对 Bengio 等人提出的神经网络语言模型的进一步研究发现，通过添加隐藏层的多次递归，可以提高语言模型的性能。将其应用于语音识别任务中，在提高后续词预测准确率及总体识别错误率方面都超越了当时最好的基准系统。Schwenk 等人将类似的模型用在统计机器翻译任务中，采用 BLEU(bilingual evaluation understudy，双语评估研究)评分机制评判，提高了近两个百分点。此外，基于深度学习模型的特征学习还在语义消歧、情感分析等自然语言处理任务中均超越了当时最优系统，取得了优异表现。

6.5.2 深度学习常用模型

1. 自动编码机

自动编/解码网络可看作传统的多层感知器的变种，其基本想法是将输入信号经过多层神经网络后重构原始的输入，通过非监督学习的方式挖掘输入信号的潜在结构，将中间层的响应作为潜在的特征表示。其基本结构如图 6.12 所示。

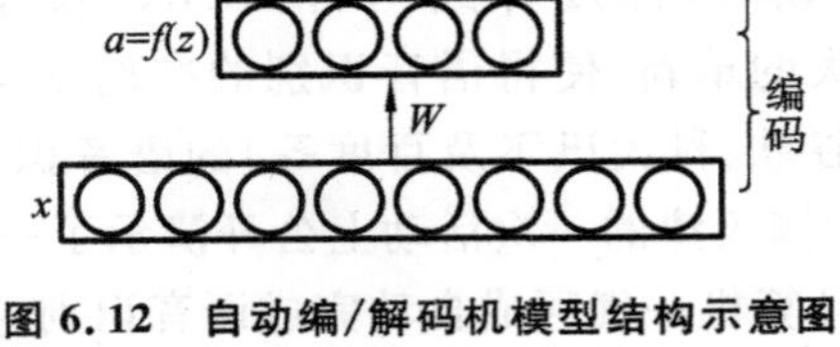

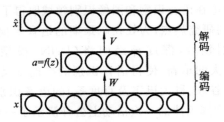

图 6.12 自动编/解码机模型结构示意图

自动编/解码机由将输入信号映射到低维空间的编码机和用隐含特征重构初始输入的解码机构成。假设输入信号为 $\boldsymbol{x}$，编码层首先将其线性映射为 $\boldsymbol{z}$，然后再施加某种非线性变换，这一过程可以形式化为

$$\boldsymbol{a}=f(\boldsymbol{z})=f(\boldsymbol{W}\boldsymbol{x}+\boldsymbol{b}) \tag{6-5}$$

式中：f 为某种非线性函数，常用的有 Sigmoid 函数 $f(z)=1/(1+\exp(-z))$ 和修正线性单元(rectified linear unit，ReLU)函数 $f(\boldsymbol{z})=\max(\boldsymbol{0},\boldsymbol{z})$，也称为激活函数。解码层通过相似的操作，将特征系数 $\boldsymbol{a}$ 映射回输入空间，得到重构的信号 $\hat{\boldsymbol{x}}$。自动编码机的参数即每一层的连接权重和偏置。网络训练时的优化目标为最小化重构信号与输入信号之间的均方差，即 $\min\sum_i(\hat{\boldsymbol{x}}_i-\boldsymbol{x}_i)^2$。

自动编码机可以通过级联和逐层训练的方式组成深层的结构，其中只需要将前一层中隐含层的输出作为当前层的输入。深度模型通过逐层优化的方式训练后，还可以通过让整个网络重构输入信号的原则进行精调。在实际的系统中，还经常将编码机和解码机的权重进行耦合，即令 $\boldsymbol{v}=\boldsymbol{w}^{\mathrm{T}}$，使得编/解码的过程完全相似。在自动编码机的框架下，很多研究者通过引入正则约束的方式开发了很多变种模型。一些研究者将稀疏表示的思想引入，提出了稀疏自动编/解码机，其中通过惩罚或者鼓励输出信号的平均值与一个平均值很小的高斯分布近似来实现。为了增强自动编码机的泛化性，Vincent 等人提出了降噪自动编码机，他们在训练之前给训练样本加入人工制造的噪声干扰，使得网络可以从有噪声的信号中重构原始的干净输入。与之非常相似的是 Rifai 等人提出的收缩自动编码机，该编码机通过引入一个收缩惩罚项来增强模型的泛化性能，同时降低过拟合的影响。很多研究者已经将深度自动编码机成功地应用于图像特征表示中，利用深度自动编码机得到紧致的图像高层描述并基于此进行图像检索，训练了一个从粗到细的自动编码机，完成人脸关键点定位的任务。

2. 受限玻尔兹曼机

玻尔兹曼机(Boltzmann machine，BM)是一种随机的递归神经网络，由 Hinton 等人提出，是能通过学习数据固有内在表示来解决复杂学习问题的最早的人工神经网络之一。受限玻尔兹曼机(restricted Boltzmann machine，RBM)是玻尔兹曼机的扩展，由于去掉了玻尔兹曼机同层之间的连接，因此其学习效率大大提高了。如图 6.13 所示，RBM 是一个双向图模型。

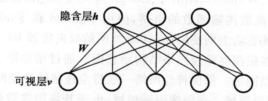

图 6.13　受限制玻尔兹曼机结构示意图

对于给定的状态向量 $\boldsymbol{h}$ 和 $\boldsymbol{v}$，隐藏层的偏倚系数是向量 $\boldsymbol{b}$，而可视层的偏倚系数是向量 $\boldsymbol{a}$，则 RBM 当前的能量函数可表示为

$$E(\boldsymbol{v},\boldsymbol{h})=-\boldsymbol{a}^{\mathrm{T}}\boldsymbol{v}-\boldsymbol{b}^{\mathrm{T}}\boldsymbol{h}-\boldsymbol{h}^{\mathrm{T}}\boldsymbol{W}\boldsymbol{v} \tag{6-6}$$

有了能量函数，则我们可以定义 RBM 的状态为给定 $\boldsymbol{v}$、$\boldsymbol{h}$ 的概率分布为

$$P(\boldsymbol{v},\boldsymbol{h})=\frac{1}{Z}\mathrm{e}^{-E(\boldsymbol{v},\boldsymbol{h})} \tag{6-7}$$

式中：Z 为归一化因子，类似于 Softmax 中的归一化因子，$Z=\sum_{\boldsymbol{v},\boldsymbol{h}}\mathrm{e}^{-E(\boldsymbol{v},\boldsymbol{h})}$。

如果用传统的基于 Gibbs 采样的方法求解，则迭代次数较多、效率很低，为了克服这一问题，Hinton 提出了一种称为对比分歧（contrastive divergence，CD）的快速算法，即一种基于随机梯度下降法的更高效的优化算法。

与稀疏编码等模型相比，RBM 模型具有一个非常好的优点——推断速度很快，只需要一个简单的前向编码操作。一些研究者在 RBM 基础上提出了很多扩展模型。原始的 RBM 模型中可视层为二值变量，通过引入高斯核函数使得 RBM 支持连续变量作为输入信号。一些拓展模型修改了 RBM 的结构和概率分布模型，使得它能模拟更加复杂的概率分布，如 Mean-Covariance RBM、Spike-Slab RBM 和门限 RBM，这些模型中通常都定义了一个更加复杂的能量函数，学习和推断的效率因此会有所下降。此外，在 RBM 的生成式学习算法中融入判别式学习，使得它能更好地应用于分类等判别式任务。

级联多个单层的 RBM 模型可构成深层的结构，即将前一层的隐含层作为当前层的可视层，网络的优化采用逐层优化的方式。例如，将多层的有向 Sigmoid 置信网络与 RBM 级联，深度置信网络（DBN）得以构造；将 RBM 模型直接级联成多层结构，深度玻尔兹曼机网络得以提出；Lee 等人用卷积操作对 DBN 进行扩展，使得模型可以直接从原始的二维图像中学习潜在的特征表示。除了基于 RBM 的深度结构外，还有其他一些层级生成式模型。例如，Yu 等人提出深度稀疏编码模型，用于学习图像像素块的潜在结构特征；Zeilier 等人通过级联多个卷积稀疏编码和最大值池化层，构建了深度反卷积网络，可以直接从全局图像中学习从底层到高层的层级结构特征。

3. 深度神经网络

神经网络技术起源于 20 世纪 50—60 年代，当时叫作感知器。感知器是最早被设计并实现的人工神经网络，是一种二分类的线性分类模型，主要用于线性分类且分类能力十分有限。在感知机中，输入的特征向量通过隐含层变换到达输出层，在输出层得到分类结果。早期感知器的推动者是 Rosenblatt，但是单层感知器遇到一个严重的问题，即它对稍复杂一些的函数都无能为力（如最为典型的异或操作）。随着数学理论的发展，这个缺点直到 20 世纪 80 年代才被 Rumelhart、Williams、Hinton、LeCun 等人发明的多层感知器（MLP）克服。多层感知器可以摆脱早期离散传输函数的束缚，使用 Sigmoid 或 Tanh 等连续函数模拟神经元对激励的响应，在训练算法上则使用 Werbos 发明的反向传播 BP 算法。

图 6.14 所示为全连接深度神经网络结构示意图。通过增加隐含层的数量及相应的节点数，可以形成深度神经网络。深度神经网络一般指全连接的神经网络，该类神经网络模型常用于图像及语音识别等领域。在图像识别领域，由于其将图像数据变成一维数据再进行处理，忽略了图像的空间几何关系，因此其识别率不及卷积神经网络，且相邻层之间全连接，要训练的参数规模巨大，巨大的参数量也进一步限制了全连接神经网络模型结构的深度和广度。

4. 卷积神经网络

近几年，卷积神经网络在大规模图像特征表示和分类中取得了很大的成功。标志性事

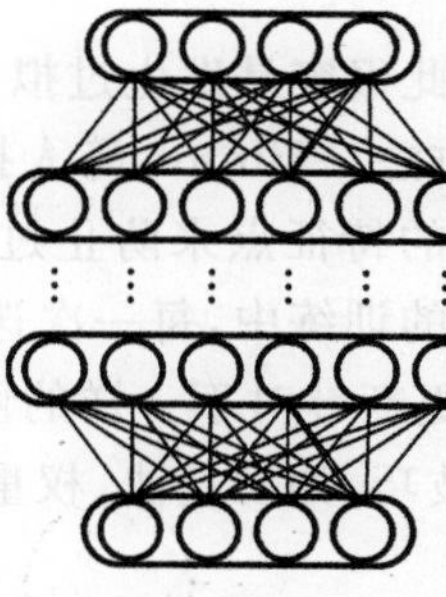

图 6.14 全连接深度神经网络结构示意图

件是在 2012 年的 ImageNet 竞赛中，Krizhevsky 实现的深度卷积神经网络模型将图像分类的错误率降低了近 50%。2016 年 3 月，著名的围棋人机大战中以 4：1 大比分优势战胜李世石的 AlphaGo 人工智能围棋程序就采用了 CNN＋蒙特卡洛搜索树算法。卷积神经网络最早是由 LeCun 等人在 1998 年提出，用于手写字符图像的识别，其网络结构如图 6.15 所示。

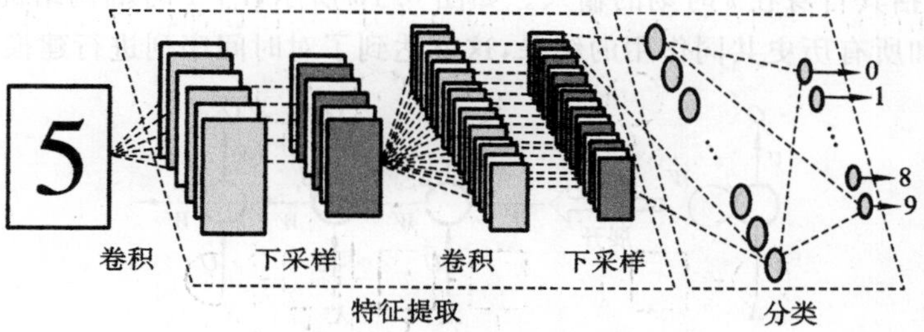

图 6.15 卷积神经网络结构示意图

卷积神经网络的输入为原始二维图像，经过若干卷积层和全连接层后，输出图像在各类别下的预测概率。每个卷积层包含卷积、非线性激活函数和最大值池化三种运算。在卷积神经网络中，需要学习一组二维滤波模板 $F=f_1,\cdots,f_{N_k}$，与输入特征图 x 进行卷积操作，得到 N_k 个二维特征图 $z_k=f_k\times x$。采用卷积运算的好处有如下几点：

(1) 二维卷积模板可以更好地挖掘相邻像素之间的局部关系和图像的二维结构；

(2) 与一般神经网络中的全连接结构相比，卷积网络通过权重共享极大地减少了网络的参数量，使得训练大规模网络变得可行；

(3) 卷积操作对图像上的平移、旋转和尺度等变换具有一定的鲁棒性。

得到卷积响应特征图后，通常需要经过一个非线性激活函数来得到激活响应图，如 Sigmoid、Tanh 和 ReLU 等函数。紧接着，在激活函数响应图上施加一个最大值池化（max pooling）或者平均值池化（average pooling）运算。在这一操作中，首先用均匀的网格将特征图划分为若干空间区域，这些区域可以有重叠部分，然后取每个图像区域的平均值或最大值作为输出。此外在最大值池化中，通常还需要记录所输出最大值的位置。已有研究工作证明了最大值池化运算在图像特征提取中的性能优于平均值池化，因而近些年研究者基本都采用了最大值池化运算。池化运算主要有如下两个优点：

(1) 增强了网络对伸缩、平移、旋转等图像变换的鲁棒性；

(2) 使得高层网络可以在更大尺度下学习图像的更高层结构，同时降低了网络参数，从而使得大规模的网络训练变得可行。

由于卷积神经网络的参数量较大,因此很容易发生过拟合,影响最终的测试性能。研究者为了解决这一问题提出了很多改进的方法。Hinton 等人提出了称为“Dropout”的优化技术,通过在每次训练迭代中随机忽略一半的特征点来防止过拟合,取得了一定的效果;Wan 等人进一步扩展了这一想法,在全连接层的训练中,每一次迭代时从网络的连接权重中将随机挑选的一个子集置为 0,使得每次网络更新针对不一样的网络结构,进一步提升了模型的泛化性。此外还有一些简单有效的工程技巧,如动量法、权重衰变法和数据增强法等。

5. 循环神经网络

在全连接的 DNN 和 CNN 中,每层神经元的信号只能向上一层传播,样本的处理在各个时刻相互独立,因此该类神经网络无法对时间序列上的变化进行建模,如样本出现的时间顺序对于自然语言处理、语音识别、手写体识别等应用非常重要。为了适应这种需求,就出现了另一种神经网络结构——循环神经网络(RNN)。RNN 中神经元的输出可以在下一个时间戳直接作用到自身,即第 i 层神经元在 t 时刻的输入,除了 $i-1$ 层神经元在 $t-1$ 时刻的输出外,还包括其自身在 t 时刻的输入。如图 6.16 所示,$t+1$ 时刻网络的最终结果 O_{t+1} 是该时刻输入和所有历史共同作用的结果,这就达到了对时间序列进行建模的目的。

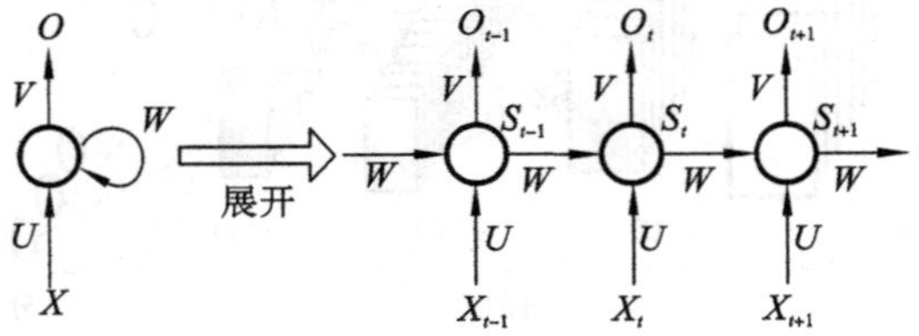

图 6.16　RNN 在时间上展开

为了适应不同的应用需求,RNN 模型出现了不同的变种,主要包括以下几种。

1) LSTM

该模型通常比 Vanilla-RNN 能够更好地对长短时依赖进行表达,主要为了解决通过时间的反向传播(back propagation through time,BPTT)算法无法解决的长时依赖问题,因为 BPTT 会带来梯度消失或梯度爆炸问题。

传统的 RNN 虽然被设计成可以处理整个时间序列信息,但其记忆最深的还是最后输入的一些信号,而受之前的信号影响的强度越来越低,最后可能只起到一点辅助作用,即 RNN 输出的还是最后的一些信号,这样的缺陷使得 RNN 难以处理长时依赖的问题。而 LSTM 就是专门为解决长时依赖而设计的,不需要特别复杂地调试超参数,默认就可以记住长期的信息,其不足之处是模型结构较 RNN 复杂。LSTM 单元一般包括输入门、遗忘门、输出门。所谓“门”的结构,就是一个使用 Sigmoid 神经网络和一个按位做乘法的操作。Sigmoid 激活函数可以使得神经网络输出一个 0～1 的数值,该值描述了当前输入有多少信息量可以通过这个结构,类似一个门的功能。当门打开时,Sigmoid 神经网络的输出为 1,全部信息都可以通过;当门关上时,Sigmoid 神经网络的输出为 0,任何信息都无法通过。遗忘门的作用是让循环神经网络“忘记”之前没有用的信息;输入门的作用是在循环神经网络“忘记”部分之前的状态后,还需要从当前的输入补充最新的记忆;输出门则会根据最新的状态 C_t、上一时刻的输出 h_{t-1} 和当前的输入 x_t,来决定该时刻的输出 h_t,如图 6.17 所示。LSTM

结构可以更加有效地决定哪些信息应该被遗忘，哪些信息应该得到保留，因此它成为当前语音识别、机器翻译、文本标注等领域常用的神经网络模型。

2）SRN

SRN(Simple-RNN)是 RNN 的一种特例，它是一个三层网络，并且在隐含层增加了上下文节点，图 6.18 中的 y 便是隐含层节点，u 是上下文节点。上下文节点与隐含层节点一一对应，且值是确定的。在每一步中，使用标准的前向反馈进行传播，然后使用学习算法进行学习。上下文每一个节点保存其连接的隐含层节点的上一步输出，即保存上文，并作用于当前步对应的隐含层节点的状态，即隐含层的输入是由输入层的输出与上一步自己的状态所决定的。因此 SRN 能够解决标准的多层感知器无法解决的对序列数据进行预测的任务。

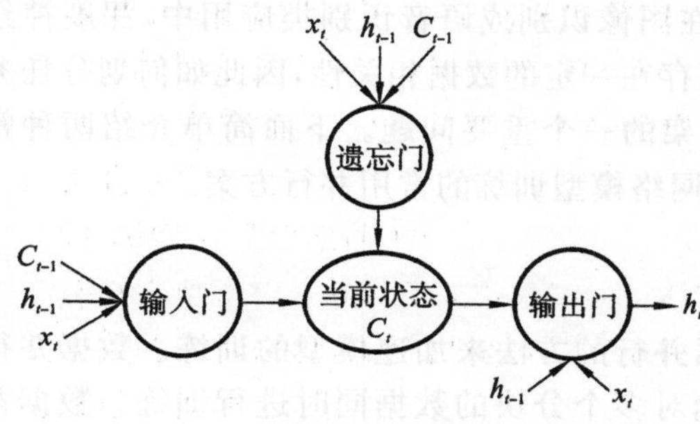

图 6.17 LSTM 单元结构示意图

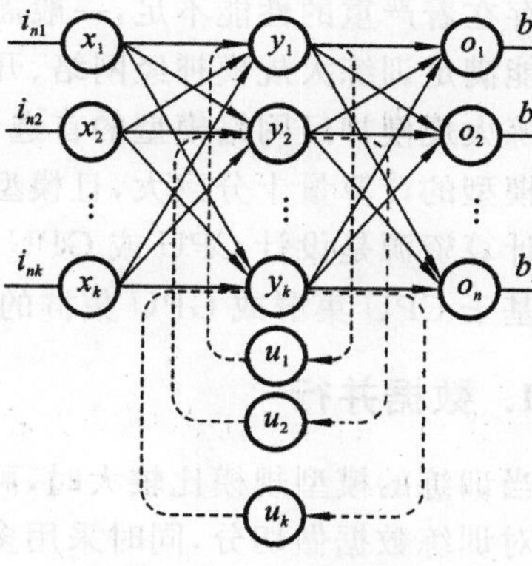

图 6.18 SRN 网络结构

3）双向 RNN

该模型是一个相对简单的 RNN，如图 6.19 所示，它由两个 RNN 上下叠加在一起组成，其输出由这两个 RNN 的隐含层状态决定。双向 RNN 模型可以用来根据上下文预测一个语句中缺失的词语，即当前的输出不仅与前面的序列有关，并且还与后面的序列有关。

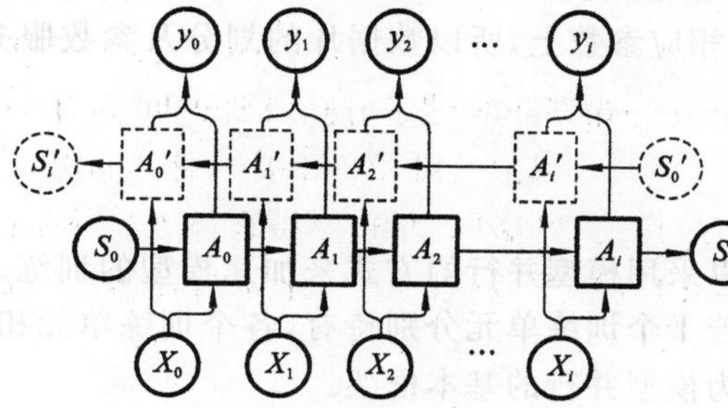

图 6.19 双向 RNN 结构

此外，针对不同的应用需求，还出现了深度 RNN(Deep-RNN)模型、回声状态网络(echo state networks)、门控循环单元(gated recurrent unit，GRU)、时钟频率驱动的 RNN(Clockwork-RNN)模型等。

6. 多模型融合的神经网络

除了单个的神经网络模型，还出现了不同神经网络模型组合的神经网络，如 CNN 和 RBM、CNN 和 RNN 进行组合等，通过将各个网络模型的优势组合起来可以达到最优的效果。将 CNN 与 RNN 相结合用于对图像描述的自动生成，使得该组合模型能够根据图像的特征生成文字描述或者根据文字产生相应内容的图片。随着深度学习技术的发展，相信会有越来越多性能优异的神经网络模型出现在大众的视野，如近期火热的生成对抗网络(generative adversarial networks，GAN)及相应变种模型为无监督学习的研究开启了一扇门窗。

6.5.3 基于深度学习的优化方法

随着神经网络模型层数越来越深、节点个数越来越多，需要训练的数据集越来越大，模型的复杂度也越来越高，因此在模型的实际训练中单 CPU 或单 GPU(图形处理器)的加速方案存在着严重的性能不足，一般需要十几天的时间才能使得模型的训练得到收敛，这已远远不能满足训练大规模神经网络、开展更多实验的需求。多 CPU 或多 GPU 的加速方案成为训练大规模神经网络模型的首选。但是由于在图像识别或语音识别类应用中，深度神经网络模型的计算量十分巨大，且模型层与层之间存在一定的数据相关性，因此如何划分任务量及计算资源是设计 CPU 或 GPU 集群加速框架的一个重要问题。下面简单介绍两种常用的基于 CPU 集群或 GPU 集群的大规模神经网络模型训练的常用并行方案。

1. 数据并行

当训练的模型规模比较大时，可以通过数据并行的方法来加速模型的训练。数据并行可以对训练数据做切分，同时采用多个模型实例对多个分块的数据同时进行训练。数据并行的基本框架如图 6.20 所示。在训练过程中，由于数据并行需要进行训练参数的交换，通常需要一个参数服务器，多个训练过程相互独立，每个训练的结果，即模型的变化量 ΔW 需要提交给参数服务器，参数服务器负责更新最新的模型参数 $W'=W-\eta\times\Delta W$，之后再将最新的模型参数 W' 广播至每个训练过程，以便各个训练过程可以从同一起点开始训练。在数据并行的实现中，由于采用同样的模型、不同的数据进行训练，因此影响模型性能的瓶颈在于多 CPU 或多 GPU 间的参数交换。根据参数更新公式，需要将所有模型计算出的梯度提交到参数服务器并更新到相应参数上，所以数据片的划分及参数服务器的带宽可能会成为限制数据并行效率的瓶颈。

2. 模型并行

除了数据并行，还可以采用模型并行的方式来加速模型的训练。模型并行是指将大的模型拆分成几个分片，由若干个训练单元分别持有，各个训练单元相互协作、共同完成大模型的训练。图 6.21 所示为模型并行的基本框架。

一般来说，模型并行带来的通信和同步开销多于数据并行，因此其加速比不及数据并行，但对于单机内存无法容纳的大模型来说，模型并行也是一个很好的方法，2012 年 ImageNet 冠军模型 Axlenet 就是采用两块 GPU 卡进行模型并行训练。

6.5.4 深度学习常用软件工具及平台

1. 常用软件工具

当前基于深度学习的软件工具有很多，每种软件工具的侧重点不同，针对的需求不同，

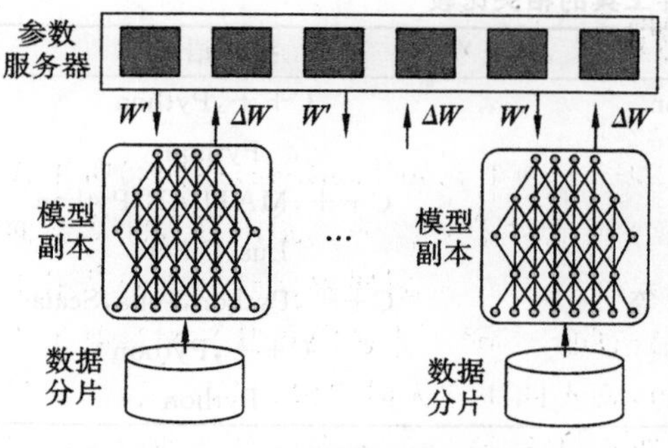

图 6.20 数据并行的基本架构

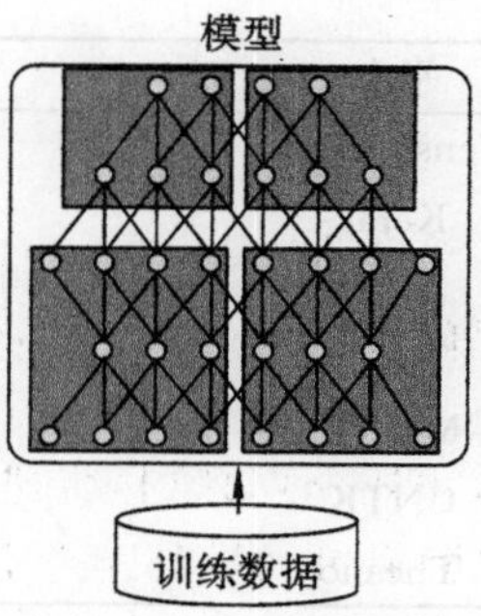

图 6.21 模型并行的基本架构

如图像处理、自然语言处理或是运用于金融领域等。下面主要介绍当下常用的深度学习的常用软件工具。

1) TensorFlow

它是Google基于DistBelief进行研发的第2代人工智能系统。该平台吸取了已有平台的长处,既能让用户接触到底层数据,又具有现成的神经网络模块,可以使用户非常快速地实现建模,是一个非常优秀的跨界平台。该软件库采用数据流图模式实现数值计算,流图中的节点表示数学运算,边表示数据阵列。基于该软件库开发的平台架构灵活,代码一次开发无须修改即可在单机、可移动设备或服务器等设备上运行,同时可支持多GPU/CPU并行训练。

2) 深度学习抽象化平台

这里主要指以Keras为主的深度学习抽象化平台。该类平台本身不具有底层运算协调能力,而是依托于TensorFlow或Theano进行底层运算,Keras提供神经网络模块抽象化和训练中的流程优化,可以让用户在快速建模的同时,具有很方便的二次开发能力,如加入自己喜欢的模块。

3) 深度学习功能性平台

这里主要指以Caffe、Torch、MXNet、CNTK为主的深度学习功能性平台。该类平台提供了完备的基本模块,支持快速神经网络模型的创建和训练;不足之处是用户很难接触到这些底层运算模块。

4) Theano

它是深度学习领域最早的软件平台,专注于底层基本运算。该平台有以下几个特点:

(1) 集成NunmPy的基于Python实现的科学计算包,可以与稀疏矩阵运算包SciPy配合使用,全面兼容NumPy库函数;

(2) 易于使用GPU进行加速,具有比CPU实现相对较大的加速比;

(3) 具有优异可靠性和速度优势;

(4) 可支持动态C程序生成;

(5) 拥有测试和自检单元,可方便检测和诊断多类型错误。

表6.1所示为当前常用的几种软件工具的相关比较。

可见,基于深度学习的软件工具有很多,相应的编程语言也有很多,没有哪一种编程平台或语言可以"一统江湖"。相信在未来,更新的、效率更好的编程语言或平台也可能会出现。

表 6.1 常用软件工具的相关比较

平台	底层语言	操作语言
TensorFlow	C++,Python	C++,Python
Keras	Python	Python
Caffe	C++	C++,MATLAB,Python
Torch	C,Lua	Lua,C++
MXNet	C++,Python 等	C++,Python,Julia,Scala
CNTK	C++	C++,Python
Theano	Python,C	Python

2. 工业界平台

随着深度学习技术的兴起,不仅在学术界,在工业界,如 Google、Facebook、百度、腾讯等科技类公司也都实现了自己的软件平台,主要有以下几种。

1) DistBelief

DistBelief 是 Google 用 CPU 集群实现的数据并行和模型并行框架,该集群可使用上万 CPU core 训练多达 10 亿参数的深度网络模型,可用于语音识别和 2.1 万类目的的图像分类。此外,Google 还采用了由 GPU 实现的 COTS HPC 系统,该系统也是一个模型并行和数据并行的框架。由于采用了众核 GPU,该 COTS HPC 系统可以用 3 台 GPU 服务器在数天内完成对 10 亿参数的深度神经网络训练。

2) Facebook

Facebook 实现了多 GPU 训练深度卷积神经网络的并行框架,结合数据并行和模型并行的方式来训练卷积神经网络模型,使用 4 张 NVID1A TITAN GPU,可在数天内训练 ImageNet 1000 分类的网络。

3) PADDLE

PADDLE(parallel asynchonous distributed deep learning)是由国内的百度公司搭建的多机 GPU 训练平台,其将数据放置于不同的机器,通过参数服务器协调各机器的训练。PADDLE 平台也可以支持数据并行和模型并行。

4) Mariana

为加速深度学习模型训练,国内腾讯公司也开发了并行化平台——Mariana。该平台包含深度神经网络训练的多 GPU 数据并行框架、深度卷积神经网络的多 GPU 模型并行和数据并行框架,以及深度神经网络的 CPU 集群框架。该平台基于特定应用的训练场景,设计定制化的并行训练平台,用于语音识别、图像识别及在广告推荐中的应用。

通过对以上几种工业界平台的介绍可以发现,不管是基于 CPU 集群的 DistBelief 平台还是基于多 GPU 的 PADDLE 或 Mariana 平台,针对大规模神经网络模型的训练基本上都是采用基于模型的并行方案或基于数据的并行方案,或是同时采用两种并行方案。由于神经网络模型在前向传播及反向传播计算过程存在一定的数据相关性,因此当前其在大规模 CPU 集群或者 GPU 集群上训练的方法并不多。

第 6 章应用案例

第 7 章　人工神经网络

7.1　概　　述

人工神经网络(artificial neural network,ANN)是受到构成动物大脑的生物神经网络启发而开发的计算系统。神经网络本身不是算法,而是许多不同机器学习算法的框架,它们协同工作并处理复杂的数据输入。

人工神经网络基于称为人工神经元的连接单元或节点的集合,松散地模拟生物大脑中的神经元。每个连接,如生物大脑中的突触,可以将信号从一个人工神经元传递到另一个人工神经元。接收信号的人工神经元可以处理它,然后发信号通知与之相连的其他人工神经元。

最近十多年来,人工神经网络的研究工作不断深入,已经取得了很大的进展,其在模式识别、智能机器人、自动控制、预测估计、生物、医学、经济等领域已成功地解决了许多现代计算机难以解决的实际问题,表现出了良好的智能特性。

7.1.1　神经元模型

神经元是神经网络中最基本的结构,也可以说是神经网络的基本单元,它的设计灵感完全来源于生物学上神经元的信息传播机制,如图 7.1 所示。学过生物的我们都知道,神经元有两种状态:兴奋和抑制。一般情况下,大多数的神经元是处于抑制状态,但是一旦某个神经元受到刺激,导致它的电位超过一个阈值,那么这个神经元就会被激活,处于“兴奋”状态,进而向其他的神经元传播化学物质(其实就是信息)。

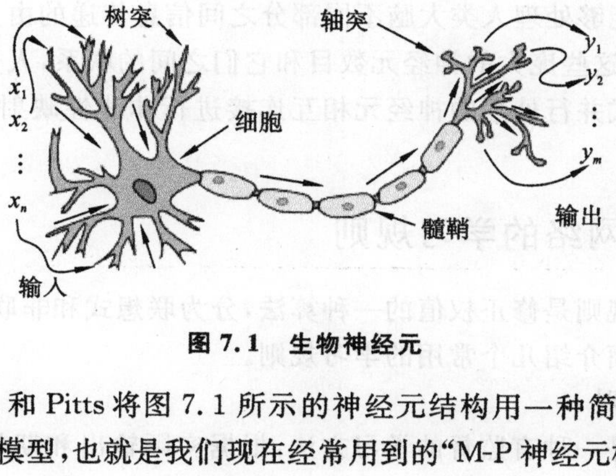

图 7.1　生物神经元

1943 年,McCulloch 和 Pitts 将图 7.1 所示的神经元结构用一种简单的模型进行了表示,构成了一种人工神经元模型,也就是我们现在经常用到的“M-P 神经元模型”,如图 7.2 所示。

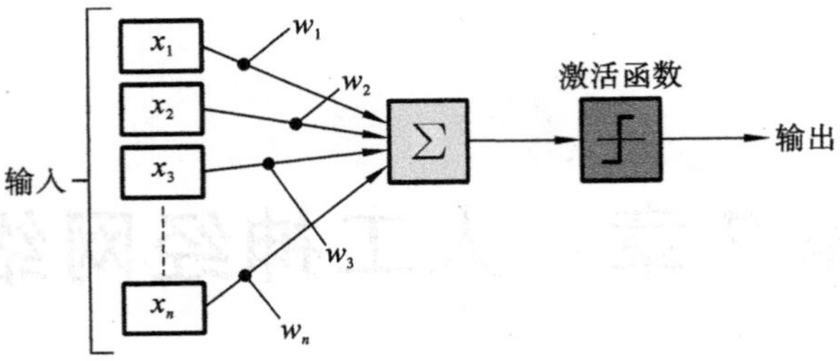

图 7.2　M-P 神经元模型

在这个模型中，神经元接收来自 n 个其他神经元传递过来的输入信号，这些输入信号通过带权重的接收进行传递，神经元接收到的总输入值将与神经元的阈值进行比较，然后通过"激活函数"(activation function)处理以产生神经元的输出，如公式(7-1)所示。

$$y = \operatorname{sgn}\left(\sum_{i=1}^{n} W_i X_i - \theta\right) \tag{7-1}$$

理想的激活函数是如图 7.3(a)所示的阶跃函数，它将输入值映射为输出值"0"或"1"，显然"1"对应着神经元的兴奋，"0"对应着神经元的抑制。然而阶跃函数具有不连续、不光滑等缺点，因此实际常使用 Sigmoid 函数作为激活函数，典型的 Sigmoid 函数如图 7.3(b)所示，其公式见式(7-2)，它把可能在较大范围变化的输入值挤压到(0,1)内，因此有时也被称为"挤压函数"。

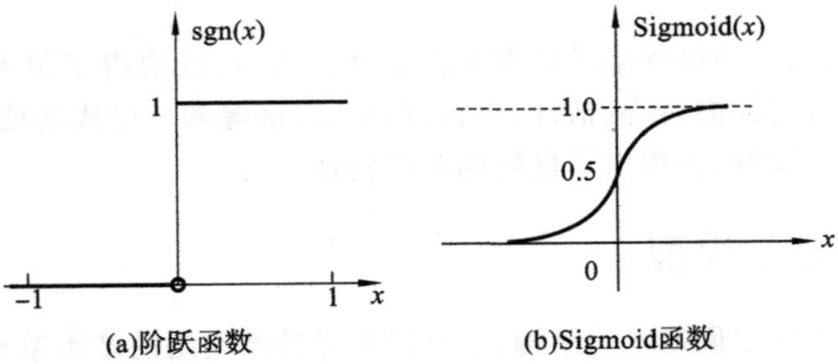

图 7.3　典型的神经元激活函数

$$\text{Sigmoid}(x) = \frac{1}{1+\mathrm{e}^{-x}} \tag{7-2}$$

把许多这样的神经元按照一定的层次连接起来，就得到了神经网络。

神经网络系统由能够处理人类大脑不同部分之间信息传递的由大量神经元连接形成的拓扑结构组成，依赖于这些庞大的神经元数目和它们之间的联系，人类的大脑能够收到的输入信息的刺激由分布式并行处理的神经元相互连接进行非线性映射处理，从而实现复杂的信息处理和推理任务。

7.1.2　神经网络的学习规则

神经网络的学习规则是修正权值的一种算法，分为联想式和非联想式学习、有监督学习和无监督学习等。下面介绍几个常用的学习规则。

1) 误差修正型规则

误差修正型规则是一种有监督的学习方法，根据实际输出和期望输出的误差进行网络连接权值的修正，最终网络误差小于目标函数达到预期结果。

误差修正法，权值的调整与网络的输出误差有关，它包括 δ 学习规则、Widrow-Hoff 学习规则、感知器学习规则和误差反向传播的 BP 学习规则等。

2）竞争型规则

无监督学习过程，网络仅根据提供的一些学习样本进行自组织学习，没有期望输出，通过神经元相互竞争对外界刺激模式响应的权利进行网络权值的调整来适应输入的样本数据。对于无监督学习的情况，事先不给定标准样本，直接将网络置于“环境”之中，学习（训练）阶段与应用（工作）阶段成为一体。

3）Hebb 型规则

Hebb 型规则利用神经元之间的活化值（激活值）来反映它们之间连接性的变化，即根据相互连接的神经元之间的活化值（激活值）来修正其权值。

在 Hebb 型规则中，学习信号简单地等于神经元的输出。Hebb 学习规则代表一种纯前馈、无监督学习。该学习规则至今在各种神经网络模型中起着重要作用。典型的应用如利用 Hebb 型规则训练线性联想器的权矩阵。

4）随机型规则

随机型规则在学习过程中结合了随机、概率论和能量函数的思想，根据目标函数（即网络输出均方差）的变化调整网络的参数，最终使网络目标函数达到收敛值。

此处主要探讨有监督学习与无监督学习（常用算法包括有监督算法和无监督算法）。有监督学习又被称为“有老师的学习”，无监督学习又被称为“没有老师的学习”。有监督学习和无监督学习的区别主要在于以下几点。

（1）有无标签。

所谓的老师就是标签，这是有监督学习与无监督学习最基本的区别。有监督学习的过程为先通过已知的训练样本（已知输入和对应的输出）来训练，从而得到一个最优模型，再将这个模型应用在新的数据上，映射为输出结果。经历这个过程后，模型具有了预知能力。无监督学习相比于有监督学习，没有训练的过程，而是直接拿数据进行建模分析，也就是没有训练目标，全靠自己探索。这听起来似乎有点不可思议，但是在我们自身认识世界的过程中也会用到无监督学习。比如我们去参观一个画展，我们对艺术一无所知，但是欣赏完多幅作品之后，我们也能把它们分成不同的派别。比如哪些更朦胧一点，哪些更写实一些。即使我们不知道什么叫作朦胧派和写实派，但是至少我们能把它们分为两个类。

（2）分类与聚类。

有监督学习的核心是分类，无监督学习的核心是聚类（将数据集合分成由类似的对象组成的多个类）。有监督学习的工作是选择分类器和确定权值；无监督学习的工作是密度估计（寻找描述数据统计值），也就是只要知道如何计算相似度就可以开始工作了。

（3）同维与降维。

有监督学习的输入如果是 n 维，特征即被认定为 n 维，通常不具有降维的能力；而无监督学习经常要参与深度学习，做特征提取，或者干脆采用层聚类或项聚类，以降低数据特征的维度。事实上，无监督学习常常被用于数据预处理。一般而言，这意味着以某种平均保留的方式压缩数据，比如主成分分析（PCA）或奇异值分解（SVD），之后，这些数据可被用于深度神经网络或其他监督式学习。

(4) 分类同时定性与先聚类后定性。

有监督学习的输出结果，也就是分好类的结果会被直接贴上标签，标签是好或者坏，也即分类分好了，标签也同时贴好了。类似于中药铺的药匣，药剂师采购回来一批药材，需要做的只是把对应的每一种药材放进贴着标签的药匣中。无监督学习的结果只是一群一群的聚类，就像被混在一起的多种中药，一个外行要处理这堆药材，能做的只有把看上去一样的药材挑出来聚成很多个小堆。如果要进一步识别这些小堆，就需要一个老中医（类比老师）的指导了。因此，无监督学习属于先聚类后定性，有点类似于批处理。

(5) 独立与非独立。

李航在其著作《统计学习方法》（清华大学出版社）中阐述了一个观点：对于不同的场景，正负样本的分布可能会存在偏移（可能是大的偏移，也可能偏移比较小）。怎么理解呢？假设我们手动对数据做标注作为训练样本，并把样本画在特征空间中，发现线性非常好，然而在分类面，总有一些混淆的数据样本。对这种现象的一个解释是，不管训练样本（有监督），还是待分类的数据（无监督），并不是所有数据都是相互独立分布的。或者说，数据和数据的分布之间存在联系。作为训练样本，大的偏移很可能会给分类器带来很大的噪声，而对于无监督学习，情况就会好很多。也就是，独立分布数据更适合有监督学习，非独立数据更适合无监督学习。

(6) 不透明和可解释性。

由于有监督学习最后输出的一个结果，或者说标签，一定是会有一个倾向，但是，有监督学习的分类原因是不具有可解释性的，或者说，是不透明的，因此，对于像“反洗钱”这种需要明确规则的场景，有监督学习就很难应用。而无监督学习的聚类方式通常是有很好的解释性的，于是，进一步可以将这个特征组总结成规则。如此这般分析，聚类原因便昭然若揭了。

根据以上特点就可以很好地选择有监督学习和无监督学习了，具体的选择流程如图7.4所示。

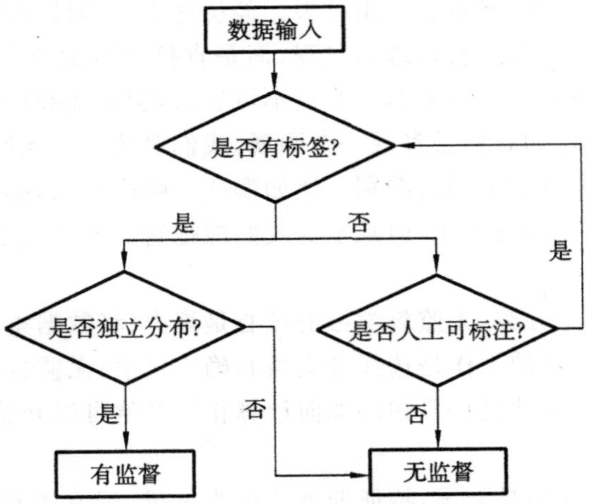

图 7.4　有/无监督选择流程

首先，我们看是否有训练数据，也即是否有标签。没有标签的直接选择无监督学习。事实上，对数据了解得越充分，模型的建立就会越准确，学习需要的时间就会越短。我们主要应该了解数据的以下特性：特征值是离散型变量还是连续型变量，特征值中是否存在缺失的值，何种原因造成缺失值，数据中是否存在异常值，某个特征发生的频率如何（是否罕见得如同大海捞针）。

其次，数据条件是否可改善？在实际应用中，有些时候即使我们没有现成的训练样本，我们也能够凭借自己的双眼，从待分类的数据中人工标注一些样本，这样就可以把条件改善，从而用于有监督学习。当然不得不说，有些数据的表达会非常隐蔽，也就是我们手头的信息不是抽象的形式，而是具体的一大堆数字，这样我们很难人工对它们进行分类。

最后，看样本是否独立分布。对于有训练样本的情况，看起来采用有监督学习总是比采用无监督学习好。但对于非独立分布的数据，由于其数据可能存在内在的未知联系，从而存在某些偏移量，因此采用无监督学习就显得更合适了。

7.1.3 神经网络的结构分类

可以从不同的角度对神经网络进行分类，如：

(1) 从网络性能角度，可将神经网络分为连续型神经网络与离散型神经网络、确定性神经网络与随机性神经网络；

(2) 从网络结构角度，可将神经网络分为前馈型神经网络与反馈型神经网络；

(3) 从学习方式角度，可将神经网络分为有监督学习神经网络和无监督学习神经网络；

(4) 从突出连接性质角度，可将神经网络分为一阶线性关联神经网络和高阶非线性关联神经网络。

7.2 前馈型神经网络

前馈型神经网络(feedforward neural network)是人工智能领域中，最基本和最简单的神经网络类型，常见的前馈型神经网络包括：感知器网络、反向传播(BP)神经网络和径向基函数(radial basis function，RBF)神经网络。

目前在理论和实际应用中，前馈型神经网络都达到了较高的水平。

前馈型神经网络中，各个神经元分别处于不同的层次结构，但是每一层的神经元都可以接收上一层神经元的输出信号，并向下一层神经元传递信号。在模型的内部结构中，参数从输入层逐步向输出层传播，并且是单向传播的。

(1) 感知器网络。感知器(perceptron)也被称作感知机，它是最简单的前馈型神经网络，主要用于模式分类，也可以用作学习控制和基于模式分类的多模态控制。感知器网络可以分为单层感知器网络和多层感知器网络。

(2) BP神经网络。BP神经网络利用了权值的反向传播调整策略，与感知器不同的是，BP神经网络传递函数基于Sigmoid函数，故其输出的值范围是[0,1]，可以实现从输入到输出的任意非线性映射。

(3) RBF神经网络。RBF神经网络能逼近任意的非线性函数，可以处理难以解析的规律性问题，具有良好的泛化能力和快速收敛速度，已成功地应用于非线性函数逼近、时间序列分析、数据分类、模式识别、信号处理、图像处理、系统建模、控制和故障诊断等方面。

7.2.1 感知器网络

感知器是神经网络中的一个概念。感知器模型是美国学者罗森勃拉特(Rosenblatt)为研究大脑的存储、学习和认知过程而提出的一类具有自学习能力的神经网络模型,它是第一个机器学习模型。它把对神经网络的研究从纯理论探讨引向了工程上的实践。感知器是经典的线性分类模型,是神经网络和支持向量机的基础。

1. 单层感知器

1) 模型结构

Rosenblatt 提出的感知器模型是一个只有单层计算单元的前向神经网络,称为单层感知器(single-layer perceptron,SLP),它是一种二元线性分类器,其结构如图 7.5 所示。感知器实际上是在 M-P 模型的基础上加上学习功能,使其权值可以调节的产物。

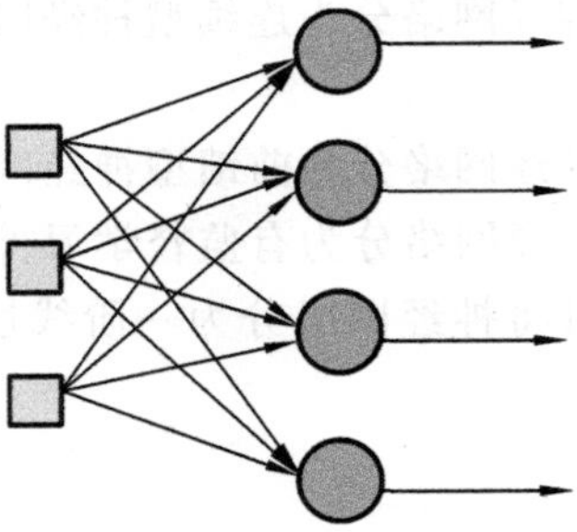

图 7.5 具有多输入多输出的单层感知器结构

图 7.5 显示,对于每一个输入值,$\boldsymbol{X}=(X_1,X_2,\cdots,X_m)$,通过一个权值向量 $\boldsymbol{W}$,进行加权求和,并作为阈值函数的输入,可以写成如下线性函数的形式:

$$y_j = \mathrm{sgn}\left(\sum_{i=1}^{m} W_{ij}X_i - \theta_j\right) \tag{7-3}$$

式中:X_i 是输入分量,W_{ij} 是权值分量,θ_j 是阈值,y_j 是目标输出。

作为分类器,可以用已知类别的模式向量或特征向量作为训练集。利用式(7-3),计算输入层中,每一个输入端和其上的权值相乘,然后将这些乘积相加得到乘积之和。如果乘积和大于临界值(一般是 0),输出端就为 1;如果小于临界值,输出端就为 −1,这样就将输入向量分成了两类,从而实现分类器的分类作用。如果是多输出就可以实现多重分类功能。

由感知器的模型结构可以看出,感知器的基本功能是将输入向量转化成 1 或 −1 的输出,这一功能可以通过在输入向量空间里的作图来加以解释。如果样本是二类线性可分的,则线性方程 $W_{ij}X_i-\theta_j=0$ 是特征空间中的超平面。该超平面将特征空间划分成两个部分,模型的权值 W_{ij} 与 θ_j 确定好之后,当 $W_{ij}X_i-\theta_j>0$ 时,训练点会落在这个超平面的正例区;当 $W_{ij}X_i-\theta_j<0$ 时,则会落在负例区。训练的目标是通过调整权值,使神经网络由给定的输入样本得到期望的输出。

2) 单层感知器学习算法

感知器学习算法(perceptron learning algorithm,PLA)可以用来调整模型的权值,对于已有的训练样本,计算得到一个权值向量 $\boldsymbol{W}$,使得 $\boldsymbol{W}^{\mathrm{T}}\boldsymbol{X}=0$,这个超平面能够完全将两类样本分开。

假设训练样本集$\{(X_1,Y_1),(X_2,Y_2),\cdots,(X_m,Y_m)\}$，$X_i\in R^d$，$Y_i\in\{+1,-1\}$，$m$ 是训练集的总样本数。对于 $t=0,1,\cdots\cdots$ 设 $X_{i(t)}$ 是 t 时刻感知器的输入($i=1,2,\cdots,m$)，$W_{i(t)}$ 是相应的权值，$Y_{i(t)}$ 是正确的输出。下面给出 PLA 的实现步骤。

(1) 首先将权值向量 W 进行初始化，其值可以为 0 或较小的随机数。

(2) 循环遍历每个样本，计算函数的目标输出。

(3) 将输出值与正确值相比较，如果 $f(W_{i(t)}X_{i(t)})=Y_{i(t)}$，则跳过；如果 $f(W_{i(t)}X_{i(t)})\neq Y_{i(t)}$，即找到一个错误的 $W_{i(t)}$，此时该样本被称为$(X_{i(t)},Y_{i(t)})$。修正这个错误，用下面的式子来调整权值：

$$W_{(i+1)(t)}\leftarrow W_{i(t)}+\eta Y_{i(t)}X_{i(t)} \tag{7-4}$$

式中：η 为学习速率。

(4) 重复步骤(2)和(3)权值调整过程，直到所有的训练样本都分类正确或达到预先设计的训练次数，才停止训练。

设 W_f 是实际分界面的权值，$R^2=\max\|X_i\|^2$，$\rho=\min Y_i\dfrac{W_f^T}{\|W_f\|}X_i$，通过数学上的证明，可知修正的次数小于或等于 R^3/ρ^2，因此该算法是收敛的。PLA 的主要功能是通过对训练样本集的学习，得到判别函数权值的解，产生线性可分的样本判别函数，从而判别样本所属的类别，实现分类器的作用。该算法属于非参数算法，优点是不需要对各类样本的统计性质做任何假设，属于确定性方法。

2. 多层感知器

单层感知器的缺点是只能解决线性可分的分类模式问题。对于非线性问题，采用多层网络结构可以增加网络的分类能力，即在输入层与输出层之间增加一个隐含层(可以是一层或多层)，从而构成多层感知器(MLP)。多层感知器的拓扑结构如图 7.6 所示。也就是说，由输入层、隐含层(可以是一层或多层)和输出层构成的神经网络称为多层前馈神经网络。

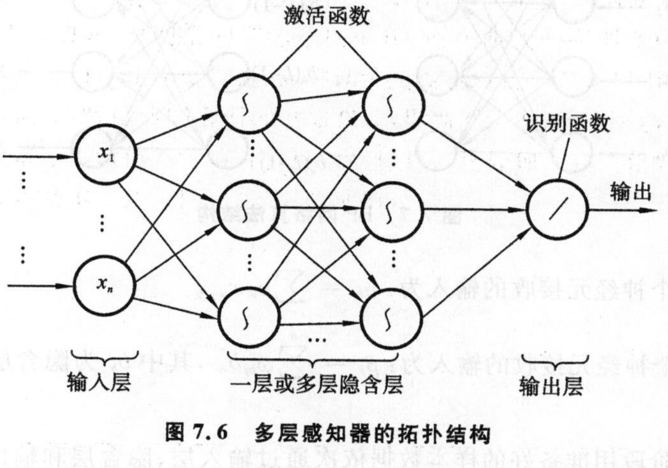

图 7.6　多层感知器的拓扑结构

由于单层神经元感知器的输出只能为 1 或 0，所以它可以将输入向量分为两类。而多层神经元感知器则可以将输入分为许多类，每一类都由不同的输出向量来表示。又由于输出向量的每个元素都可以取值 1 或者 −1，所以一共有 2^n 种可能的类别，其中 n 为多层神经元感知器中神经元数目。

多层神经元感知器具有如下特点：

(1) 网络中每个神经元模型包含一个可微的非线性激活函数，一般选用 Sigmoid 函数；

(2) 网络中包括一个或多个隐藏在输入和输出神经节点之间的层，从输入模式中获取更多有用的信息，使网络可以完成更复杂的信息输出；

(3) 网络展示出高度的连接性，其强度是由网络的突触权值决定的。

7.2.2 反向传播神经网络

多层神经元感知器的学习能力比单层神经元感知器的强得多。想要训练多层神经网络，单层感知器的学习算法就不够用了，需要更加强大的学习算法。误差反向传播(error back propagation，BP)算法就是其中最优秀的算法。值得注意的是，BP 算法不仅可以用于多层前馈神经网络，还可以用于其他类型的神经网络，例如训练递归神经网络。将采用 BP 算法的(多层)前馈神经网络称为 BP 网络。

1. BP 网络结构

通常，一个多层前馈神经网络由 L 层神经元组成，其中：第 1 层称为输入层，最后一层(第 L 层)称为输出层，其他各层均称为隐含层(第 2 层～第 $L-1$ 层)。

图 7.7 给出了一个由 m 个输入神经元、n 个输出神经元、q 个隐含层神经元的多层前馈神经网络结构。其中输出层第 j 个神经元的阈值用 θ_j 表示，隐含层第 h 个神经元的阈值用 γ_h 表示。输入层第 i 个神经元与隐含层第 h 个神经元之间的权值为 υ_{ih}，隐含层第 h 个神经元与输出层第 j 个神经元之间的权值为 ω_{hj}。

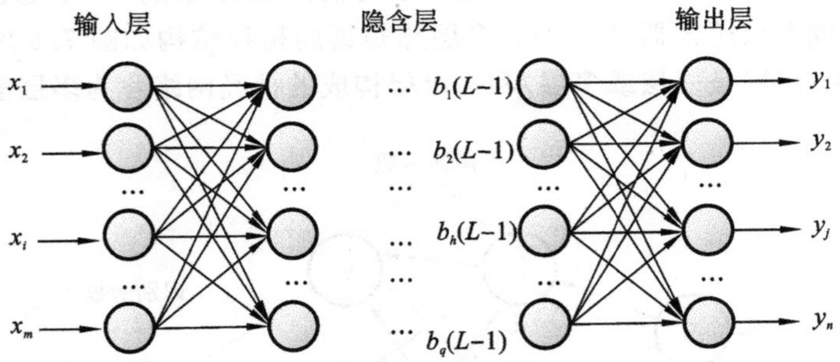

图 7.7 BP 网络算法结构

隐含层第 h 个神经元接收的输入为：$\alpha_h = \sum_{i=1}^{m} \upsilon_{ih} x_i$，

输出层第 j 个神经元接收的输入为：$\beta_j = \sum_{h=1}^{q} \omega_{hj} b_h$，其中 b_h 为隐含层第 h 个神经元的输出。

在网络训练阶段用准备好的样本数据依次通过输入层、隐含层和输出层。比较输出结果和期望值，若没有达到要求的误差程度或者训练次数，则根据输出误差自动调节权值，以达到输出要求，使网络成为具有一定适应能力的模型。

BP 网络的算法描述如下：

（1）将每一层的权值 ω_{hj} 初始化，网络的权值一般在[0,1]内。

（2）对输入数据进行预处理，提供训练样本及目标输出。输入训练样本：$X=\{x_1,x_2,\cdots,x_i,\cdots,x_m\}$。期望输出为：$Y=\{y_1,y_2,\cdots,y_i,\cdots,y_n\}$。

（3）计算各层的输出。对于第 k 层第 i 个神经元的输出 x_i^k，有

$$U_i^k=\sum_{j=1}^{n+1}W_{ij}x_i^{k-1},W_{i,(n+1)}=-\theta,x_i^k=f(U_i^k) \tag{7-5}$$

（4）求各层的学习误差 d_i^k，对于输出层 $k=m$，有

$$d_i^m=x_i^m(1-x_i^m)(x_i^m-y_i)$$

对于其他各层，有

$$d_i^k=x_i^m(1-x_i^k)\sum_i W_{ij}d_i^{k+1}$$

（5）修正权值系数 W_{ij} 和阈值 θ。$W_{ij}(t+1)=\omega_{ij}(t)-\eta d_i^k x_j^{k-1}$，其中 η 为学习速率。

（6）求出了各层各个权值系数之后，可按给定品质指标判别是否满足要求。如果满足要求，则算法结束；如果未满足要求，则返回步骤(3)执行。

2. BP 网络设计技巧

BP 网络的设计至关重要，一个设计好的网络，理论上能够逼近任何非线性映射，下面主要从以下几个方面探讨网络的设计技巧。

1）确定训练样本

训练样本应来源于研究总体的一个随机无偏样本，并且按随机、对照、重复等原则收集资料、整理资料、分析资料，保证训练结果的无偏性。训练样本含量应适宜，含量过大会造成训练速度偏慢、训练结果过分逼近训练集（或者说使该研究的外部真实性较差），使得网络的推广泛化能力降低，况且，大样本的收集大大增加了工作量；含量过小，其代表性不够，使训练结果不够可靠（或者说使该研究的内部真实性较差）。一般来说，网络的结构越复杂，所需样本越多；结构越简单，所需样本可相应减少。对于单层 BP 网络，可参照 Logistic 回归对样本含量的一般要求，当样本含量与连接权的个数比为 10∶1 时，就基本能够满足要求；多层 BP 网络的样本含量应在此基础上根据网络的复杂程度适当增加。BP 网络对输入变量无其他特别要求，无论变量是何种类型，均无须考虑变量是否具有正态性、独立性等条件，可直接分析。

2）样本的归一化处理

分析之前首先对样本进行归一化处理，目的是把样本值归一到区间[−1,1]内，此原因大致有两个：一是 BP 网络中非线性传递函数的值一般在区间[−1,1]内，因此输入及输出变量的取值都限于这个区间之内；二是为了使输入值（特别是那些比较大的输入值）均落在传递函数变化较大的区间内，这是因为 Sigmoid 函数是 S 型曲线，其函数值位于曲线中间位置时，函数值变化得最快，此时网络的训练速度最快，而在曲线两端即在函数值接近 0 和 1 时，曲线比较平缓，函数值变化速度较慢，此时训练速度也较慢。基于以上两个原因，对输入及输出变量的归一化处理，可使网络训练更加有效，提高网络的训练速度，改善网络的性能。如果输入及输出变量原本就位于[0,1]内，可不进行归一化处理。归一化处理与统计学中数据归一化处理的方式基本一致，可采取以下两种形式：

$$x_{ji}^b=x_{ji}/(x_{ji,\max}-x_{ji,\min}) \tag{7-6}$$

$$x_{ji}^{b} = x_{ji}/(x_{ji,\max}) \tag{7-7}$$

式中：x_{ji}^{b}为归一化后第 j 个样品第 i 个输入变量；x_{ji} 为原始资料第 j 个样品第 i 个输入变量；$x_{ji,\max}$与 $x_{ji,\min}$分别为原始资料第 j 个样品第 i 个输入变量的最大值和最小值。

3）BP 网络的初始化

开始训练时，首先进行网络权值的初始化，这是因为如果初始权值选择不当，则可能造成训练时间过长，误差平面陷入局部极小，甚至不收缩。所以初始权值一般取[－1,1]内的随机数，这样可保证每个神经元的权值都能够在 S 型传递函数变化梯度最大的地方进行调节。

4）输入层的设计

输入层仅设一层，输入神经元的个数与输入变量的个数相同。如果输入变量的个数无法确定，如利用 BP 网络进行危险因素的筛选，则此时可以通过修剪算法来确定输入变量的个数。

5）隐含层的设计

隐含层的设计主要考虑如下几个问题。

一是隐含层的层数，一般来说，一个三层 BP 网络就可以完成任意的 n 维到 m 维的映射，因此对于任何在闭区间内的连续函数都可以用单隐含层的 BP 网络逼近，故一般情况下，采用单隐含层的网络就可满足要求。

二是隐单元的个数，隐单元的数目与资料的特点、输入输出单元的数目都有关系。隐单元数目太多，网络存在太多冗余性，增加网络训练负担，导致训练时间过长，误差不一定最佳，也会导致容错性差，网络的推广、泛化能力较差，不能识别以前没有见过的样本；隐单元数目过少，网络不收敛，达不到训练目标，因此存在一个最佳的隐单元数。隐单元数的确定比较复杂，至今没有一个理想的固定公式来解决，往往根据设计者的经验和多次试验来确定。本书建议初学者可采取类似统计学中建立“最优”回归方程中逐步向前法和向后法的方式来确定隐单元数。该方法大致过程如下。

先根据以下公式确定一个隐单元数的范围：

$$\sum_{i=0}^{n} C_{n_1}^{i} > k \tag{7-8}$$

$$n_1 = \sqrt{n+m} + a \tag{7-9}$$

$$n_1 = \log_2 n \tag{7-10}$$

式(7-8)至式(7-10)中：n 为输入单元数；k 为样本数；n_1 为隐节点数；i 为隐单元层数；m 为输出节点数；a 为[1,10]内的常数。

然后放入足够多的隐单元，通过训练将那些不起作用的隐单元逐步剔除，直到不收缩为止（此即修剪算法）；或者在开始时放入比较少的隐单元，训练到一定的次数后，如果未达到训练目标则再增加隐单元的数目，直到达到比较合理的数目为止。

6）输出层的设计

输出层仅有一层，输出层神经元的个数根据所希望得出的预测变量分类数目 m 确定，一般定为 $\log_2 m$。如果仅需要输出一个变量，就设计一个神经元；如果需要输出多个变量，可设计 m 或者 $\log_2 m$ 个输出单元；对于二分类的分类器，只需要一个输出单元（令$\log_2 m=1$）便可。这是神经网络区别于其他多因素统计方法的一个特点，如 Logistic 回归方程如果要得到多个类别的反应变量，则需要建立多个回归方程，而应用一个神经网络就能解决此类问题。

7.2.3 径向基函数神经网络

1985 年，Powell 提出了多变量插值的径向基函数（RBF）方法。1988 年，Broomhead 和 Lowe 则率先将径向基函数神经网络引入神经网络领域中。

RBF 网络的基本思想是：用径向基函数作为网络唯一隐含层的隐含节点并构造隐含层空间，从而将低维的输入向量映射到高维空间，使得在低维空间中线性不可分的问题在高维空间中线性可分。

RBF 网络能够逼近任意的非线性函数，可以处理系统内的难以解析的规律性，具有良好的泛化能力，并有很快的学习收敛速度，已成功应用于非线性函数逼近、时间序列分析、数据分类、模式识别、信号处理、图像处理、系统建模、控制和故障诊断等。

径向基函数神经网络的结构如图 7.8 所示。这里隐含层的传递函数选择最广泛应用的高斯函数，第 j 个隐含层神经元在输入变量 x_k 时的输出为

$$\phi_j(x_k) = \mathrm{e}^{-\frac{\| x-c_j \|^2}{2\sigma_j^2}} \tag{7-11}$$

式中：c_j 为第 j 个隐含层神经元的中心；σ_j 为高斯函数的标准差；$\| x-c_j \|$ 为 x_k 与 c_j 之间的欧几里得范数。

其输出层第 k 个节点的关于 x 的输出 y_k 为

$$y_k = \sum_{j=1}^{n} \theta_{kj}\phi_j(x) + \theta_{k0} = \sum_{j=1}^{n} \theta_{kj}\,\mathrm{e}^{-\frac{\| x-c_j \|^2}{2\sigma_j^2}} + \theta_{k0} \tag{7-12}$$

式中：x 为输入变量；θ_{kj} 为第 j 个隐含层神经元到第 k 个输出层神经元的权值。

整个 RBF 神经网络的性能取决于径向基函数的中心和权值的选择。

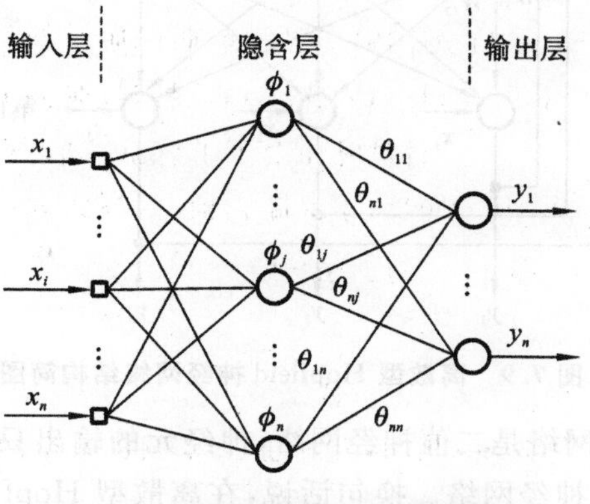

图 7.8 径向基函数神经网络结构

7.3 反馈型神经网络

反馈型神经网络（feedback neural network）是一种反馈动力学系统，也被称作回归网络。在反馈型神经网络模型中，网络的输入信号决定了整个反馈系统的初始状态，网络模型会通过一系列的状态转换逐渐达到内部的收敛平衡状态，这种平衡状态即反馈型神经网络

的计算输出，它也是网络模型稳定性的表现。在反馈型神经网络模型中，稳定性是非常重要的特征。目前常见的传统反馈型神经网络主要包括 Hopfield 神经网络、Elman 神经网络，以及海明神经网络、双向联想存储器网络等。本小节主要介绍 Hopfield 神经网络与 Elman 神经网络。

值得说明的是，深度学习中的递归神经网络和循环神经网络都属于反馈型神经网络。

7.3.1 Hopfield 神经网络

Hopfield 神经网络是由生物物理学家 J. Hopfield 等于 1982 年提出的典型的反馈型神经网络，并且，他们利用 Hopfield 神经网络成功地探讨了旅行商问题(traveling salesman problem，TSP)的求解方法。Hopfield 神经网络结构中，从输出到输入有反馈连接。

Hopfield 神经网络分为离散型 Hopfield 神经网络(discrete Hopfield neural network，DHNN)和连续型 Hopfield 神经网络(continuous Hopfield neural network，CHNN)。

1. 离散型 Hopfield 神经网络

DHNN 的特点是任一神经元的输出 y_i 均通过链接权 W_{ij} 反馈至所有神经元 x_j 作为输入，目的是让输出能够受到所有神经元的输出的控制，从而使得各个神经元的输出相互制约。每个神经元均设有一个阈值 T_j，以反映对输入噪声的控制。DHNN 可简记为 $N=(W,T)$，图 7.9 所示为离散型 Hopfield 神经网络结构简图。

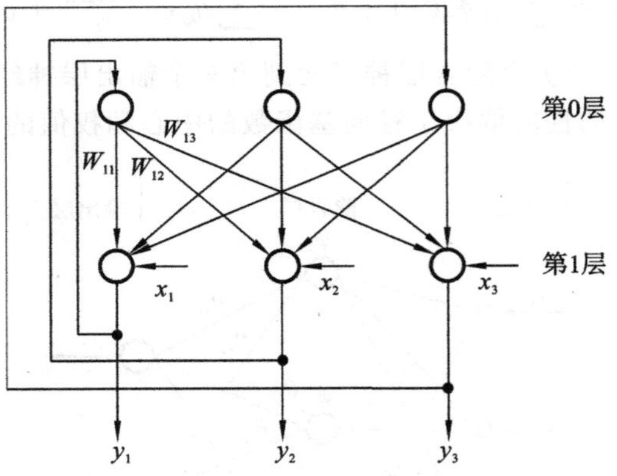

图 7.9　离散型 Hopfield 神经网络结构简图

Hopfield 最早提出的网络是二值神经网络，神经元的输出只取 1 和 0 这两个值，因此，也称其为离散型 Hopfield 神经网络。换句话说，在离散型 Hopfield 神经网络中，所采用的神经元是二值神经元，故所输出的离散值 1 和 0 分别表示神经元处于激活和抑制状态。

首先考虑由三个神经元组成的离散型 Hopfield 神经网络，其结构如图 7.9 所示。在图 7.9中，第 0 层仅仅作为网络的输入，它不是实际神经元，所以无计算功能；而第一层是实际神经元，执行对输入信息和权系数乘积求累加和，并由非线性函数 f 处理后产生输出信息。f 是一个简单的阈值函效，如果神经元的输出信息大于阈值 θ，那么，神经元的输出就取值为 1；如果小于阈值 θ，则神经元的输出就取值为 0。

对于二值神经元，它的计算公式如下：

$$U_j = \sum_i W_{ij} y_i + x_i \tag{7-13}$$

式中：x_i 为外部输入。并且有

当 $U_j \geqslant \theta_i$ 时，$y_i = 1$；当 $U_j < \theta_i$ 时，$y_i = 0$。

对于一个离散型 Hopfield 网络，其网络状态是输出神经元信息的集合。对于一个输出是 n 层神经元的网络，则其 t 时刻的状态为一个 n 维向量：

$$\boldsymbol{Y}(t) = [y_1(t), y_2(t), \cdots, y_j(t), \cdots, y_n(t)] \tag{7-14}$$

故网络状态有 2^n 种状态，因为 $y_j(t)(j=1,2,\cdots,n)$ 均可以取值为 1 或 0。也就是说，n 维向量 $\boldsymbol{Y}(t)$ 有 2^n 种状态。

对于三个神经元的离散型 Hopfield 网络，它的输出层就是三位二进制数；每一个三位二进制数就是一种网络状态，从而共有 8 种网络状态。这些网络状态如图 7.10 所示。在图 7.10 中，立方体的每一个顶角表示一种网络状态。同理，对于 n 个神经元的输出层，它有 2^n 种网络状态，也和一个 n 维超立方体的顶角相对应。

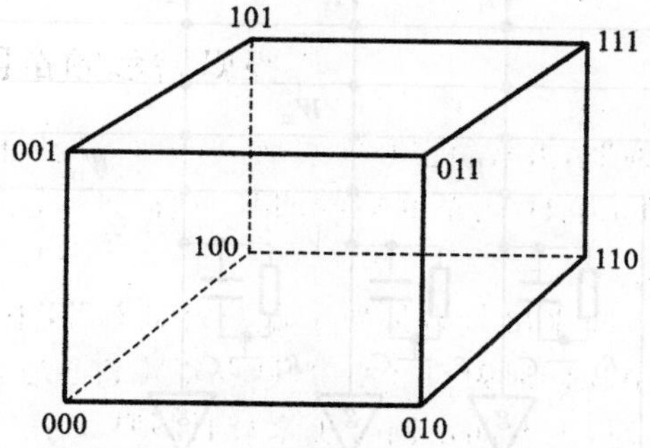

图 7.10　三个神经元输出层的网络状态

2. 连续型 Hopfield 神经网络

连续型 Hopfield 神经网络的拓扑结构和离散型 Hopfield 神经网络的结构相同。这种拓扑结构和生物的神经系统中大量存在的神经反馈回路是相一致的。在连续型 Hopfield 神经网络中，和离散 Hopfield 网络一样，其稳定条件也要求 $W_{ij} = W_{ji}$。

连续型 Hopfield 神经网络和离散型 Hopfield 神经网络不同的地方在于其函数 g 不是阶跃函数，而是 S 型的连续函数。一般取

$$g(u) = \frac{1}{1+e^{-u}} \tag{7-15}$$

Hopfield 网络用模拟电路实现的神经元节点如图 7.11 所示。图 7.11 中，电阻 R_i 和电容 C_j 并联，模拟生物神经元的延时特性，电阻 $R_{ij}(j=1,2,\cdots,n)$ 模拟突触特征，偏置电流 I_j 相当于阈值，运算放大器模拟神经元的非线性饱和特性。

设模型中放大器为理想放大器，其输入端无电流输入，则第 i 个放大器的输入方程为

$$C_i \frac{\mathrm{d}U_i}{\mathrm{d}t} = -\frac{U_i}{R_{i0}} + \sum_{j=1}^{n} W_{ij}(V_i - U_i) + I_i \tag{7-16}$$

$$W_{ij} = \frac{1}{R_{ij}} \tag{7-17}$$

连续型 Hopfield 神经网络在时间上是连续的，因此，网络中各神经元是处于同步方式

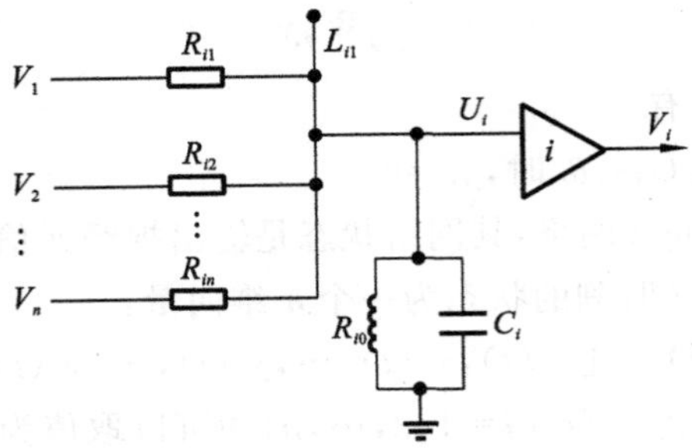

图 7.11　Hopfield 网络模拟神经节点图

工作的。考虑对于某神经细胞，即神经元 i，其内部膜电位状态用 U_i 表示。细胞膜输入电容为 C_i，细胞膜的传递电阻为 R_i，输出电压为 V_i，外部输入电流用 I_i 表示，则连续型 Hopfield 神经网络可用图 7.12 所示的电路表示。

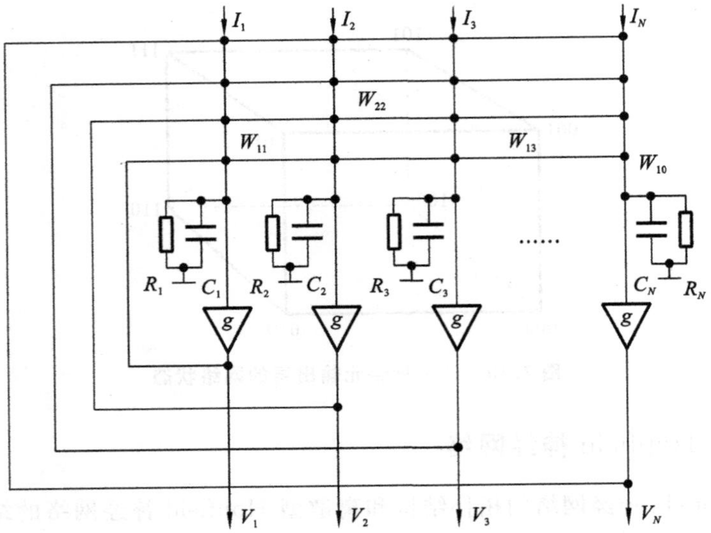

图 7.12　连续型 Hopfield 神经网络的电路形式

设：

$$\frac{1}{R_i}=\frac{1}{R_{i0}}+\sum_{j=1}^{n}W_{ij} \tag{7-18}$$

则有

$$\begin{cases}C_i\dfrac{\mathrm{d}U_i}{\mathrm{d}t}=-\dfrac{U_i}{R_{i0}}+\displaystyle\sum_{j=1}^{n}W_{ij}V_i+I_i\\V_i=f(U_i)\end{cases} \tag{7-19}$$

一般有

$$U=x,V=y,R_iC_i=\tau,I/C=\theta \tag{7-20}$$

$$\begin{cases}C_i\dfrac{\mathrm{d}x_i}{\mathrm{d}t}=-\dfrac{1}{\tau}x_i+\dfrac{1}{C_i}\displaystyle\sum_{j=1}W_{ij}y_i+\theta_i\\y_i=f(x_i)\end{cases} \tag{7-21}$$

能量函数定义为

$$E=-\frac{1}{2}\sum_{i=1}^{n}\sum_{j=1}^{n}W_{ij}V_iV_j-\sum_{i=1}^{n}V_iI_i+\sum_{i=1}^{n}\frac{1}{R_i}\int_0^{V_i}f^{-1}(V)\mathrm{d}v \tag{7-22}$$

则

$$\frac{\mathrm{d}E}{\mathrm{d}t}=\sum_i\frac{\partial E}{\partial V}\frac{\mathrm{d}V_i}{\mathrm{d}t} \tag{7-23}$$

其中：

$$\frac{\partial E}{\partial V_i}=-\frac{1}{2}\sum_{j=1}W_{ij}V_j-\frac{1}{2}\sum_{j=1}W_{ji}V_j-I_i+\frac{1}{R_i}U_i \tag{7-24}$$

由于 $W_{ij}=W_{ji}$，有

$$\frac{\partial E}{\partial V_i}=-\sum_{j=1}W_{ij}V_j-I_i+\frac{1}{R_i}U_i \tag{7-25}$$

由连续型 Hopfield 神经网络动力学方程，可得

$$\frac{\partial E}{\partial V_i}=-C_i\frac{\mathrm{d}U_i}{\mathrm{d}t}=-C_i\frac{\mathrm{d}U_i}{\mathrm{d}V_i}=-C_i\left(\frac{\mathrm{d}V}{\mathrm{d}t}\right)\frac{\mathrm{d}}{\mathrm{d}V_i}f^{-1}(V_i) \tag{7-26}$$

将式(7-26)代入式(7-23)，可得

$$\frac{\mathrm{d}E}{\mathrm{d}t}=\sum_j C_i\left(\frac{\mathrm{d}V_i}{\mathrm{d}t}\right)^2 f^{-1}(V_i) \tag{7-27}$$

因为 $C_i>0$，$f(u)$ 单调递增，故 $f^{-1}(u)$ 也单调递增，可得

$$\frac{\mathrm{d}E}{\mathrm{d}t}\leqslant 0$$

当且仅当 $\frac{\mathrm{d}V_i}{\mathrm{d}t}=0$ 时，$\frac{\mathrm{d}E}{\mathrm{d}t}=0$。

连续型 Hopfield 神经网络是渐进稳定的，随着时间的推移，网络的状态向 E(能量函数)减小的方向运动，其稳定平衡状态就是 E 的极小点。

3. Hopfield 神经网络的运行规则

神经元网络主要有两种运行方式：一种是学习运行方式，即通过学习调整连接权的值来达到模式记忆与识别的目的；另一种就是即将要介绍的 Hopfield 神经网络所采用的运行方式。

在 Hopfield 神经网络中，各连接权的值主要是设计出来的，而不是通过网络运行学到的，网络的学习过程只能对它进行微小的调整，因此连接权的值在网络运行过程中是基本固定的。网络的运行只是按一定的规则计算来更新网络的状态，以求达到网络的一种稳定状态，如果将这种稳定状态设计在网络能量函数极小值的点上，那么，就可以用这种网络来记忆一些需要记忆的模式或得到某些问题的最优解。

Hopfield 神经网络运行步骤主要有以下几步：

(1) 从网络中随机选出一个神经元 i；

(2) 求出神经元 i 的所有输入的加权总和；

(3) 计算神经元 i 在第 $t+1$ 时刻的输出值，即 $U_i(t+1)$；

(4) U_i 以外的所有输出值保持不变，即 $U_i(t+1)=U_i(t)$；

(5) 返回到第(1)步，直到网络进入稳定状态。

Hopfield 神经网络的收敛条件如下。

(1) 网络的连接权矩阵无法自连接并具有对称性：

$$W_{ii}=0 \quad (i=1,2,\cdots,n) \tag{7-28}$$

$$W_{ij}=W_{ji} \quad (j=1,2,\cdots,n) \tag{7-29}$$

(2) 网络中各个神经元以非同步或串行方式，根据运行规则改变其状态；当某个神经元改变状态时，其他所有神经元保持状态不变。

当 Hopfield 神经网络的神经元传递函数 g（如 Sigmoid 函数）是连续且有界的，并且网络的连接权矩阵对称，则这个连续型 Hopfield 神经网络是稳定的。在实际应用中，任何一个系统，如果其优化问题可以用能量函数 E 作为目标函数，那么，总可以用连续型 Hopfield 神经网络对其进行求解。换句话说，由于引入能量函数 E，因此 Hopfield 使神经网络和问题优化直接对应：利用神经网络进行优化计算，就是从神经网络这一动力系统给出初始的估计点（即初始条件）开始，随着网络的运动传递而找到相应极小点。这样，大量的优化问题都可以用连续型 Hopfield 神经网络来求解。这也是 Hopfield 网络用于神经计算的基本原因。

7.3.2 Elman 神经网络

Elman 神经网络是 J. L. Elman 于 1990 年首先针对语音处理问题而提出来的神经网络模型，它是一种典型的局部回归网络（global feedforward local recurrent network）。Elman 神经网络可以看作一个具有局部记忆单元和局部反馈连接的前馈神经网络。

Elman 神经网络具有与多层前馈型神经网络相似的多层结构。它的主要结构是前馈连接，包括输入层、隐含层、承接层、输出层，如图 7.13 所示。输入层单元起信号传输的作用，输出层单元起线性加权作用，隐含层单元的传递函数可采用线性或非线性函数，其连接权可以进行学习修正；承接层由一组“结构”单元构成，用来记忆前一时刻的输出值，其连接权值是固定的。承接层从隐含层接收反馈信号，用来记忆隐含层神经元前一时刻的输出值，承接层神经元的输出经延迟与存储，再输入隐含层。这样就使其对历史数据具有敏感性，增加了网络自身处理动态信息的能力。隐含层的传递函数仍为某种非线性函数，一般为 Sigmoid 函数，输出层的传递函数为线性函数，承接层的传递函数也为线性函数。

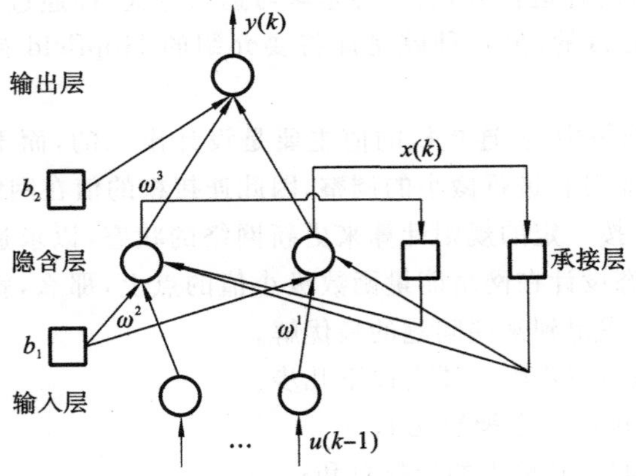

图 7.13　Elman 神经网络结构

Elman 神经网络的非线性状态空间表达式为

$$y(k)=g(\omega^3 x(k)) \tag{7-30}$$

$$x_c(k)=x(k-1) \tag{7-31}$$

$$x(k)=f(\omega^1 x_c(k)+\omega^2 u(k-1)) \tag{7-32}$$

式(7-30)至式(7-32)中：y、x、u、x_c 分别表示输出节点变量、中间节点变量、输入节点变量和反馈状态变量；ω^1、ω^2、ω^3 分别表示承接层到隐含层、输入层到隐含层、隐含层到输出层神经元的连接权值；g 为输出神经元的传递函数；f 为隐含层神经元的传递函数。

Elman 神经网络学习指标函数可以采用误差平方函数：

$$E(\omega) = \sum_{k=1}^{n} [yk(\omega) - y\bar{k}(\omega)]^2 \tag{7-33}$$

式中：$yk(\omega)$ 为实际输出变量；$y\bar{k}(\omega)$ 为目标输出变量。

Elman 神经网络学习算法流程图如图 7.14 所示。可看出，对网络本身的运行而言，增加了承接层的作用，相应地，承接层与中间层的权值也增强了，从而提高了网络的动态性能和学习效率。

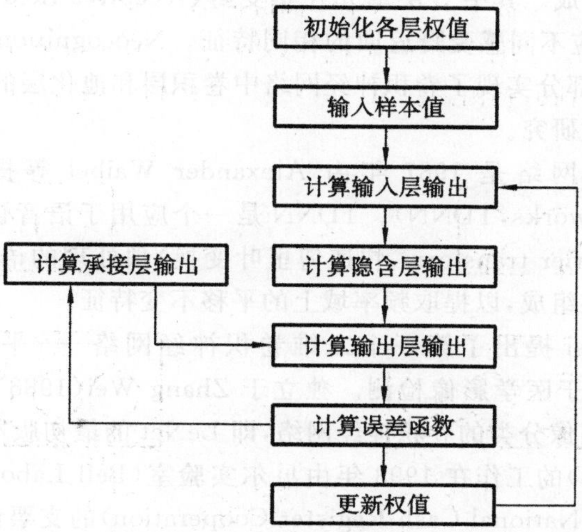

图 7.14　Elman 神经网络学习算法流程图

在实际的应用中，利用 Elman 神经网络及其改进的神经网络建立的网络模型，对具有非线性时间序列特征的其他应用领域都具有较好的应用前景。它具有较强的鲁棒性、良好的泛化能力、较强的通用性和客观性，充分显示出神经网络方法的优越性和合理性。这种神经网络在其他领域预测和评价方面的使用将具有较好的实际应用价值。

7.4　卷积神经网络

卷积神经网络(CNN)是一类包含卷积计算且具有深度结构的前馈神经网络，是深度学习(DL)的代表算法之一。

7.4.1　卷积神经网络发展历史

卷积神经网络属于前面介绍的前馈神经网络之一，它对于图形图像的处理有着独特的效果，在结构上至少包括卷积层(convolutional layer)和池化层(pooling layer)。卷积神经网络是最近几年不断发展的深度学习网络，被学术界重视，并广泛应用于各企业，代表性的卷积神经网络有 LeNet-5、VGG、AlexNet 等。

目前卷积神经网络主要应用于影像中物体检测和识别、视频理解，除此之外，卷积神经网络还被应用于自然语言处理。实践证明，卷积神经网络可以有效地应用于自然语言处理中的语义分析、句子建模、分类等。同时，卷积神经网络还被应用于计算机围棋领域。例如，在 2016 年 3 月 AlphaGo 对战李世石的围棋比赛中，展示了包含卷积神经网络的深度学习在围棋领域的重大突破。

对卷积神经网络的研究可追溯至日本学者福岛邦彦（Kunihiko Fukushima）提出的 Neocognition 模型。在其 1979 和 1980 年发表的论文中，福岛仿造生物的视觉皮层（visual cortex）设计了以“Neocognition”命名的神经网络。Neocognition 是一个具有深度结构的神经网络，并且是最早被提出的深度学习算法之一，其隐含层由 S 层（simple-layer）和 C 层（complex-layer）交替构成。其中 S 层单元在感受野（receptive field）内对图像特征进行提取，C 层单元接收和响应不同感受野返回的相同特征。Neocognition 的 S 层-C 层组合能够进行特征提取和筛选，部分实现了卷积神经网络中卷积层和池化层的功能，被认为是启发了卷积神经网络的开创性研究。

第一个卷积神经网络是 1987 年由 Alexander Waibel 等提出的时间延迟网络（time-delay neural networks，TDNN）。TDNN 是一个应用于语音识别问题的卷积神经网络，使用 FFT（fast Fourier transform，快速傅里叶变换）预处理的语音信号作为输入，其隐含层由 2 个一维卷积核组成，以提取频率域上的平移不变特征。

1988 年，Zhang Wei 提出了第一个二维卷积神经网络——平移不变人工神经网络（SIANN），并将其应用于医学影像检测。独立于 Zhang Wei（1988），Yann LeCun 在 1989 年同样构建了应用于图像分类的卷积神经网络，即 LeNet 的最初版本。

Yann LeCun（1989）的工作在 1993 年由贝尔实验室（Bell Laboratories）完成代码开发并被大量部署于 NCR（National Cash Register Cooperation）的支票读取系统。

在 LeNet 的基础上，1998 年，Yann LeCun 及其合作者构建了更加完备的卷积神经网络 LeNet-5，并在手写数字的识别问题中取得成功。LeNet-5 沿用了 Yann LeCun（1989）的学习策略并在原有设计中加入了池化层，对输入特征进行筛选。

2006 年后，随着深度学习理论的完善，尤其是逐层学习和参数微调（fine-tuning）技术的出现，卷积神经网络开始快速发展，在结构上不断加深，各类学习和优化理论得以引入。自 2012 年的 AlexNet 开始，各类卷积神经网络多次成为 ImageNet 竞赛的优胜算法，包括 2013 年的 ZFNet，2014 年的 VGGNet、GoogLeNet，以及 2015 年的 ResNet。

7.4.2 基本概念和基本网络结构

如图 7.15 所示，典型的卷积神经网络主要由输入层、卷积层、下采样层（池化层）、全连接层和输出层（分类器层）组成。

1. 卷积层

卷积层由多个特征面（FeatureMap）组成，每个特征面由多个神经元组成，它的每一个神经元通过卷积核与上一层特征面的局部区域相连。卷积核是一个权值矩阵（如对于二维图像而言可为 3×3 或 5×5 矩阵）。CNN 的卷积层通过卷积操作提取输入的不同特征，第一层卷积层提取低级特征（如边缘、线条、角落），更高层的卷积层提取更高级的特征。

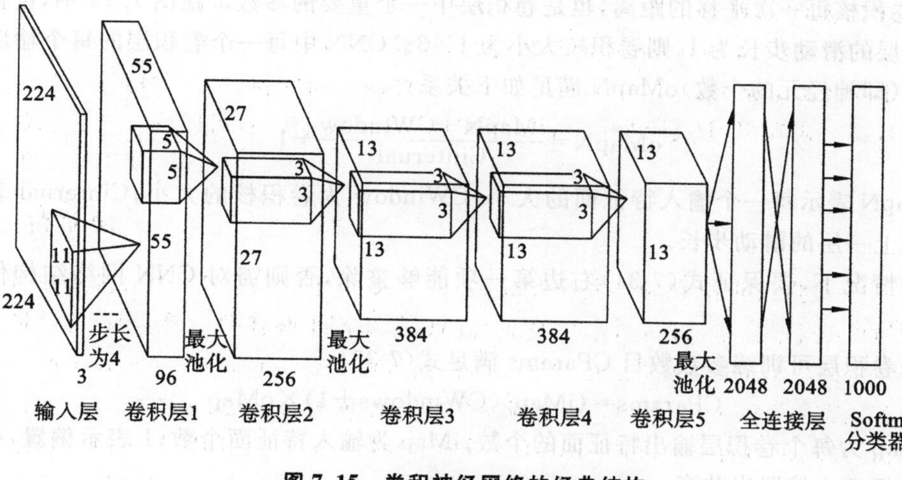

图 7.15　卷积神经网络的经典结构

为了能够更好地理解 CNN，下面以一维 CNN(1D CNN)为例，二维和三维 CNN 可依此进行拓展。图 7.16 所示为一维 CNN 的卷积层和池化层结构示意图，最顶层为池化层，中间层为卷积层，最底层为卷积层的输入层。

由图 7.16 可看出，卷积层的神经元被组织到各个特征面中，每个神经元通过一组权值连接到上一层特征面的局部区域，即卷积层中的神经元与其输入层中的特征面进行局部连接。然后，将该局部加权和传递给一个非线性函数(如 ReLU 函数)，即可获得卷积层中每个神经元的输出值。在同一个输入特征面和同一个输出特征面中，CNN 的权值共享。如图 7.16 所示，权值共享发生在同一种颜色当中，不同颜色权值不共享。权值共享可以降低模型复杂度，使得网络更易于训练。以图 7.16 中卷积层的输出特征面 1 和其输入层的输入特征面 1 为例。

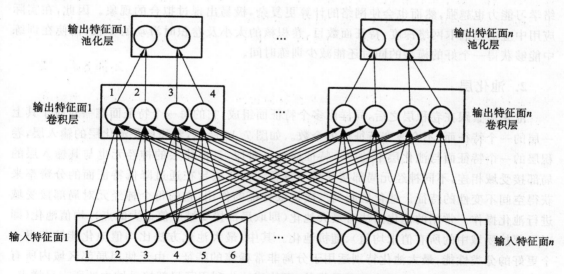

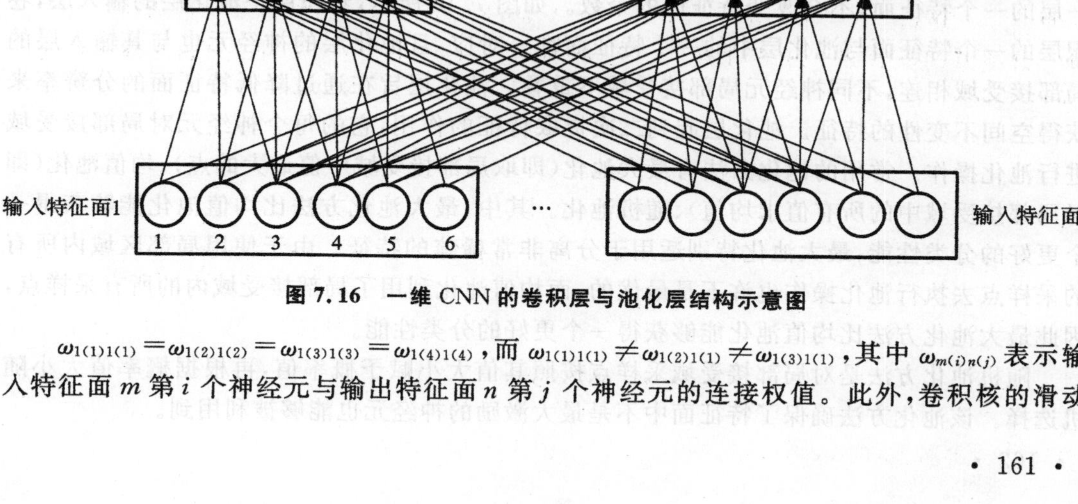

图 7.16　一维 CNN 的卷积层与池化层结构示意图

$\omega_{1(1)1(1)}=\omega_{1(2)1(2)}=\omega_{1(3)1(3)}=\omega_{1(4)1(4)}$，而 $\omega_{1(1)1(1)}\neq\omega_{1(2)1(1)}\neq\omega_{1(3)1(1)}$，其中 $\omega_{m(i)n(j)}$ 表示输入特征面 m 第 i 个神经元与输出特征面 n 第 j 个神经元的连接权值。此外，卷积核的滑动

步长，即卷积核每一次平移的距离，也是卷积层中一个重要的参数。在图 7.16 中，设置卷积核在上一层的滑动步长为 1，则卷积核大小为 1×3。CNN 中每一个卷积层的每个输出特征面的大小(即神经元的个数)oMapN 满足如下关系：

$$\mathrm{oMapN}=\frac{\mathrm{iMapN}-\mathrm{CWindow}}{\mathrm{Cinterual}}+1 \tag{7-34}$$

式中：iMapN 表示每一个输入特征面的大小；CWindow 为卷积核的大小；Cinterual 表示卷积核在其上一层的滑动步长。

通常情况下，要保证式(7-34)右边第一项能够整除，否则需对 CNN 网络结构作额外处理。

每个卷积层可训练参数数目 CParams 满足式(7-35)：

$$\mathrm{CParams}=(\mathrm{iMap}\times\mathrm{CWindows}+1)\times\mathrm{oMap} \tag{7-35}$$

式中：oMap 为每个卷积层输出特征面的个数；iMap 为输入特征面个数；1 表示偏置，在同一个输出特征面中偏置也共享。

假设卷积层中输出特征面 n 第 k 个神经元的输出值为 x_{nk}^{out}，而 x_{mh}^{in} 表示其输入特征面 m 第 h 个神经元的输出值，以图 7.16 为例，则

$$x_{nk}^{\mathrm{out}}=f_{\mathrm{cov}}(x_{1h}^{\mathrm{in}}\times x_{1(h+1)}^{\mathrm{in}}\times\omega_{1(jh+1)n(k)}+x_{1(h+2)}^{\mathrm{in}}\times\omega_{1(h+2)n(k)}+\cdots+b_n) \tag{7-36}$$

式中：b_n 为输出特征面 n 的偏置值；f_{cov} 为非线性激励函数。

在传统的 CNN 中，激励函数一般使用饱和非线性函数，如 Sigmoid 函数、Tanh 函数等。相比较于饱和非线性函数，不饱和非线性函数能够解决梯度爆炸、梯度消失问题，同时也能够加快收敛速度。Jarreett 等人研究了卷积网络中不同的纠正非线性函数，通过实验发现它们能够显著提升卷积网络的性能，Nair 等人也验证了这一结论。因此，在目前的 CNN 结构中，常用不饱和非线性函数作为卷积层的激励函数，如 ReLU 函数。

在 CNN 结构中，深度越深、特征面数目越多，则网络能够表示的特征空间也就越大，网络学习能力也越强，然而也会使网络的计算更复杂，极易出现过拟合的现象。因此，在实际应用中应适当选取网络深度、特征面数目、卷积核的大小及卷积时滑动的步长，以使在训练中能够获得一个好的模型的同时还能减少训练时间。

2. 池化层

池化层紧跟在卷积层之后，同样由多个特征面组成，它的每一个特征面唯一对应于其上一层的一个特征面，不会改变特征面的个数。如图 7.16 所示，卷积层是池化层的输入层，卷积层的一个特征面与池化层中的一个特征面唯一对应，且池化层的神经元也与其输入层的局部接受域相连，不同神经元局部接受域不重叠。池化层旨在通过降低特征面的分辨率来获得空间不变性的特征。池化层起到二次提取特征的作用，它的每个神经元对局部接受域进行池化操作。常用的池化方法有最大池化(即取局部接受域中值最大的点)、均值池化(即对局部接受域中的所有值求均值)、随机池化。其中，最大池化方法比均值池化能够获得一个更好的分类性能，最大池化特别适用于分离非常稀疏的特征。由于使用局部区域内所有的采样点去执行池化操作也许不是最优的，而均值池化利用了局部接受域内的所有采样点，因此最大池化方法比均值池化能够获得一个更好的分类性能。

随机池化方法是对局部接受域采样点按照其值大小赋予概率值，再根据概率值大小随机选择。该池化方法确保了特征面中不是最大激励的神经元也能够被利用到。

随机池化具有最大池化的优点，同时由于随机性，它能够避免过拟合。此外，还有混合池化、空间金字塔池化、频谱池化等池化方法。在通常所采用的池化方法中，池化层的同一个特征面不同神经元与上一层的局部接受域不重叠，当然也可以采用重叠池化的方法。所谓重叠池化方法，就是相邻的池化窗口间有重叠区域。

3. 全连接层

在 CNN 结构中，经多个卷积层和池化层后，连接着一个或一个以上的全连接层。与 MLP 类似，全连接层中的每个神经元与其前一层的所有神经元进行全连接。全连接层可以整合卷积层或者池化层中具有类别区分性的局部信息。为了提升 CNN 网络性能，全连接层中每个神经元的激励函数一般采用 ReLU 函数。最后一层全连接层的输出值被传递给一个输出层，可以采 Softmax 回归进行分类，该层也可称为 Softmax 分类器层。对于一个具体的分类任务，选择一个合适的损失函数是十分重要的，Gu 等人介绍了 CNN 几种常用的损失函数并分析了它们各自的特点。通常，CNN 的全连接层与 MLP 结构一样，CNN 的训练算法也多采用 BP 算法。

4. 特征面

特征面数目作为 CNN 的一个重要参数，通常是根据实际应用进行设置的。如果特征面个数过少，可能会使一些有利于网络学习的特征被忽略掉，从而不利于网络的学习；但是如果特征面个数过多，可训练参数个数及网络训练时间也会增加，这同样不利于网络模型的学习。目前，对于 CNN 网络，特征面数目的设定通常采用的是人工设置方法，然后进行实验并观察所得训练模型的分类性能，最终根据网络训练时间和分类性能来选取特征面数目。

Chuo 等人提出了一种理论方法以用于确定最佳的特征面数目，然而该方法仅对极小的接受域有效，不能够推广到任意大小的接受域。该方法通过实验发现：与每层特征面数目均相同的 CNN 结构相比，金字塔架构（该网络结构的特征面数目按倍数增加）能更有效利用计算资源。

7.4.3 卷积神经网络的工作原理

卷积神经网络的工作原理分为网络模型定义、网络训练和网络的预测三个部分。

1. 网络模型定义

网络模型的定义需要根据具体应用的数据量及数据本身的特点，设计网络深度、网络每一层的功能，以及网络中的超参数，如 λ、η 等。针对卷积神经网络的模型设计有不少的研究，比如研究模型深度、卷积的步长、激励函数等方面。此外，针对网络中的超参数选择，也存在一些有效的经验总结。但目前针对网络模型的理论分析和量化研究还比较匮乏。

2. 网络训练

卷积神经网络可以通过残差的反向传播对网络中的参数进行训练。但是，网络训练中的过拟合及梯度的消失与爆炸等问题极大影响了训练的收敛性能。针对网络训练的问题，一些有效的改善方法被提出，包括：基于高斯分布的随机初始化网络参数；利用经过预训练的网络参数进行初始化；对卷积神经网络不同层的参数进行相互独立同分布的初始化。根据近期的研究趋势，卷积神经网络的模型规模正在迅速增大，而更加复杂的网络模型也对相应的训练策略提出了更高的要求。

3. 网络的预测

卷积神经网络的预测过程就是通过对输入数据进行前向传导，在各个层次上输出特征图，最后利用全连接网络输出基于输入数据的条件概率分布的过程。近期的研究表明，经过前向传导的卷积神经网络高层特征具有很强的判别能力和泛化性能；而且，通过迁移学习，这些特征可以被应用到更加广泛的领域。这一研究成果对于扩展卷积神经网络的应用领域具有重要的意义。

7.4.4 卷积神经网络的应用

随着网络性能的提升和迁移学习方法的使用，卷积神经网络的相关应用也逐渐向复杂化和多元化发展。

1. 图像分类

近年来，卷积神经网络已广泛应用于图像处理领域。利用机器学习的方法，计算机能够识别图像中的内容。模式识别中的一个主要领域是图像识别，主要涉及字符识别、人脸识别、物体识别等。在图像识别中，手写数字识别和人脸识别是被研究得比较多的领域。手写数字识别可以被用于自动读取银行支票信息、信封上的邮政编码和一些文档中的数据等。

2. 语音识别

Hamid 等人结合隐马尔科夫模型建立了基于卷积神经网络的语音识别模型，并在标准语音数据库上进行实验，实验结果显示该模型的正确率相对于具有相同隐含层数和权值的常规神经网络模型提高了 10%，表明卷积神经网络模型能够更好地应用于语音识别。

3. 目标检测

运动目标检测是视频监控的基本预处理步骤之一，通常是利用机器视觉等技术将目标从背景中分离出来。在一个实用的计算机视觉系统中跟踪目标的初始状态一般由目标检测结果给出，同时为语义层分析任务提供所需要的运动信息。因此，目标检测是高层理解与应用的基础任务，其性能的好坏将直接影响目标跟踪、动作识别，以及行为理解等后续任务的性能。按照算法处理对象的不同，目标检测大致可以分为基于背景建模的目标检测方法和基于前景建模的目标检测方法两大类。其中，基于背景建模的方法通过建立背景模型与时间的关联关系，间接地分离出运动前景，最后经过前景分割得到目标；基于前景目标建模的方法则是通过建立目标的表观模型，设计出适当的分类器，来实现对视频中的目标进行分类和检测。

第 7 章应用案例

第 4 篇

计 算 智 能

第8章 遗传算法

8.1 概 述

19世纪中期，达尔文提出了关于生物进化机理的一种学说：自然选择学说。达尔文认为，生物普遍都能发生遗传和变异，而生物又有过度繁殖的倾向，由于食物和空间有限，必然发生生物与生物之间、生物与周围环境条件之间的生存斗争；在生存斗争中，那些具有有害变异的个体容易死亡，那些具有有利变异的个体容易生存下来并繁殖后代。他把有利变异的保存和有害变异的淘汰叫作自然选择。进化使得生物能够更好地适应自然环境，复杂的生物就是由简单的生物经历了漫长的岁月后逐渐进化而来。虽然进化的结果非常复杂，但进化的过程却很简单：繁殖、变异、竞争、选择。

大自然是人类最好的老师，正是在大自然的启示下，一些学者希望通过模拟自然界的生物进化过程来解决实际问题，这就导致了遗传算法(genetic algorithm，GA)的诞生。遗传算法是一种通用的问题求解方法，它采用某种编码技术来表示各种复杂的结构，并将每个编码称为一个个体。算法维持一个一定数目的编码集合，称为种群，并通过对种群中的每个个体进行某些遗传操作来模拟进化过程。遗传算法是从一组随机生成的初始个体出发，经过选择、交叉、变异等操作，并根据适应度的大小进行个体的优胜劣汰，提高新一代群体的质量，再经过反复多次迭代，逐步逼近最优解。从数学的角度讲，遗传算法实质上是一种搜索寻优的方法。

8.1.1 遗传算法中的一些术语

由于遗传算法是自然遗传科学和计算机科学相互结合、渗透而形成的新的计算方法，因此遗传算法中经常使用自然进化中有关的一些基本术语。了解这些用语对于讨论和运用遗传算法是十分必要的。本节将介绍的有关遗传算法的基本术语包括：个体、种群、代、父辈和子辈、多样性、适应度函数、适应度值和最佳适应度值。

1. 个体

一个个体是可以施加在适应度函数上的任意一点。个体的适应度函数值就是它的得分或评价。例如，对于适应度函数 $f(x_1,x_2,x_3)=(2x_1+1)^2+(3x_2+4)^2+(x_3-2)^2$，(2，−3，1)就是一个个体，向量的维数是问题中变量的个数。个体(2，−3，1)的适应度(得分)是$f(2,-3,1)=51$。

个体有时也称为基因组或DNA组，个体的向量称为基因。

2. 种群与代

所谓种群，是指由个体组成的一个数组或矩阵。例如，若种群的长度为100，适应度函数中变量的个数为3，则可以将这一个种群表示为一个100×3的矩阵。相同的个体在种群中可以出现不止一次。每一次迭代，遗传算法都对当前种群执行一系列的计算，产生一个新的种群。通常把每一个后续的种群称为新的一代。

3. 父辈和子辈

为了生成下一代，遗传算法在当前种群中选择某些个体(称为父辈)，并且用他们来生成下一代个体(称为子辈)。

4. 多样性

多样性和差异涉及每一个种群中各个体之间的平均距离。平均距离越大，则种群具有越高的多样性。多样性是遗传算法必不可少的本质属性，它能为遗传搜索提供一个比较大的解的空间区域。

5. 适应度函数

所谓适应度函数，就是想要优化的函数。对于标准遗传算法而言，这个函数也称为目标函数。

6. 适应度值和最佳适应度值

个体的适应度值就是该个体的适应度函数值。最佳适应度值一般就是该种群中任何个体的最小适应度值。

表8.1所示为自然遗传学和人工遗传算法中基本用语的对应关系。

表8.1 自然遗传学和人工遗传算法中基本用语对照表

自然遗传学	人工遗传算法
DNA(chromosome)	解的编码(数据、数组、位串)
基因(gene)	解中的每一分量的特征(特征、个性、探测器、位)
等位基因(allele)	特性值
基因座(locus)	串中位置
基因型(genotype)	结构
表现型(phenotype)	参数集、解码结构、候选解
个体(individual)	解
适者生存	在算法停止时，最优目标值的解有最大的可能被留住
适应性(fitness)	适应度函数
群体(population)	选定一组解(其中解的个数为群体的规模)
种群(reproduction)	根据适应度函数值选取的一组解

续表

自然遗传学	人工遗传算法
交配(crossover)	通过交配原则产生一组新解的过程
变异(mutation)	编码的某一个分量发生变化的过程

8.1.2　遗传算法基本流程

遗传算法虽是一种随机搜索方法，但其呈现出的特性并不是完全随机搜索，它能有效利用历史信息来搜索使下一代期望性能有所提高的寻优点集。这样一代代地不断进化，最后收敛到一个最适应环境的个体上，求得问题的最优解。标准遗传算法(Standard-GA，SGA)或者规范遗传算法(Canonical-GA，CGA)的基本流程框图如图 8.1 所示，算法实例如图 8.2 所示。

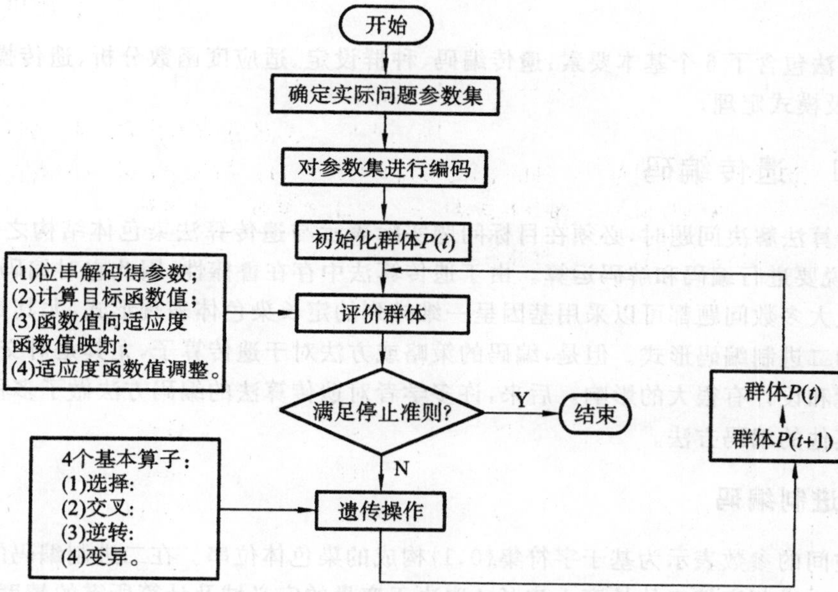

图 8.1　标准遗传算法流程框图

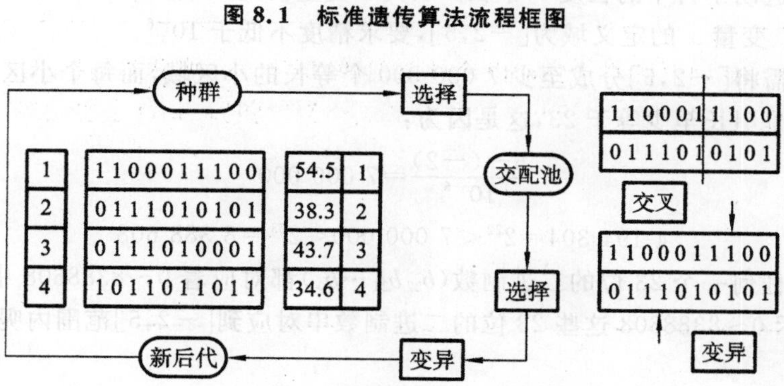

图 8.2　标准遗传算法实例

由此可以看出，遗传算法的运行过程为一个典型的迭代过程，其必须完成的工作内容和步骤如下：

(1) 选择编码策略，把参数集合 X 的和域转换到位串结构空间 S；

(2) 定义适应度函数 $f(x)$；

(3) 确定遗传策略，包括选择群体大小 n，选择、交叉、变异方法，以及确定交叉概率 p_c、变异概率 p_m 等遗传参数；

(4) 随机初始化种群 P；

(5) 计算群体中个体位串解码后的适应度函数值 $f(x)$；

(6) 按照遗传策略，将选择、交叉和变异算子作用于群体，形成下一代种群；

(7) 判断种群性能能否满足某一指标，或者是否已完成预定的迭代次数，不满足回到上一步，或者修改遗传策略再回到上一步。

8.2 遗传算法的基本要素

遗传算法包含了 6 个基本要素：遗传编码、种群设定、适应度函数分析、遗传操作、算法的终止，以及模式定理。

8.2.1 遗传编码

用遗传算法解决问题时，必须在目标问题实际表示与遗传算法染色体结构之间建立联系，也就是说要进行编码和解码运算。由于遗传算法中存在鲁棒性，因此它对编码的要求不高。实际上大多数问题都可以采用基因呈一维排列的定长染色体表现形式，尤其是基于{0，1}符号集的二进制编码形式。但是，编码的策略或方法对于遗传算子，尤其是对交叉和变异算子的功能和设计有很大的影响。后来，许多学者对遗传算法的编码方法做了多种改进，提出了许多其他的编码方法。

1. 二进制编码

问题空间的参数表示为基于字符集{0,1}构成的染色体位串。在二进制编码的过程中，首先要确认二进制字符串的长度 l，串长 l 取决于变量的定义域及计算所需的精度。

【例 8.1】 变量 x 的定义域为[−2,5]，要求精度不低于 10^{-6}。

【解析】 需将[−2,5]分成至少 7 000 000 个等长的小区域，而每个小区域用一个二进制串表示。于是串长至少等于 23，这是因为：

$$\frac{5-(-2)}{10^{-6}}=7\ 000\ 000$$

$$4\ 194\ 304=2^{22}<7\ 000\ 000<2^{23}=8\ 388\ 608$$

我们知道任何一个 23 位的二进制数($b_{22}b_{21}\cdots b_0$)都对应着 0～8388608 中的一个数，那么，如何将表示 0～8388608 这些 23 位的二进制数串对应到[−2,5]范围内呢？其解码过程如下：

将二进制串($b_{22}b_{21}\cdots b_0$)转化为十进制整数：

$$x^i=\sum_{i=0}^{22}b_i\times 2^i$$

计算对应变量 x 的值：

$$x = -2 + x' \times \frac{7}{2^{23} - 1}$$

这样就把[−2,5]范围内的数进行了二进制编码而且精度高于 10^{-6}。

由以上例 8.1 可知：遗传算法采用二进制编码时，可以通过改变编码的长度，协调搜索精度和效率之间的关系。

在很多组合优化的问题中，目标函数和约束函数均为离散函数，采用二进制编码往往具有直接意义，可以将问题空间的特征与位串的基因相对应，比如整数的规划、归纳学习、机器人控制、生产计划等。

二进制编码有以下优点：

(1) 编码、解码操作简单易行；

(2) 交叉、变异等遗传操作便于实现；

(3) 符合最小字符集编码原则；

(4) 便于利用模式定理对算法进行理论分析。

二进制编码的缺点是：对于一些连续函数的优化问题，其随机性使得其局部搜索能力较差，如对于一些高精度的问题（如上面例 8.1），当解迫近于最优解后，由于其变异后表现型变化很大，不连续，因此会远离最优解，达不到稳定。而 Gray 码能有效地防止这类现象出现。

2. Gray 编码

Gray 编码是二进制编码的一种变种，它是将二进制编码通过如下转化而得到的编码。

设有二进制串($\beta_1\beta_2\cdots\beta_n$)，其对应的 Gray 串为($\gamma_1\gamma_2\cdots\gamma_n$)，则从二进制编码到 Gray 编码的转换规则为

$$\gamma_k = \begin{cases} \beta_1, k = 1 \\ \beta_{k-1} \oplus \beta_k, k > 1 \end{cases} \tag{8-1}$$

式中：$\oplus$为模 2 加法，表示两位同为 0、不同为 1。

表 8.2 表示的是十进制数、自然二进制数与 4 位的 Gray 码所对应的关系。

表 8.2　十进制数、自然二进制数与 4 位的 Gray 码对照表

十进制数	自然二进制数	Gray 码	十进制数	自然二进制数	Gray 码
0	0000	0000	8	1000	1100
1	0001	0001	9	1001	1101
2	0010	0011	10	1010	1111
3	0011	0010	11	1011	1110
4	0100	0110	12	1100	1010
5	0101	0111	13	1101	1011
6	0110	0101	14	1110	1001
7	0111	0100	15	1111	1000

通过表 8.2 我们可以发现一个规律，即任意两个相邻的十进制数所对应的 Gray 码只有一位不同，这一规律也是 Gray 码的定义。除此之外，Gray 码还具有以下特点。

(1) Gray 码是一种可靠性编码，是一种错误最小化的编码方式。由于这种编码相邻的两个码组之间只有一位不同，因此在用于方向的转角位移量一数字量的转换中，当方向的转角位移量发生微小变化时，Gray 码仅变换一位数字，就可以实现两个相邻的十进制数字之间的转变。这与其他编码同时改变两位或多位的情况相比更为可靠，即可降低出错的概率。

(2) Gray 码是一种绝对编码方式。典型的 Gray 码是一种具有反射特性和循环特性的单步自补码，它的循环、单步特性消除了随机取数时出现重大误差的可能，它的反射、自补特性使得求反非常方便。

(3) Gray 码是一种变权码。每一位码没有固定的大小，很难直接进行大小比较和算术运算，也不能直接转换成液位信号，要经过一次转码变换，变成自然二进制码后，再由上位机读取。

(4) Gray 码对应的十进制数的奇偶性与其码字中 1 的个数的奇偶性相同。

正是 Gray 码的这些特点使得 Gray 码在角传感器、化简逻辑函数、解九连环和卡诺图中应用广泛。同时，Gray 码在遗传算法加速理论的研究中也经常被使用。

3. 浮点编码法

对于一些多维、高精度要求的连续函数优化问题，使用二进制编码来表示个体时将会有一些不利之处。

二进制编码存在着连续函数离散化时的映射误差，当个体长度较短时，可能达不到精度要求，而当个体编码长度较长时，虽然能提高精度，但却使遗传算法的搜索空间急剧扩大。

所谓浮点法，是指个体的每个基因值用某一范围内的一个浮点数来表示。在浮点数编码方法中，必须保证基因值在给定的区间限制范围内，遗传算法中所使用的交叉、变异等遗传算子也必须保证其运算结果所产生的新个体的基因值也在这个区间限制范围内。

浮点数编码方法有下面几个优点：

(1) 适用于在遗传算法中表示范围较大的数；

(2) 适用于精度要求较高的遗传算法；

(3) 便于较大空间的遗传搜索；

(4) 改善了遗传算法的计算复杂性，提高了运算效率；

(5) 便于遗传算法与经典优化方法的混合使用；

(6) 便于设计针对问题的专门知识的知识型遗传算子；

(7) 便于处理复杂的决策变量约束条件。

4. 实数编码

为了克服二进制编码的缺点，对于问题的变量是实向量的情形，可以采用十进制进行编码，这样可以直接在解的表现形式上进行遗传操作，从而便于引入与问题领域相关的启发式信息以增加系统的搜索能力。实际运用中可根据需要选择实数位串。

实数编码局域精度高，便于大空间搜索。

5. 序列编码

采用 GA 求解旅行商问题时，用排列法进行编码更自然、合理。序列编码反映的是顺序问题。如有十个城市的旅行商问题，城市序列为{1,2,3,4,5,6,7,8,9,10}，则编码位串为

1 2 3 4 5 6 7 8 9 10

该编码位串表示对城市采用升序方法访问行走路线。若编码位串为

10 9 8 7 6 5 4 3 2 1

则表示按相反的顺序确定访问行走路线。

6. 树编码

将码的全体形象地用树表示出来的编码法，称为树形编码法（简称树编码）。树编码又以每个节点分出的最大枝杈的数量，分为二叉树编码、四叉树编码、八叉树编码等。图 8.3 所示是一个二叉树，每个根节点最多只有两个子节点，其中的字母代表节点的编号，数字代表着权值。二叉树是一种特殊的顺序树结构，它规定了一个节点只能有两个子节点，即只能拥有两个子树。左子树和右子树是有顺序的，次序不能颠倒，所以二叉树是有序树。注意，即使只有一个子树，也要区分左右。

二叉树构造完成后，需要对二叉树进行遍历，遍历的方法有 3 种：前序、中序、后序。前序的遍历顺序依次为根节点、左子树、右子树，对应图 8.3，其遍历顺序为 ABCDEFG；中序的遍历顺序依次为左子树、根节点、右子树，对应图 8.3，遍历顺序为 BADCFEG；后序的遍历顺序为左子树、右子树、根节点，对应图 8.3，则遍历顺序为 BDFGECA。

二叉树一般与哈夫曼算法结合，叫作哈夫曼树，又称最优二叉树，它是一类带权路径长度最短的树，如图 8.3 中树的路径长度为：$10\times1+5\times2+9\times3+7\times3=68$。关于哈夫曼树的详细知识本书中不做更多解释，感兴趣的同学可自行学习。

以上介绍的 6 种染色体编码方式都是单倍体遗传，除此之外的单倍体遗传还有大字符集编码、自适应编码和乱序编码等。但单倍体遗传仅仅是简单生物的遗传方式，它所包含的信息量较少。而双倍体位串不仅含有等位基因，而且更满足显隐性规律，可承载更多信息。在解决优化问题的过程中，双倍体位串结构允许保留多个可行解，其中仅有一个可行解为显性表现形式，被记忆的历史信息在特殊情况下仍可参加遗传操作。

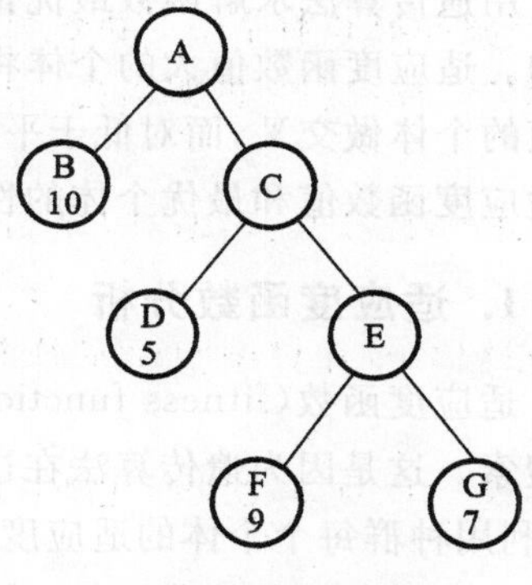

图 8.3　树编码

编码对遗传算法的搜索效果和效率有着重要影响，有关问题还需要进行新的探索和研究。对于特定的优化问题，要确定合适的编码。

8.2.2　种群设定

由于遗传算法是对种群进行操作的，因此，必须为遗传操作准备一个由若干初始解组成的初始种群。种群设定主要包括以下两个方面：初始种群的产生，以及种群规模的确定。

1. 初始种群的产生

遗传算法中初始种群中的个体可以是随机产生的，但最好采用如下策略设定。

(1) 根据问题固有知识，设法把握最优解所占空间在整个问题空间中所占的范围，然后在此范围内设定初始种群。

(2) 先随机产生一定数目的个体，然后从中挑选最好的个体加到初始种群中。这个过

程不断迭代，直到初始种群中个体的数目达到预先设定的规模。

2. 种群规模的确定

种群规模影响遗传优化的结果和效率。当种群规模太小时，遗传算法的优化性能一般不会太好，容易陷入局部最优解；而当种群规模太大时，则计算太复杂。

种群规模的确定受遗传操作中选择操作的影响很大。模式定理表明：若种群规模为 M，则遗传操作可从这 M 个个体中随机生成和检测 M^3 个模式，并在此基础上可以不断生成和优化，直到找到最优解。（这里，模式可以理解为：具有类似特征的个体组成的集合。后面 8.2.6 小节中会具体说明。）

显然，种群规模越大，遗传操作所处理的模式就越多，产生有意义的并逐步进化为最优解的机会就越大。如果种群规模太小，遗传算法的搜索范围就会受到限制，从而使搜索停止在未成熟阶段，算法陷入局部最优解。因此，必须保证种群的多样性，即种群规模不能太小。

但是，种群规模太大也会带来许多弊病：首先，种群越大，适应度评估的因素就会增加，算法的计算量也会大大增加，从而影响算法的效率；其次，种群中个体生存下来的概率大多采用适应度成比例的方法，当种群规模太大时，少量适应度很高的个体会被选择而生存下来，但大多数个体却被淘汰，这会影响配对库的生成，进而影响交叉操作。

8.2.3 适应度函数分析

用遗传算法求解函数最优化问题时，是依靠适应度函数值的大小来区分每个个体的优劣的。适应度函数值大的个体将有更多的机会繁衍下一代，通常取高于群体平均适应度函数值的个体做交叉，而对低于平均适应度函数值的个体做变异，从而一代代地提高群体的平均适应度函数值和最优个体的性能。可见，适应度函数在遗传算法中起着决定性作用。

1. 适应度函数分析

适应度函数（fitness function）的选取直接影响着遗传算法的收敛速度，以及对最优解的搜索。这是因为遗传算法在进化搜索过程中基本不利用外部信息，仅以适应度函数为依据，利用种群每个个体的适应度函数值来进行搜索。由于适应度函数的复杂度是遗传算法复杂度的主要组成部分，因此适应度函数的设计应尽可能简单，使计算个体适应度函数值的时间最少。遗传算法对一个解进行好坏的评价不是取决于解的结构，而是取决于解的适应度函数值，这正体现了遗传算法“优胜劣汰”的特点。

在函数优化过程中，适应度函数可由目标函数变换得到，一般而言有以下 3 种定义形式。其中，$f(x)$为适应度函数，$g(x)$为目标函数。

（1）直接将待求解的目标函数转化为适应度函数，即

若目标函数为最大化问题，则 $f(x)=g(x)$；

若目标函数为最小化问题，则 $f(x)=-g(x)$。

这种适应度函数简单直观，但实际应用时，存在以下两个问题：第一，不满足常用的赌盘选择非负的要求；第二，某些待求解的函数值可能彼此相差悬殊，由此得到的平均适应度函数值可能不利于群体平均性能的体现，将影响算法的效果。

（2）若目标函数为最小化问题，则

$$f(x)=\begin{cases}C_{\max}-g(x), g(x)<C_{\max}\\0,\text{其他情况}\end{cases} \tag{8-2}$$

式中：参数 $C_{\max}$ 存在多种选择，它可以是一个合适的输入值，也可以采用迄今为止进化过程中 $g(x)$ 的最大值，但 $C_{\max}$ 最好与群体无关。由于 $C_{\max}$ 参数需事先预估，不可能精确，因此其结果常常是适应度函数不灵敏，影响了算法的性能。

若目标函数为最大化问题，则

$$f(x)=\begin{cases}g(x)-C_{\min}, g(x)>C_{\min}\\0,\text{其他情况}\end{cases} \tag{8-3}$$

式中：参数 $C_{\min}$ 存在多种选择，它可以是一个合适的输入值，也可以采用迄今为止进化过程中 $g(x)$ 的最小值，但 $C_{\min}$ 最好与群体无关。

(3) 若目标函数为最小化问题，则

$$f(x)=\frac{1}{g(x)+C+1}, C\geqslant 0, g(x)+C\geqslant 0 \tag{8-4}$$

若目标函数为最大化问题，则

$$f(x)=\frac{1}{1+C-g(x)}, C\geqslant 0, C-g(x)\geqslant 0 \tag{8-5}$$

上面式(8-4)和式(8-5)中，C 为目标函数界限的保守估计值。由于事先不知道 $g(x)$ 的最小值，因此 C 的取值只能采取保守的估计值，则存在和第(2)种适应度函数相似的问题。

适应度函数对 GA 的收敛速度和结果影响很大。如果过分强调当前较优的点(个体)，就可能很快降低种群的多样性，造成不成熟收敛；如果对当前较优的点强调不够，算法就很容易丢失已经找到的较优点信息，从而不能在合理的时间内收敛到较好的点。

2. 适应度函数的作用

在遗传算法中，适应度函数值是描述个体性能的主要指标。根据适应度函数值的大小，对个体优胜劣汰。适应度函数值是驱动遗传算法的动力。从生物学角度讲，适应度函数值相当于决定"生存竞争、适者生存"的生物生存能力，在遗传过程中具有重要意义。将优化问题的目标函数与个体的适应度函数值建立映射关系，即可在群体进化过程中实现对优化问题目标函数的寻优。

适应度函数也称评价函数，是根据目标函数确定的用于区分群体中个体好坏的标准，总是非负的，任何情况下都希望它的值越大越好。在选择操作中，会出现两个遗传算法"欺骗"的问题：

(1) 在遗传算法初期，通常会产生一些超常个体，按照比例选择法，这些超常个体会因竞争力突出，进而控制选择过程，影响到算法的全局优化性能；

(2) 在遗传算法后期，当算法趋于收敛时，因为种群中个体适应度函数值差异较小，继续优化的潜能降低，故可能获得某个局部最优解。

因此，如果适应度函数选择不当，就会产生以上的"欺骗"问题。可见，适应度函数的选择对遗传算法的意义重大。

3. 适应度函数的设计

适应度函数的设计主要满足以下条件。

(1) 单值、连续、非负、最大化。

适应度函数 $f(x)$应该是实函数,并且单值、连续,但不要求可导。不过,$f(x)$的曲线在重要部位,特别在最优解附近一般不宜太陡也不宜过于平缓。

(2) 合理、一致性。

合理、一致性是指在适应度函数曲线上,各点的适应度函数值应与解的优劣成反比例,即

$$x_1, x_2, (x_1, x_2) \in [l_{\min}, l_{\max}], x_1 < x_2, f(x_1) > f(x_2) \tag{8-6}$$

式中:$[l_{\min}, l_{\max}]$是函数 $f(x)$的定义域。

(3) 计算量小。

$f(x)$不应设计得过于繁复,应在上述条件下越简单越好。

(4) 通用性好。

一个好的适应度函数,还应满足尽可能广泛的通用性,使用户在求解种种问题时,最好无须改变适应度函数中的参数。通用性好是对适应度函数设计的更高一层的要求。它能使用户在对所求解函数的全局最优解的性质完全"无知"的情况下,由算法在运行过程中自动修正其中的参数值,从而一步一步接近最优解。从另一种意义上说,这样的适应度函数具有自适应性。

8.2.4 遗传操作

1. 选择

遗传算法中的选择(selection)操作就是用来确定如何从父代群体中按某种方法选取部分个体,以便将优良基因遗传到下一代群体。选择用来确定对个体进行重组或交叉操作,以及被选个体将产生多少个子代个体。所选出的这些个体应具有良好的特征,以便于产生优良的后代。

选择策略对算法性能的影响十分突出,不同的选择策略将导致不同的选择压力,即下一代中父代个体复制数目的不同分配关系。较大的选择压力使最优的个体有较高的复制数目,从而使算法收敛速度快,但也容易出现过早收敛现象。相对而言,较小的选择压力一般能使群体保持足够的多样性,从而增大了算法收敛到全局最优解的概率,但算法的收敛速度一般较慢。

1) 繁殖池选择

繁殖池(也叫交配池)选择首先根据当前群体中个体的适应度函数值,按照下面式(8-7)计算其相对适应值:

$$\mathrm{rel}_i = \frac{f_i}{\sum_{i=1}^{N} f_i} \tag{8-7}$$

式中:f_i 是群体中第 i 个成员的适应度函数值;N 是群体规模。则每个个体的繁殖量为

$$N_i = \mathrm{round}(\mathrm{rel}_i \cdot N) \tag{8-8}$$

式中:round(x)表示与 x 距离最小的整数。

计算出群体中每个个体的繁殖量,即可将他们分别复制 N_i 个以生成一个临时群体,即繁殖池;再在繁殖池中选择个体进行交叉和变异,形成下一代群体。显然,个体复制到繁殖池的数目越大,则它被选中进行遗传操作的概率也会越大。

2）赌盘选择法

赌盘选择(roulette wheel selection)是一种回放式随机采样方法。每个个体进入下一代的概率等于它的适应度函数值与整个种群中个体适应度函数值和的比例(即相对适应值)。

该策略是先将个体适应度函数值记为 p_i，然后将圆盘分成 N 块扇形，其中第 i 块扇形对应的圆周角为 $2\pi p_i$。选择的过程类似于转动一个带指针的转盘，转盘停下后，指针落入第 i 块扇形内，则选择个体 i。

【例 8.2】 有 5 条染色体，它们的适应度函数值分别为 5、8、3、7、2，求总的适应度函数值及各个个体被选中的概率。

【解析】 总的适应度函数值为

$$F=5+8+3+7+2=25$$

各个个体被选中的概率分别为

$$p_1=(5/25)\times 100\%=20\%$$
$$p_2=(8/25)\times 100\%=32\%$$
$$p_3=(3/25)\times 100\%=12\%$$
$$p_4=(7/25)\times 100\%=28\%$$
$$p_5=(2/25)\times 100\%=8\%$$

如图 8.4 所示，显然扇形的面积越大，指针落入其中的概率就越大，即个体的适应度函数值越大，它被选中的机会也就越大，从而其基因被遗传到下一代的可能性也就越大。

由上可知，赌盘选择存在“赌”的成分，所以这种选择方法的误差也较大。用户在使用这种方法时，种群一定要尽可能大以减少误差。

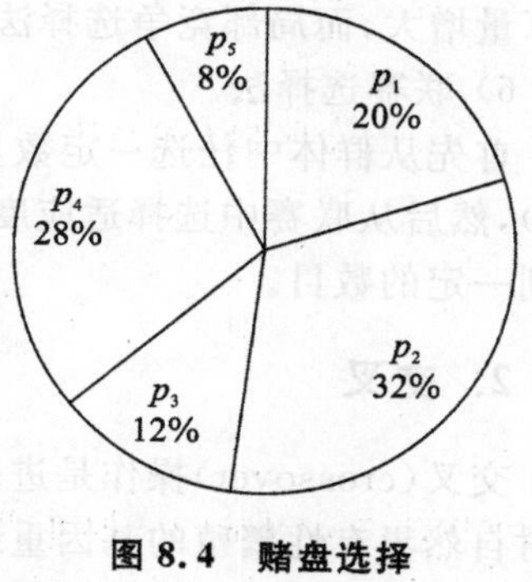

图 8.4 赌盘选择

3）Boltzmann 选择法

在群体的进化过程中，不同阶段需要不同的选择压力。早期阶段选择压力小，是希望适应度函数值较小的个体也有一定的生存机会，使得群体保持较高的多样性；后期阶段选择压力大，是希望能缩小搜索领域，加快最优解的改善的速度。Boltzmann 选择就是利用函数 $\delta(f_i)=\exp(f_i/T)$ 将适应度函数值进行变换以改变原始的选择压力。式中，T 是一个控制参数，T 取得较大(小)，对应选择具有较小(大)的选择压力，即适应度函数值所显示出的比例相应变小(大)。通过这个变换之后，再按照前面的赌盘选择方法进行父体选择。

4）排序选择法

前面几种选择方式都与适应度函数值相关，但是这些选择方式都常常容易出现过早收敛和停滞现象。为此，本书提出了一种避免出现这些现象的方法：基于排名的选择策略。这种方法是根据个体适应度函数值在种群中的排名来分配其被选择的概率，之后再根据这个概率使用赌盘选择。这个个体的适应度函数值不会直接影响后代的数量。

这一方法有一个优点就是，无论对极小化问题还是极大化问题，都不需要进行适应度函数值的标准化和调节，就可以直接使用原始适应度函数值进行排名选择。此外，在排好名次之后，名次与概率之间的对应关系也分为两种：线性选择排名、非线性选择排名。

线性选择排名如图 8.5 所示。首先假设群体成员的适应度函数值从好到坏依次排列为

$x_1, x_2, x_3, \cdots, x_n$，然后根据一个线性函数来分配概率 p_i。

设线性函数 $p_i=\frac{\left(a-b\cdot\frac{i}{(N+1)}\right)}{N}$，$i=1,2,\cdots,N$，其中 a、b、N 为常数。由于 $\sum_{i=1}^{N}p_i=1$，易得，$b=2(a-1)$。又要求对任意 $i=1,2,\cdots,N$，有 $p_i>0$，且 $p_1\geqslant p_2\geqslant\cdots\geqslant p_N$，故限定 $1\leqslant a\leqslant 2$。通常使用的值为 $a=1.1$。获得概率后就可以使用赌盘来进行父体选择了。

非线性选择排名如图 8.6 所示。首先，依次将群体成员的适应度函数值从大到小依次排序。但是在分配概率的时候不按照线性来分配，而是使用某一非线性函数来分配。同理，所有个体的概率和为 1。概率分配完成后依然按照赌盘来确定父体。

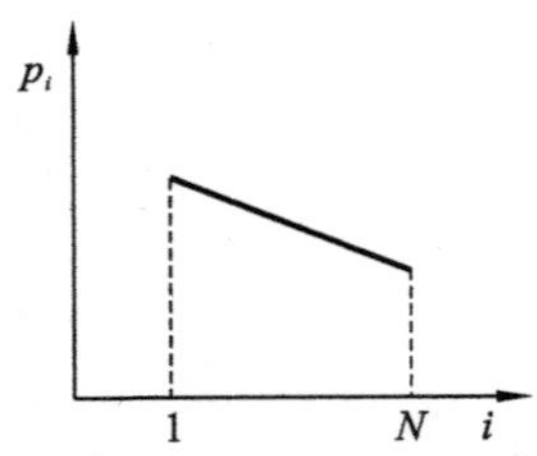

图 8.5　线性选择排名

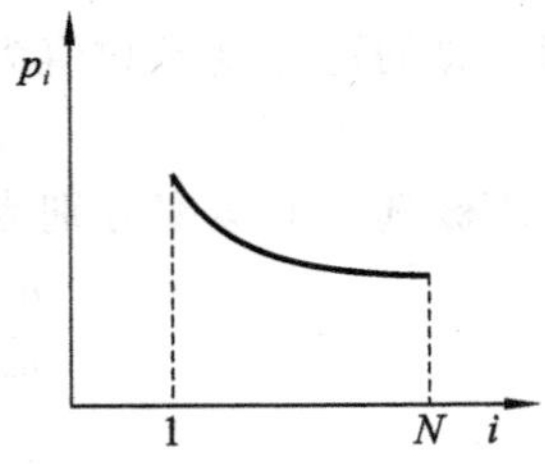

图 8-6　非线性选择排名

5）局部竞争选择法

基于适应度函数值百分比的选择和基于排名的选择都用适应度函数值在种群中所占的比例或者排名来确定被选择的概率。然而，当群体规模很大时，这两种方法就会使得额外的计算量增大，而局部竞争选择法则可以在一定程度上避免这些问题。

6）联赛选择法

首先从群体中任选一定数目的个体（这个数目事先给定，且被称为联赛规模，一般取 2～4），然后从联赛中选择适应度函数值最大的个体，最后反复执行前面两步直到选择的个体达到一定的数目。

2. 交叉

交叉（crossover）操作是进化算法中遗传算法具备的原始性的独有特征。GA 交叉算子是对自然界有性繁殖的基因重组过程的模仿。交叉操作通过将两个个体遗传物质进行交换产生新的个体，而在新产生的个体中有一定占比的个体集两父体的优点于一体。当然，交叉操作也有可能产生更差的个体。更差的个体将会被淘汰，更好的个体则被保留。

交叉操作一般步骤如下：

(1) 随机选择交配个体（从交配池中选择）；

(2) 根据位串长度 L，对要交配的一对个体，随机选取 $[1,L-1]$ 中一个或多个的整数 K 作为交叉位置；

(3) 根据交叉概率 $p_c(0<p_c\leqslant 1)$ 实施交叉操作，交配个体在交叉位置处，相互交换各自的部分内容，从而形成一个新的个体。

对二进制编码的常用的交叉算子有单点交叉、多点交叉和一致交叉等。

1）单点交叉

从交配池中随机抽选两个个体，对它们的染色体位串进行交叉操作（假设两个位串的长度是一致的）。随机选择一个交叉位置，对两个位串在该位置的右侧部分的染色体进行交换，从而产生两个新的个体。

【例8.3】 有如下两个11位变量的父体。

父体1:0 1 1 0 1 1 0 1 0 0 1

父体2:1 0 1 1 1 0 0 1 1 1 0

求其子个体。

【解析】 交叉点为从左至右第5位,交叉后生成两个子个体。

子个体1:0 1 1 0 1 0 0 1 1 1 0

子个体2:1 0 1 1 1 1 0 1 0 0 1

单点交叉操作的信息量比较少,交叉位置的选择可能带来较大的偏差。单点交叉不利于长距离式的保留和重组,而且位串末尾的重要基因总是被交换(尾点效应)。因此,单点交叉在实际中应用较少。

2) 多点交叉

多点交叉在单点交叉的基础上,随机选择多个交叉点集合$[a_1,a_2,\cdots,a_n]$,这个集合的意思是:从第a_1位后开始交换,到a_2位结束交换,再又到a_3位开始交换,依次循环下去,直到交叉点集合结束。

【例8.4】 有如下两个11位变量的父体。

父体1:0 1 1 0 1 1 0 1 0 0 1

父体2:1 0 1 1 1 0 0 1 1 1 0

求其子个体。

【解析】 交叉点在位置4、6、11,交叉后生成两个子个体。

子个体1:0 1 1 1 1 0 0 1 0 0 0

子个体2:1 0 1 0 1 1 0 1 1 1 1

3) 一致交叉

将位串上的每一位按相同概率随机进行均匀交叉,故也称为均匀交叉。一致交叉算子生成新个体之前先要生成一个交叉模板。这个交叉模板是一个与父串长度相同的二进制值串,串中每一位上的0表示在这一位两父串不交换,串中每一位上的1表示对应两个父串上的这一位进行交换。

【例8.5】 有如下两个11位变量的父体。

父体1:0 1 1 0 1 1 0 1 0 0 1

父体2:1 0 1 1 1 0 0 1 1 1 0

求其子个体。

【解析】 对此两父体进行一致交叉,得到如下交叉模版(事先给定)和子个体。

交叉模板:0 1 1 1 0 0 0 0 1 1 0

子个体1:0 0 1 1 1 1 0 1 1 1 1

子个体2:1 1 1 0 1 0 0 1 0 0 0

3. 逆转

生物在遗传的过程中有一种倒位现象,即在染色体上有两个部分的基因位置发生倒换。这一现象使得父体中离得很远的两个基因紧靠在一起。逆转(inversion)即对这一现象的模拟。逆转操作对于遗传算法来说相当于是重新定义了基因块,使得染色体上重要基因更紧凑、更不易被交叉操作所分散。在进行逆转操作时,为了避免此操作影响个体位串适应度函数值的计算,基因位的编号也随之逆转。

【例 8.6】 有如下两个 11 位变量的父体(带“′”为重要基因)。

父体 1:0　1　1′　0　1　1　0　1′　0　0　1

基因编号:1　2　3　4　5　6　7　8　9　10　11

求其子个体。

【解析】 4 和 8 为两个逆转点,则进行逆转操作后,得到如下子个体。

子个体 1:0　1　1′　1′　0　1　1　0　0　0　1

基因编号:1　2　3　8　7　6　5　4　9　10　11

4. 变异

变异(mutation)操作是模拟生物进化过程中基因突变的现象。在遗传算法中,变异表现为,按一定的变异概率随机反转某等位基因的二进制字符。表 8.3 所示是常用的变异算子。

表 8.3　变异算子

序号	名称	特点	适应编码
1	基本位变异	标准 GA 成员	符号
2	有效基因变异	避免有效基因缺失	符号
3	自适应有效基因变异	最低有效基因个数自适应变化	符号
4	概率自调整变异	由两个基因串的相似性确定突变概率	符号
5	均匀变异	每一个实数元素以相同的概率在域内变动	实数
6	非均匀变异	使整个矢量在解空间轻微变动	实数
7	边界变异	适用于求解最优点位于或接近于可行解的边界时的一类边界条件问题	实数
8	高斯变异	提高重点搜索区域的局部搜索能力	实数
9	零变异	—	实数

下面介绍几种常见的变异操作,它们适合于二进制编码的个体和浮点数编码的个体。

1) 基本位变异

基本位变异操作是指,对个体编码串中以变异概率、随机指定的某一位或某几位基因座上的值做变异运算。其具体操作过程如下:

(1) 对个体的每一个基因座,指定其成为变异点的概率;

(2) 对每一个指定的变异点,对其基因值做反运算或用其他等位基因值替代,从而产生新的个体。

2) 均匀变异

均匀变异操作是指分别用符合某一范围内均匀分布的随机数,以某一较小的概率来替换个体编码串中各基因座上的原有基因值。均匀变异具体操作过程如下:

(1) 依次指定个体编码串中各基因座为变异点;

(2) 对每一个指定的变异点,以变异概率从对应基因的取值范围中随机抽取一随机数来代替原有基因值。

均匀变异操作特别适合应用于遗传算法的初级运行阶段,它使得搜索点可以在整个搜索空间内自由移动,从而可以增加群体的多样性,使算法处理更多的模式。

3）边界变异

边界变异操作是上述均匀变异操作的一个变形。在进行边界变异操作时，随机地取基因座的两个对应边界基因值去替代原有基因值。当变量的取值范围特别宽，并且无其他约束条件时，边界变异会带来不好的作用，但它特别适用于求解最优点位于可行解的边界时这一类问题。

4）非均匀变异

一方面，均匀变异操作取某一范围内均匀分布的随机数来代替原有基因值，可使得个体在搜索空间内自由移动；但另一方面，它却不便于对某一重点区域进行局部搜索。为了改进这个性能，人们不是取均匀分布的随机数去替换原有的基因值，而是对原有的基因值加一随机扰动，以扰动后的结果作为新的基因值。对每个基因座都以相同的概率进行变异运算之后，相当于整个解向量在解空间中做了一个轻微变动。这种变异操作方法就称为非均匀变异。

5）高斯变异

高斯变异是改进遗传算法对重点搜索区域的局部搜索性能的另一种变异操作方法。所谓高斯变异操作，就是指进行变异操作时用符合均值为 $\overline{P}$、方差为 P^2 的正态分布的一个随机数来替代原有的基因值。由正态分布的特性可知，高斯变异也就是重点搜索原个体附近某一个局部区域。高斯变异的具体操作过程与均匀变异类似。

8.2.5　算法的终止

由于遗传算法的许多控制转移规则是随机的，没有利用目标函数的梯度等信息，因此在演化过程中，无法确定个体在解空间的位置，从而也无法用传统的方法来判断算法是否收敛，进而无法确定是否终止算法。常用的终止算法方法有：

（1）预先规定最大演化代数；

（2）连续多代后解的适应度函数值没有明显改进，则终止；

（3）达到明确的解目标，则终止。

8.2.6　模式定理

低阶、短距且适应度函数值大的模式，在选择、交叉和变异的遗传算子的作用下，相互结合，能生成高阶、长距、高平均适应度函数值的模式，最终找到最优值。

模式（schema）：编码的字符串中具有类似特征的子集。换句话说，模式是指种群个体基因串中的相似样板，它用来描述基因串中某些特征位相同的结构。例如五位二进制字符串中，模式“＊111＊”可代表 4 个个体。个体和模式的一个区别就是，个体是由{0,1}组成的编码串，模式是由{0,1,＊}组成，符号＊为通配符。

模式阶（schema order）：表示模式中已有明确含义的字符个数，记为 $o(s)$，s 代表模式。例如，$o(*111*)=3$。模式的阶次越低，说明模式的概括性越强，所代表的编码串个体数也越多。其中阶次为零的模式概括性最强。模式阶用来反映不同模式间确定性的差异，模式的阶数越高，模式的确定性就越高，所匹配的样本数就越少。在遗传操作中，即使阶数相同的模式，也会有不同的性质，而模式定义长度就反映了这种性质的差异。

模式定义长度（schema defining length）：第一个和最后一个具有含义的字符之间的距离，记为 $\delta(s)$。例如，$\delta(10**1)=4$。模式定义长度可表示该模式在今后遗传操作中被破坏的可能性，越短则越小，长度为 0 最难被破坏。

模式数目：在二进制字符串中，假设字符长度为 λ，字符串中每一个字符可取{0，1，*}三个符号中任意一个，则可能组成的模式数目最多是 3^{λ}；扩展为一般情况，单个字符的取值有 k 种，则字符串组成的模式数目 n 为 $(k+1)^{\lambda}$。

编码字符串（一个个体编码串）所含模式总数：在二进制字符串中，假设字符长度为 λ，则可能组成的模式数目最多是 2^{λ}。因为每个个体编码串均已有数字，只能在既定值和 * 之间选择。扩展为一般情况，单个字符的取值有 k 种，则字符串组成的模式数目 n 为 k^{λ}。

群体所含模式数：在长度为 λ、规模为 M 的二进制编码字符串群体中，一般含有 $2^{\lambda} \sim M \times 2^{\lambda}$ 个模式。

模式定理使被选择的模式适应度函数值大于群体平均适应度函数值。长度较短、低阶的模式在遗传算法的迭代过程中将按指数规律增长。该定理深刻地阐明了遗传算法中发生“优胜劣汰”的原因。在遗传过程中能存活的模式都是定义长度短、阶次低、平均适应度函数值大于群体平均适应度函数值的优良模式。遗传算法正是利用这些优良模式逐步进化到最优解。

模式能够划分搜索空间，而且模式的阶越高，对搜索空间的划分越细致。模式定理告诉我们：遗传算法根据模式的适应度函数值、定义长度和阶次为模式分配搜索次数。为那些适应度函数值较大、定义长度较短、阶次较低的模式分配的搜索次数按指数增长；为那些适应度函数值较小、定义长度较长、阶次较高的模式分配的搜索次数按指数衰减。

积木块假设：低阶、短定义长度、大平均适应度函数值的模式（积木块）在遗传算子的作用下相互结合可以生成高阶、长定义长度、大平均适应度函数值的模式（积木块），更进一步地，最终可以生成全局最优解。满足这个假设的条件有两个：

(1) 表现型相近的个体基因型类似；

(2) 基因间相关性较低。

积木块假设指出，遗传算法具备寻找全局最优解的能力，即积木块在遗传算子作用下，能生成低阶、短定义长度、大平均适应度函数值的模式，最终生成全局最优解。

模式定理存在以下缺点：

(1) 模式定理只对二进制编码适用；

(2) 模式定理只是指出具备什么条件的模式会在遗传过程中按指数增长或衰减，无法据此推断算法的收敛性；

(3) 没有解决算法设计中控制参数的选取问题。

8.3 遗传算法的优点、主要问题及改进

遗传算法采用简单的编码技术来表示各种复杂的机构，它通过对一组比编译表示简单的遗传操作和优胜劣汰的自然选择来指导学习和确定搜索的方向。在运用遗传算法解决具体问题时，参数选择比较重要。衡量参数设置恰当与否，要依据多次运行的收敛情况和解的质量来进行。若调整参数难以有效地提高遗传算法的性能，则往往需要对经典遗传算法进行改进。可以从多方面改进遗传算法，如适应度比率的调整、引入自适应交叉率和变异率、尝试其他的遗传操作，甚至采用混合方法。

8.3.1　遗传算法的优点

在对遗传算法进行分析的基础上，总结出其主要具有以下优点。

1. 有指导搜索

适应度函数是遗传算法搜索的目标函数，在适应度函数的驱动下，遗传算法不是盲目搜索，也不用穷举，而是一代代向最优解逼近。

2. 自适应搜索

遗传算法借助选择、交叉、变异等进化操作，体现的是自然选择的规律，不需要添加其他附加条件，种群的品质就能不断改进。

3. 并行式搜索

遗传算法每一步都是针对一组个体同时进行的，而不是只对单个个体。因此，遗传算法是一种多点式齐头并行算法。

4. 黑箱式结构

从某种意义上讲，遗传算法只研究输入与输出的关系，并不深究造成这种关系的原因。

5. 通用性强

传统的优化算法需要将所要解决的问题用数学式表达出来，而且要求数学函数的一阶导数或二阶导数存在。而遗传算法只需用某种编码方式表达问题，然后根据适应度来区分个体优劣，其余的进化操作都是统一的。

6. 鲁棒性强

遗传算法吸收自然生物系统“适者生存”的进化原理，从而使它获得了很好的鲁棒性，能够适应复杂空间并能自动进行寻优搜索。

8.3.2　遗传算法的主要问题

与其他优化算法相比，遗传算法涉及的问题较多。下面简单介绍遗传算法运行过程中涉及的一些主要问题。

1. 欺骗和竞争问题

遗传算法运行的过程根据个体的选择、交叉和变异，将低阶、定义长度短、平均适应度函数值大于群体平均适应度函数值的模式重组成高阶模式，从而找到最优解。若同一个问题的个体编码满足高阶模式条件，那么遗传算法求解效率较高；否则，遗传算法求解效率较低。低阶模式错误地引导搜索过程，使遗传算法不能发现高阶模式，最终导致算法发散，找不到最优解，这一现象称为欺骗问题。在遗传算法中，将所有妨碍平均适应度函数值大的个体生成高阶模式从而影响遗传算法的正常运行的问题统称为欺骗问题。解决欺骗问题实际上就是要预测用遗传算法求解给定问题的难易程度。

目前遗传算法欺骗问题的研究主要集中在以下 3 个方面：

(1) 设计欺骗函数；

(2) 理解欺骗函数对遗传算法的影响；

(3) 修改遗传算法以解决欺骗函数的影响。

下面给出一些有关欺骗函数的概念。

竞争模式：如果模式 H 和 H' 中，* 的位置完全一致，但任意确定位置的编码均不同，则称 H 和 H' 互为竞争模式。

欺骗性：假设目标函数 $f(x)$ 的最大值对应的 x 的集合为 $x*$，H 为一包含 $x*$ 的 m 阶模式，H 的竞争模式为 H'，而且 $f(H)<f(H')$，则称 f 为 m 阶欺骗。

最小欺骗性：在欺骗问题中，为了造成偏距所需设置的最小问题规模(即阶次)，假定 $f(x)$ 的最大值对应的 x 集合为 $x*$，H 为包含 $x*$ 的 m 阶模式，H 的竞争模式为 H'，而且 $f(H)<f(H')$，则称 f 为 m 阶欺骗。

【例 8.7】 对于一个三位二进制编码模式，若 $f(111)$ 为最大值，下列 12 个不等式中任意一个不等式成立，则存在欺骗问题。

【解析】 模式的阶次为 1 时：$f(**1)<f(**0)$，$f(*1*)<f(*0*)$，$f(1**)<f(0**)$

模式的阶次为 2 时：$f(*11)<f(*00)$，$f(1*1)<f(*0*)$，$f(11*)<f(00*)$

$f(*11)<f(*01)$，$f(1*1)<f(0*1)$，$f(11*)<f(01*)$

$f(*11)<f(*10)$，$f(1*1)<f(1*0)$，$f(11*)<f(10*)$

造成上述欺骗问题的主要原因是编码不当或适应度函数选择不当。若它们均是单调关系，则不会存在欺骗问题。但是，对于任一非线性问题，难以实现其单调性。针对这一问题，以前有人将适应度函数的非单调问题与欺骗问题同等看待，认为遗传算法只有在单调问题中才有效。但是，若单调问题不使用遗传算法搜索或概率算法搜索，一般的搜索法也是适用的，那么遗传算法就没有存在的必要了。

研究欺骗问题的主要思想是最大限度地违背积木块假设。利用此思想研究欺骗性问题的方法优于由平均的低阶积木块生成局部最优点积木块的方法。

遗传算法中，欺骗问题产生于适应度函数的确定和调整，与基因编码方式的选取相关。采用合适的编码方式或调整适应度函数可以化解和避免欺骗问题。下面结合合适的编码方式以例说明。

【例 8.8】 对于一个两位编码的适应度函数 $f(x)=4-\frac{17}{3}x+\frac{9}{2}x^2-\frac{5}{6}x^3$，采用二进制编码，计算个体的函数值，得到表 8.4；采用 Gray 码，计算个体的函数值，得到表 8.5。那么，采用何种办法可以解决欺骗问题？

表 8.4　二进制编码及函数值

编码	对应整数解	函数值
00	0	4
01	1	2
10	2	4
11	3	5

表 8.5　Gray 码及函数值

编码	对应整数解	函数值
00	0	4
01	1	2
11	2	4
10	3	5

【解析】 分析可知，若使用二进制编码，则在 $f(11)$ 处有最大值，如果不存在欺骗问题，则可以得出：$f(1*)>f(0*)$，$f(*1)>f(*0)$。但由表8.4有

$$f(1*)=\frac{f(11)+f(10)}{2}=\frac{5+4}{2}=4.5$$

$$f(0*)=\frac{f(01)+f(00)}{2}=\frac{2+4}{2}=3$$

$$f(*1)=\frac{f(11)+f(01)}{2}=\frac{5+2}{2}=3.5$$

$$f(*0)=\frac{f(10)+f(00)}{2}=\frac{4+4}{2}=4$$

明显可看出：$f(*1)<f(*0)$。故存在欺骗问题。

若使用Gray码，则在 $f(10)$ 处有最大值，如果不存在欺骗问题，则可以得出：$f(1*)>f(0*)$，$f(*0)>f(*1)$。但由表8.5有

$$f(1*)=\frac{f(11)+f(10)}{2}=\frac{4+5}{2}=4.5$$

$$f(0*)=\frac{f(01)+f(00)}{2}=\frac{2+4}{2}=3$$

$$f(*1)=\frac{f(11)+f(01)}{2}=\frac{4+2}{2}=3$$

$$f(*0)=\frac{f(10)+f(00)}{2}=\frac{5+4}{2}=4.5$$

明显可看出：使用Gray码不存在欺骗问题。

本例可较好说明：采取不同的编码方式，可以避免欺骗问题。

【例8.9】 若存在目标函数 $g(x)$ 使得，$g(00)=7$，$g(01)=1$，$g(10)=g(11)=5$，怎样设计适应度函数 $f(x)$ 就可以避免欺骗问题？

【解析】 若使得 $f(x)=g(x)$，则 $f(00)$ 为最大值，但是

$$f(0*)=\frac{f(00)+f(01)}{2}=\frac{7+1}{2}=4$$

$$f(1*)=\frac{f(10)+f(11)}{2}=\frac{5+5}{2}=5$$

明显可看出：$f(0*)<f(1*)$。故存在欺骗问题。

若使得 $f(x)=2^{g(x)}$，则还是 $f(00)$ 为最大值，有

$$f(0*)=\frac{f(00)+f(01)}{2}=\frac{2^7+2^1}{2}=64.5$$

$$f(1*)=\frac{f(10)+f(11)}{2}=\frac{2^5+2^5}{2}=32$$

明显可看出：$f(0*)>f(1*)$。故不存在欺骗问题。

本例可较好说明：采用不同的适应度函数，可以避免欺骗问题。

2. 参数调节、终止条件判断、邻近交叉和收敛问题

1）参数调节

GA擅长解决的问题是全局最优化问题。例如，解决时间表安排问题，很多安排时间表的软件都使用GA，GA还经常被用于解决实际工程问题。GA能够跳出局部最优而找到全

局最优点。GA允许使用非常复杂的适应度函数(或目标函数),并可以对变量的变化范围加以限制。

对于任何一个具体的优化问题,应用GA时需要给定一组控制参数,如种群规模、交叉概率、变异概率、最大进化代数等。控制参数选取得不同,会对算法的性能产生较大的影响。太大的变异概率会导致最优解丢失,而过小的变异概率会导致算法过早地收敛于局部最优点。对于这些参数的选择,现在还没有适用的上下限选择方法。

要得到算法的最优性能,使其更好更快地收敛,必须确定最优的参数设置。在实际应用中,对这些参数的选择有以下建议。

(1) 种群规模。一般来说,较大数目的初始种群可以同时处理更多的解,因而更加容易找到全局最优解。但是实践表明,巨大的种群规模并不能提高算法的性能,因为每次再生的迭代时间会加长,一般种群规模设为20～100,好的种群规模与编码方案也有关系。

(2) 交叉概率。交叉概率的选择决定了交叉操作的频率,频率越高,算法可以越快地收敛到最有可能的最优解区域。因此,通常选择较大的交叉概率,一般为0.6～0.9,但不要设为1,因为太高的交叉概率会导致算法过早收敛。

(3) 变异概率。与交叉概率的选择相反,变异概率通常很小,一般设为0.005～0.025。若设为1,则遗传算法退化成随机搜索,这样系统极其不稳定。另外,设为1容易使搜索陷入局部最优点而导致早熟现象的发生。

(4) 最大进化代数。最大进化代数作为一种模拟终止条件,一般视具体情况而定,计算量小的问题取100～500即可,而计算量大的问题可能取到10000等。

为了提高群体的多样性,增强算法维持全局搜索的能力,同时保护优良的个体,需要适应度函数自适应地改变交叉概率和变异概率,主要有如下4种策略。

①变异概率随进化代数呈指数递减,其作用是当群体逐渐收敛时减小对已有个体的破坏,加快收敛。

②根据各操作算子在进化过程中的作用,动态调整各操作算子的权重。

③根据交叉个体间的海明距离,动态调整变异概率,变异概率随个体间的海明距离的减少而增加。

④根据群体的某些统计特性,对个体基因串的不同码位,赋予不同的控制参数。

2) 终止条件判断

终止条件决定了GA停止进化的时间。该条件将GA进化过程中的进化代数或种群评价指标作为它的判断依据。一般采用3种终止条件:

(1) 当迭代次数达到决策者预期的目标时将终止进化;

(2) 当演算时间达到规定时间时将终止进化;

(3) 当目标函数或适应度函数始终不能达到最优时不得不终止循环。

一旦采用第一种停止条件进行迭代,设定好算法后,提前将迭代的次数设置好。对于小规模的选址实例,迭代次数设定为80次即可。

3) 邻近交叉

与自然界的生物系统一样,邻近交叉会产生不良后代。因此,需要在选择过程中加入双亲资格判断程序。从转轮法得到的双亲要经过一个比较,若相同,则再次进入选择过程。当选择失败次数超过一个阈值时,就从一个双亲个体周围选择另一个体,然后进入交叉操作。

4）收敛问题

GA的收敛判断不同于传统的数学规划方法的收敛判断。GA是一种启发式搜索，没有严格的数学收敛依据。目前根据迭代的次数和每代解群中数字串中的数目，或质量来判断，即当连续几次迭代过程中最好的解没有变化则算法收敛；又或者，根据解群中最好的解的适应度函数值与其平均适应度函数值之差对平均适应度函数值的比来确定。

遗传定理说明了：若种群中包含全局最优解的高位基因及其互补基因，则通过选择、交叉操作，GA能够找到最优解。有学者证明了积木块假设是成立的，同时给出了积木块假设成立的充分条件是种群中至少包含一个全局最优解的基因及其互补基因。若初始种群中不包含最优解，那么在进化过程中，在最优解的基因被全部淘汰掉之前，通过交叉操作必然可能产生最优解；否则，交叉操作将失效，产生最优解或最优解的基因只能依靠变异操作完成。另外，若最优解的基因被选择的概率较小，则最优解的基因将在进化过程中很容易被淘汰；若变异的作用较小，则此时的算法可能发生早熟收敛现象。

3. "GA-难"问题

各种研究结果表明，"GA-难"问题一般得到在最优解周围的一些适应度函数值较差的解。这种情况很难发挥交叉操作的局部搜索作用，即利用这些较差的解产生最优解的概率很小。若种群中组成最优解所在的区间内的高位基因或其互补基因缺失，则不能由此代种群通过交叉操作在其子代中得到最优解，而且在以后的进化过程中也不能通过交叉产生最优解。最优解基因的缺失可能是在种群初始化时该基因就不存在，也可能是在进化过程中该基因丢失了。丢失使含有该基因的个体被选择的概率太小，在形成包含该基因的高适应度个体前就被淘汰。此时，种群重新出现该基因只能依靠变异作用，而变异作用有限。另外，导致"GA-难"问题现象发生的情况有两种。

（1）种群中适应度函数值大的个体不具有组成最优解的基因，或具有组成最优解基因的个体被选择概率较小，则此代种群中的个体通过交叉产生最优解的概率也较小。

（2）种群通过交叉操作虽然没有产生最优解，但以较大概率产生了具有最优解基因的个体，它有利于在以后的进化中通过交叉产生最优解。若此时具有最优解的基因个体被选择的概率较小，则不利于后代产生最优解，因为在进化过程中可能发生最优解基因丢失。

以上任意一种情况发生都将产生"GA-难"问题。大多数GA具有欺骗性问题，在足够大的种群规模下，GA仍能获得全局最优解。但是严重的欺骗问题将使得发现全局最优解的概率大幅度减小，同时搜索效率也大大降低。

4. 早熟收敛现象及其防止

GA早熟收敛是GA的主要弊病之一，是GA应用的最大障碍，也是一直困扰GA研究者和开发人员的难题。其原因有很多，其中最有可能的是对选择方法的安排不当。提高变异概率能尽量避免由此导致的早熟收敛。这里主要分析GA的本质属性，这对找到发生早熟收敛现象的原因有重要的理论意义和实践价值。

1）早熟收敛现象

早熟收敛即非成熟收敛，又称为过早收敛，指没有完成指定的迭代代数，所有个体都趋于同一个体，种群丧失了生物多样性，再迭代就没有任何意义了，无法获取最优解。

GA处理过程中的每个环节都有可能导致早熟收敛。GA早熟收敛产生的主要原因是，在迭代过程中未得到最优解或满意解，群体就失去了多样性。具体表现在以下几个方面：

①在进化初始阶段，生成了具有很大适应度函数值的个体 X；

②在基于适应度函数值比例的选择下，其他个体被淘汰，大部分个体与 X 一致；

③两个基因型相同的个体进行交叉却没有生成新个体；

④通过变异所生成的个体适应度函数值大但数量少，被淘汰的概率较大，即变异的作用不明显；

⑤群体中的大部分个体都处于与 X 一致的状态；

⑥在没有完全达到用户目标的情况下，程序却判断为已经寻求到最优解而结束 GA 的循环。

2）早熟收敛产生的主要原因

对一个个体来说，在遗传操作中只能产生整数个后代。在有限群体中，模板的样本不能以任意精度反映所要求的比例，这是产生取样误差的根本原因；而随机选择的误差又可能导致模板样品数量与理论预测值有很大差别。随着这种偏差的积累，一些有用的模板将会从群体中消失。遗传学家认为：当群体很小时，选择不会起作用，这时有利基因可能被淘汰，有害基因可能被保留。

引起群体结构发生变化的主要因素是随机波动，它也称为遗传漂移。它也是产生早熟收敛的一个主要原因。可以采用增大群体容量的方法来减缓遗传漂移，但这样做可能导致算法效率降低。

早熟收敛产生的主要原因有以下几点。

(1) 所求解的问题是 GA 欺骗问题。当解决的问题对于标准 GA 来说比较困难时，GA 就会偏离寻优方向，得不到最优解。

(2) 遗传算法的终止判据是人为设定其迭代次数，这可能会造成未成熟就终止。

(3) 理论上考虑的选择、交叉、变异操作都是绝对精确的，它们之间相互协调，能搜索到整个解空间，但在具体实现时很难达到这个要求。

①选择操作是根据当前群体中个体适应度函数值所决定的概率进行的。当群体中存在个别超常个体（即该个体的适应度函数值远高于其他个体）时，该个体在选择算子的作用下，将会以大概率被选中，从而“强者越强，弱者越弱”，下一代很快被该个体控制。

②交叉操作发生的概率 p_c 和变异操作发生的概率 p_m 控制了算法的局部搜索能力，因此算法对这两个参数非常敏感。不同的参数值会有不同的结果。

(4) GA 处理的群体规模对算法的优化性能也有较大影响。若群体太小，不能体现生物多样性，没有交叉优势；若群体太大，计算时间太长，计算效率会降低。群体有限，因而存在随机误差，主要包括取样误差和选择误差。取样误差是指所选择的有限群体不能代表整个群体而产生的误差。当表示有效模板串的数量不充分或所选的串不是相似子集的代表时，GA 就会发生上述类似情况。小群体中的取样误差将妨碍模板的正确传播，从而阻碍模板原理所预测的期望性能产生。选择误差是指不能按期望的概率进行个体选择。

种群早熟收敛现象的外在表现是，种群中的个体所包含的基因型减少，种群中个体趋于一致。如果种群不是朝着最优解的方向收敛，那么种群将收敛到局部最优解。因为已经发生了早熟收敛的种群不能通过交叉操作生成新个体。若依靠变异的作用产生新基因型的能力有限，这时就发生了早熟现象。早熟现象发生的原因是由于解空间中具有多个吸收态（局部最优解），当变异操作作用较小时，种群主要依靠选择和交叉操作进化，选择和交叉操作将引导种群向着某一个吸收态收敛。若包含收敛于最优解的吸收态的概率较小，则种群发生早熟现象的概率较大。当且仅当种群中具有最优解的基因，通过交叉操作才有可能搜索到最优解。若种群收敛到某个吸收态，则通过交叉产生包含最优解状态的概率近似等于0。若此时变异的概率很小，则得到最优解的概率仍然很小。在理论上，只要有变异存在，GA必然不收敛，从而不会收敛到最优解。但在GA的实践中，交叉概率通常取0.6～0.95，变异概率取0.001～0.01。变异使种群发生显著改变的概率极小，此时交叉算子在GA中起相对核心的作用。若种群发生准早熟收敛现象，则使种群从某个吸收态中跳出来的变异操作起核心作用。

下面给出早熟收敛现象的数学表示。

设包含最优解的状态为j，当种群$X(t)$处于某个状态$i(i\neq j)$时，$p(t_1)\leqslant a$（a为一个较小的正数），即此时种群$X(t_1)$收敛于状态j的概率较小。若$t_2<t_1$时，均有$p(t_2)\leqslant a$，则时刻t_2的种群$X(t_2)$将发生准早熟收敛现象；在$t_2>t_1$时，种群$X(t_2)$发生了早熟收敛现象。

标准GA生成的种群序列是有限的非周期和不可约Markov链，因此其种群序列$\{X(t),t\geqslant 0\}$从一个状态出发，将以概率1在有限步内达到任一状态（因为有变异操作存在）。但是，从理论上讲，必须在$t\to\infty$时采用精英保留策略的GA依概率收敛到全局最优解，即$\lim\limits_{t\to\infty}p(x*\in X(t))=1$。遗传搜索效率和时间的复杂性与遗传操作的搜索性有关。在实际应用中，需在有限步迭代内找到全局最优解，即必须在种群发生早熟收敛现象之前，通过选择与交叉操作的全局搜索来发现最优解。

3）防止早熟收敛现象

分析了早熟收敛产生的原因后，下面解决如何防止该现象发生，即如何维持群体多样性以保证在寻找到最优解或满意解之前，不会发生早熟收敛现象。解决方法主要有如下几种。

(1) 重新启动法。重新启动法是实际应用中最早出现的方法之一。在GA搜索中碰到早熟收敛问题而不能继续时，则随机选择一组初始值重新进行GA操作。假设每次执行GA后陷入不成熟收敛的概率为$Q(0\leqslant Q<1)$，那么做n次独立的GA操作后，可避免早熟收敛的概率为$F(n)=1-Q^n$。随着n的增大，$F(n)$将趋于1，但是，对于Q较大的情况，如果优化对象很复杂或每次执行时间很长，则不适合采用该办法。

(2) 匹配策略。为了维持群体的多样性，我们通过有目的地选择配对个体来避免早熟收敛。一般情况下，在物种的形成过程中要考虑配对策略，以防止对根本不相似的个体进行配对。因为在生物界，不同种族之间一般是不会交叉的，这是因为它们的基因结构不同，会发生互斥作用，同时交叉后会使种族失去其优良特性。因此，配对受到限制，即大多数是同种或近种配对，以使一个种族的优良特性得以保存和发扬。然而，这里所说的匹配策略是有不同的目的。其目的是，由不同的父辈产生的个体比其父辈更具有多样性。

Goldberg的共享函数就是一种间接匹配策略。该策略对生物种群内的相互匹配或至少对占统治地位的物种的相互匹配有一定限制。

Eshelman提出了一种可以更直接地防止相似个体交配的方法——防止乱伦机制。在该机制中，参与交配的个体是随机配对的，但只有当参与配对的个体间的距离超过一定阈值时，才允许它们进行交配。最初的阈值可采用初始群体距离的期望，随着迭代过程的发展，阈值可以逐步减小。尽管Eshelman的方法并不能明显地阻止同辈或相似父辈之间进行交配，但只要个体相似，它就有一定的影响。

匹配策略是对具有一定差异的个体进行配对，这在某种程度上可以维持群体的多样性。

但它同时也具有一定的副作用,即交叉操作会使较多的模板遭到破坏,只有较少的共享模板得以保留。

(3) 重组策略。重组策略就是使用交叉算子。在某种程度上交叉操作试图产生与其父辈不同的个体,从而使产生的群体更具有多样性。能使交叉操作更具有活力的最简单的方法是增加其使用的频率和使用动态适应度函数,如共享函数方法。另一种方法是把交叉点选在个体具有不同值的位上。只要父辈个体至少有两位不同,所产生的子代个体就会与其父辈不相同。维持群体多样性的基本方法是,使用具有破坏性的交叉算子,如均匀交叉算子。该算子试图交叉近半的不同位,因而保留的模板比单点或两点交叉所保留的模板要少得多。总之,重组策略主要是从使用频率和交叉点两方面来维持群体的多样性。这对采用随机选择配对个体进行交叉操作可能有特定的意义,但对成比例选择的方式,其效果则不一定明显。

(4) 替代策略。匹配策略和重组策略分别在选择、交叉阶段,通过某种策略来维持群体的多样性,而替代策略是在选择、交叉产生的个体中,选择哪一个个体进入新一代群体。De Jong 采用排挤模式,即用新产生的个体去替换父辈中类似的个体。有学者也采用类似的方法,仅把与父辈各个个体均不相似的新个体添加到群体中。这种替换策略仅从维持群体的多样性出发,存在一定的负面影响,即交叉操作会破坏较多模板,但这种影响比匹配策略和重组策略的要少。

(5) 尺度变换。在应用比例选择时,GA 的早期群体中适应度函数值远大于群体平均适应度函数值的个体会在群体中过多地复制,而导致早熟收敛,且在 GA 的后期群体平均适应度函数值与最优实验值太过接近时,会导致停滞现象。这个问题通过对适应度函数进行尺度变换来处理。常用的尺度变换方法有:线性尺度变换、乘幂尺度变换、指数尺度变换和 σ 截断。其中,指数尺度变换不仅可以让性能较好的个体保持更多的复制机会,而且限制了其复制数目以免其很快控制整个群体,从而提高了相近个体之间的竞争性。指数尺度变换系数决定了选择的强制性,其值越小,选择强制就越趋向于那些适应度函数值大的个体,因此指数尺度变换较为常用。

5. 种群的多样性

传统 GA 的目标是使种群逐渐收敛,最终获得一个满意解。这样会使种群失去多样性,而种群的多样性恰恰是有效探索整个可行空间的必要条件。传统 GA 中的群体在进化后期会失去对环境变化的适应能力,这是 GA 在动态环境中所面临的主要挑战。近些年来,许多学者使用了各种方法来解决这个问题,这些方法大体上可以分成以下四种。

(1) 采取修改某些 GA 算子的策略,使 GA 能够适应环境的变化。

(2) 始终避免种群收敛,保持种群的多样性。因为一个发散的种群能够更容易地适应环境变化。

(3) GA 中引入某种记忆策略,使之能够重用以前的进化信息。这类方法适用于周期变化的环境。

(4) 采用多种群策略,将整个种群分成若干个小种群,其中一部分用于追踪当前的极值点,另一部分继续搜索整个空间,以发现新的极值点。

各种动态遗传算子与传统遗传算子相比,更能够保持种群的多样性。因为种群多样性是 GA 能够适应复杂环境变化的必要条件。

6. 三个遗传算子对收敛性的影响

采用不同的遗传算子对 GA 的收敛性影响可能很大，简单分析如下。

1）选择操作对收敛性的影响

选择操作的目的是保证每代种群的多样性，降低个体之间的相似度，使适应度函数值大的父代个体能够直接进入子代，使进化后的较优个体进入子代，解决标准 GA 中经过若干代后种群内个体高度相似的缺点，使种群可以收敛到全局最优解。选择操作对于复杂的多峰、多谷函数求最值具有较好的效果。

2）交叉操作对收敛性的影响

交叉操作作用于个体，用于产生新个体，需要在解空间中进行有效搜索。渐变种群的交叉操作的目的是保证种群中个体不至于更新很快，保证适应度函数值大的个体不被很快破坏掉。突变种群的交叉操作能够保证交叉的有效性，从而不会使搜索停滞不前而造成算法的不收敛或陷入局部最优解。

3）变异操作对收敛性的影响

变异操作的目的是对种群模式作一扰动，有利于增加种群的多样性。渐变种群的变异保证了最佳个体渐进达到局部最优解，增强个体的局部搜索能力。突变种群的变异保证了新模式的产生，保证了种群的多样性，从而最终达到全局最优解。

8.3.3 遗传算法的改进

尽管 GA 有许多优点，但目前存在的问题依然很多，其中 GA 的早熟收敛现象是迄今为止最难解决的一个问题。实际上，自从 1975 年 J. H. Holland 系统地提出 GA 的完整结构和理论以来，众多学者一直致力于改进 GA，分别从编码方式、初始群体设定、适应度函数标定、遗传操作算子、控制参数选择及 GA 结构等方面，提出了很多改进的 GA。本小节介绍一些简单的改进 GA。

改进 GA 的基本途径，概括为以下几个方面：

(1) 改进 GA 的组成成分或使用技术，如选用优化控制参数、适合问题特性的编码技术等；

(2) 采用混合 GA 或并行算法；

(3) 采用动态自适应技术，在进化过程中调整算法控制参数和编码精度；

(4) 采用非标准的遗传操作算子。

对一般 GA 的改进思路归纳如下。

1. 对编码方式的改进

二进制编码的优点在于编码、解码操作简单，交叉、变异等操作便于实现；缺点在于精度要求较高时，个体编码串较长，使算法的搜索空间急剧扩大，GA 的性能降低。Gray 编码克服了二进制编码的不连续问题，浮点数编码改善了 GA 的计算复杂性问题。

2. 对三个遗传算子的改进

1）选择算子改进

有学者通过不同的父代种群来构造子代种群。方法如下：父代的部分最佳个体及经过渐变进化的优秀个体可以直接进入下一代，部分次优个体和突变进化后的优秀个体可以进入下一代。这样的种群构造方式不仅保证了优秀个体的保留，同时保证了各代种群的多样性，降低了种群之间的相似性，提高了交叉操作的效率。

2）交叉算子改进

GA的收敛性主要取决于交叉算子的收敛性，交叉算子的设计是国内外学者研究的一个热点。有学者将种群分为渐变种群和突变种群。为了使渐变种群能够达到局部最优，依据交叉概率 p_c 对渐变种群做两点交叉操作，以减小其改变量，使其在最优解邻域内做局部搜索；对于突变种群，为保证其能在整体范围内寻优，可以采用再次随机产生新个体的方法，使其以大概率与突变种群的个体做交叉操作，不断引入新个体，使种群做较大的改变。

3）变异算子改进

有学者在变异操作时让渐变种群以变异概率做较少的基因位变异，且控制变异区有较小的权重，避免串值的改变量太大而导致接近最优点的个体遗漏；对于突变种群，允许多个基因位以变异概率同时变异且变异位不受限制。

3. 对控制参数的改进

GA的运行需要对很多参数进行控制，参数的不同可能导致收敛的速度与效率不同。有学者提出了一种自适应GA，即交叉概率 p_c 和变异概率 p_m 能够随适应度函数而自动改变。当种群的各个个体适应度函数值趋于一致或趋于局部最优时，使二者增加，而当种群适应度函数值比较分散时，使二者减小，同时对适应度函数值大于群体平均适应度函数值的个体，采用较低的 p_c 和 p_m，使性能优良的个体进入下一代，而小于平均适应度函数值的个体，采用较高的 p_c 和 p_m，使性能较差的个体被淘汰。

4. 对GA群体构成策略的改进

GA个体分布的特点为，在进化初期个体随机分布于解空间。在进化过程中，虽然个体的多样性依然存在，但往往会出现群体的平均适应度函数值接近最佳个体适应度函数值，此时个体间的竞争力减弱，最佳个体和其他大多数个体在选择过程中有几乎相等的选择机会，从而使有目标的优化过程趋于无目标的随机漫游过程。不同的GA群体构成策略收敛速度不同，可采用的方法如下。

（1）全部换上新个体。

（2）保留父代最佳个体。

（3）按照一定比例更新父代群体中的部分个体。该方法的极端方式是每代只删去一个最不适合的个体。

（4）从父代和子代中挑选最好的若干个个体。

其中，方法（1）全局搜索性能最好，收敛速度最慢；方法（4）收敛最快，但全局性能最差；方法（2）和（3）介于方法（1）和（4）两者之间。

近年来，应用Markov链对GA进行建模和分析，证明了简单GA不能收敛至全局最佳值。Gerefnsetett提出的保留最佳个体法，采用比例选择法，即上面的方法（2），选择、变异概率均在[0,1]内时，该方法最终以概率1收敛到全局最优。尽管通过Markov链可以证明该方法可收敛到全局最优，但收敛的时间可能很长，限制了它的应用。通常，采用将其他策略与最佳个体法结合使用。

5. 对执行策略的改进

由改进执行策略得到的改进GA的主要方法有如下几种。

(1) 改进GA的组成成分或使用技术，如选用优化控制参数、适合问题特性的编码技术等。

(2) 混合GA，如GA与梯度下降法相结合的混合GA，GA与模拟退火法相结合的混合GA。

(3) 采用动态自适应技术，在进化过程中调整算法控制参数和编码精度，得到改进GA。

(4) 采用非标准的遗传操作算子，得到改进GA。

(5) 采用并行算法或自适应技术，得到并行GA或自适应GA。

(6) 采用小生境技术，得到基于小生境技术的GA。

8.3.4 一些改进的遗传算法比较

各种结合不同思想策略的改进遗传算法的特点比较，如表8.6所示。

表8.6 各种改进的遗传算法原理及性能对比

算法结合策略	结合原理	优势	适用领域
单亲遗传算法(partheno-genetic algorithm，PGA)	模拟自然界中低等生物的单亲繁殖方式，通过单个个体繁殖后代，所有的遗传操作均在一条染色体上进行	操作简单；计算效率高；不使用交叉算子，对种群多样性无要求；不存在早熟收敛问题	所有遗传算法适应领域
协同进化遗传算法(coevolutionary genetic algorithm，CGA)	考虑了种群之间的相互作用，在计算个体适应度函数值时考虑个体之间的关系，描述多个选取目标之间的约束	搜索过程作用于编码的个体，因而鲁棒性、随机性、全局性及并行处理能力更强；可分解复杂问题	分类，约束满足，优化调度，聚类等众多可以分解的复杂问题
小生境遗传算法(niche genetic algorithm，NGA)	一个种群类似于一个生态系统，具有某种相似性的一组个体类似于物种，把物种看成子种群，则物种、子种群、小生境是意义对应的关系；形成和维持稳定的多样化子种群，在搜索空间的不同区域中并行进化搜索	维持了种群之间的多样性而避免早熟收敛；局部搜索能力及解的精度得到提高；且参数的选择不过分严格；克服遗传漂移的均匀收敛趋势	实现多峰、多目标问题的优化和复杂系统的仿真
量子计算与遗传算法结合	采用量子染色体的表示形式，通过选择，具有较大适应度函数值的个体不断增多，并根据量子坍塌机理采用随机观察方法产生新的个体，不断探索未知空间	染色体上携带着多个状态信息，能带来丰富的种群，进而保持群体的多样性，克服过早收敛；具有通用性且效率更高	适用于多用户策略

续表

算法结合策略	结合原理	优势	适用领域
免疫原理与遗传算法结合	用待求解问题中的特征信息来抑制优化过程中的种群退化现象；在合理提取疫苗的基础上，通过接种疫苗来提升适应性，通过免疫选择来防止种群退化	因加入免疫算子，故增加了计算复杂性，但使其更接近最优解	流程车间调度、旅行商问题
聚类思想应用于遗传算法	因选择算子保证种群逼近最优，而容易破坏种群的多样性，把聚类思想应用于遗传算法中，使选择算子能兼顾多样性问题，以大大增加算法的搜索空间	兼顾收敛性与多样性两个指标，以避免算法陷入局部最优解	所有遗传算法应用领域
禁忌搜索与遗传算法结合	结合了禁忌搜索算法的局部搜索性能和遗传算法的全局搜索性能；允许一定程度上解的质量变差；借助禁忌列表，记录搜索路径的历史信息，避免迂回搜索和搜索过程陷入局部极值点	良好的鲁棒性和寻优性能，以及良好的求解精度	求解极小化问题
遗传算法融合模拟退火思想	在遗传算法中加入周期性的退火过程。通过“撒种”操作将模拟遗传退火算法的局部搜索能力及遗传算法的全局搜索能力结合起来	搜索效率高，准确度高，克服了遗传算法可能会出现的未成熟而陷入局部最优问题	聚类、组合优化领域，对 NP 完全组合优化问题尤其有效
蚁群算法融入遗传算法	用蚁群算法中的信息量标定解空间，均匀分解每一个子区域产生的初始种群，在各个子区域信息量变化的约束下进行遗传操作，搜索整个解空间	较好地避免过早收敛现象出现；提高了算法的收敛速度	旅行商问题，二次分配问题(QAP)，车间任务调度问题(JSP)

表 8.6 对各种思路的改进型遗传算法进行对比，说明了各种改进方式的特点及应用领域。事实上，遗传算法的困难来源于不适当的问题表示、交叉和变异的扰动作用、有限的种

群大小、复杂的多模型状态图等。在遗传算法实际应用中出现的一些问题中，很重要的是遗传算法未成熟收敛，而对于遗传算法的应用，解决未成熟收敛问题是必要的。否则，遗传算法的一些优良性能（如全局寻优能力）将无法完全体现出来。前面提到的各种改进的遗传算法就是针对以上问题提出的。其中，防止早熟收敛现象又是将各种策略与遗传算法结合的最主要的理由。

虽然遗传算法作为研究热点已有多年，但学者们对算法研究的热情并没有减弱，一方面是继续寻找改进遗传算法的方式；一方面是将遗传算法应用于具体问题中，针对具体问题改进遗传算法；第三方面，与遗传算法类似的群集智能算法，如萤火虫算法、布谷鸟算法、随机蛙跳算法、细菌觅食算法等，正在走入研究者的视野，这些算法与遗传算法都有密切的关系。

第8章应用案例

第 9 章　群集智能算法

9.1　研究背景

群集智能算法是人工智能的一个重要分支，它起源于对人工生命的研究。“人工生命”用来研究具有某些生命基本特征的人工系统，包括两个方面的内容：研究如何利用计算技术研究生物现象；研究如何利用生物技术研究计算问题。

对群集智能的研究是受社会性昆虫行为的启发，从事计算研究的学者通过对社会性昆虫的模拟获得了一系列对传统问题的新的解决方法，这些研究就是群集智能的研究。群集智能中的群体（swarm）指的是“一组相互之间可以进行直接通信或者间接通信（通过改变局部环境）的主体，这组主体能够合作进行分布问题求解”；而所谓群集智能，指的是“无智能的主体通过合作表现出智能行为的特性”。群集智能在没有集中控制并且不提供全局模型的前提下，为寻找复杂的分布式问题的解决方案提供了基础。

人们从群居昆虫相互之间协调合作的工作原理及合作规则中得到启示，提出了基于群集智能的新的算法，来解决现实生活中的一些复杂问题。目前，在计算智能领域，基于群集智能的算法有蚁群算法、粒子群算法、鱼群算法和蜂群算法等。

9.2　算法概述

群集智能是指群居生物以集体的方式进行觅食、御敌及筑巢时所表现出来的能力。例如：蜜蜂采蜜，鱼群捕食，蚂蚁觅食、筑巢等。群集智能算法是模拟群体生物觅食、进化等行为的一种智能算法，它的群体智能性是通过无智能或具有简单智能的诸多个体相互间协同合作表现出来的。它将搜索寻优过程模拟成自然界生物群体进化、觅食的过程，搜索空间中的点则演化为群体中的个体，或个体所到达的位置。问题的本质就是，通过所求的目标函数来修改个体在搜索空间（即所处环境）中的适应能力，进而得到最理想的优化结果。

1994 年，Millonas 提出：群集智能算法应该遵循以下 5 条基本原则。

（1）相似性（proximity）：群体中的个体都可以进行相同的、简单的空间计算和时间计算。

（2）特性回应（quality）：群体中的个体都能够对环境中的特殊因素作出相应的回应。

（3）多样性反应（diverse response）：整个群体的运动范围和响应范围应当宽泛，不能过窄，需要给群体足够的寻找空间。

（4）稳定性（stability）：群体中的个体性能应当稳定，不应当在每次环境发生微小变化时都改变自身的行为。

（5）适应性（adaptability）：群体中的个体需要具有在适当的环境刺激下合理改变自身行为的能力。

1. 群集智能算法框架

群集智能算法是一类基于概率随机搜索的进化算法，各个算法在逻辑、结构理论上具有较大的相似性。因此，群集智能算法可以建立一个统一的基本框架，步骤如下：

（1）设置相应参数，初始化种群；

（2）社会协作产生一组可行解，计算其适应度函数值，选取适应程度最好的解；

（3）群体内部个体自我调节并通过比较个体最优适应度函数值，得到群体最优适应度函数值；

（4）判断是否满足终止条件？如果满足，迭代结束；如果不满足，转步骤（2）。

各个群集智能算法之间最大的区别在算法的更新规则上，有基于模拟群体运动更新的，也有根据特定算法机理而更新的。这样就可以根据优化对象的性质和特点来选择相应的更新规则，进而得到理想的优化效果。

群集智能算法的搜索过程可以归纳成三个基本环节：群体协作、自适应和竞争。根据这三个基本环节，群集智能算法之一鸽群（pigeon-inspired optimization，PIO）算法统一框架得以提出，它具有以下数学表达：

$$F=(\mathrm{Pop},S,A,C,T)$$

式中：Pop 表示种群；S、A、C 分别表示群体协作、自适应和竞争；T 表示迭代次数。

2. 群集智能算法的特点

1）群集智能算法的优点

（1）灵活性（flexibility）：群集智能算法模仿自然界生物的生理机制，具有一定的适应性，是一种不确定性算法，在求解一些复杂问题时比确定性算法更具优势。

（2）稳健性（robustness）：群集智能算法没有中心控制，即优化的结果依靠整个群体，而非几个特殊个体，个体的失败不会影响问题的求解，并且，算法不依赖问题是否具有严格的数学性质，例如连续性、可导性及精确性。

（3）随机性（randomness）：群集智能算法是一类概率型的全局搜索算法，它的概率性体现在空间解的寻优上，根据更新规则它能够初步找到优质解区，并在优质解区内进行更加细致的搜索，以便找到全局最优解。

（4）学习性（learning）：群集智能算法能够在复杂的环境中，通过自身的学习和不断调节，提高个体在整体环境中的适应能力。

（5）并行性（parallelism）：群集智能算法具有潜在的并行性，搜索过程可以从多个点同时出发，然后进行信息传递，群体并行模式可以提高整个算法的运行效率，节省时间。

2）群集智能算法的缺点

（1）并不是总能从涌现的群体行为中推导出个体的行为。

（2）真实生物个体如此复杂，以至于几乎不可能在一个仿真系统中完成复制。

（3）简单的规则产生类似生命的群体行为，并不能保证真实的生态系统一定能够遵循这些简单的规则。

下面对基本的群集智能算法进行简单介绍。

9.3 蚁群算法

9.3.1 蚁群算法详解

1. 蚁群算法的定义

蚁群算法是人们通过对自然界中蚁群群体行为的研究而提出的一种基于种群的模拟进化算法。该算法通过模拟蚂蚁搜索食物的过程来求解一些实际问题。

蚂蚁能够在没有任何可见的提示下找出蚁穴到食物的最短路径，并且能随着环境的变化而调整路径，产生新的选择。但是，蚁群是如何完成这些复杂的任务的呢？人们发现，蚂蚁在从食物源返回蚁穴的途中会分泌一种信息素（pheromone，也称外激素），这种物质会随着时间的推移而挥发。蚂蚁在运动中倾向于朝着信息素浓度高的方向移动。假设蚂蚁从蚁穴出发搜寻食物，蚁穴与食物之间有 n 条路径。最初，所有路径上都没有信息素，蚂蚁选择每条路径的概率是相同的，找到食物后，蚂蚁返回洞穴并在回来的路上留下信息素。

2. 蚁群算法的原理

如果程序员要为蚂蚁设计一个人工智能的程序，那么这个程序有多么复杂呢？首先，要让蚂蚁能够避开障碍物，就必须根据适当的地形编辑指令。其次，要让蚂蚁找到食物，就需要让它们遍历空间上的所有的点。再次，如果要让蚂蚁找到最短的路径，那么需要计算所有可能的路径并且比较它们的长短……这个过程似乎特别烦琐。然而，事实上并没有那么复杂，在这个程序中，每只蚂蚁的核心程序编码不过100多行，那么，为什么这么简单的程序会让蚂蚁干这样复杂的事情？答案是：简单规则的涌现。事实上，每只蚂蚁并不是像人们想象的那样需要知道整个世界的信息，它们其实只关心很小范围内的“眼前信息”，而且根据这些局部信息利用几条简单的规则进行决策，这样，在蚁群这个集体里，复杂性的行为就会凸现出来。这就是人工生命、复杂性科学解释的规律。那么，这些简单规则是什么呢？

1）范围

蚂蚁观察到的范围是一个方格世界，蚂蚁有一个参数为速度半径（一般是 3）（注意，这里只讨论数据，不涉及单位），那么它能观察到的范围就是 3×3 的方格世界，并且它能移动的距离也在这个范围之内。

2）环境

蚂蚁所在的环境是一个虚拟的世界，其中有障碍物，有别的蚂蚁，还有信息素。信息素有两种，一种是找到食物的蚂蚁播撒的食物信息素，一种是找到蚁穴的蚂蚁播撒的蚁穴信息素。每只蚂蚁都仅仅能感知它观察到的范围内的环境信息。环境以一定的速率让信息素消失。

3）觅食规则

每只蚂蚁在能感知到的范围内寻找是否有食物，如果有就直接过去；否则，判断是否有信息素，并且比较在能感知的范围内哪一点的信息素最多，这样，它就朝信息素最多的地方走，并且每只蚂蚁都会以小概率犯错误，故并不是每只蚂蚁都会往信息素最多的点移动。（蚂蚁找蚁穴的规则和其觅食规则一样，只不过此时的信息素是蚁穴信息素，而不是食物信息素。）

4）移动规则

每只蚂蚁都朝向信息素最多的方向移动。当周围没有信息素指引的时候，蚂蚁会按照自己原来运动的方向惯性地运动下去。值得注意的是，在蚂蚁运动的方向有一个随机的小的扰动。为了防止蚂蚁原地转圈，它会记住刚才走过了哪些点，如果发现要走的下一点已经在之前走过了，它就会尽量避开。

5）避障规则

如果蚂蚁要移动的方向有障碍物挡住，那么它会随机选择另一个方向；如果有信息素指引的话，它会按照觅食的规则行动。

6）信息素规则

每只蚂蚁在刚找到食物或者蚁穴的时候播撒的信息素最多，并随着它越走越远，播撒的信息素越来越少。

根据这几条规则，蚂蚁之间并没有直接的关系，但是每只蚂蚁都和环境发生交互，而信息素这个纽带，实际上把各个蚂蚁关联起来了。比如，当一只蚂蚁找到了食物，它并没有直接告诉其他蚂蚁“这儿有食物”，而是向环境播撒信息素，当其他蚂蚁经过它附近的时候，就会感觉到信息素的存在，进而根据信息素的指引就会找到食物。

根据上面的原理叙述和实际操作，不难发现，蚂蚁之所以具有智能行为，完全归功于它的简单行为规则，而这些规则综合起来具有两个方面的特点：多样性和正反馈。

多样性保证了蚂蚁在觅食的时候不致走进死胡同而无限循环，正反馈机制则保证了相对优良的信息能够被保存下来。我们可以把多样性看成一种创造能力，而正反馈是一种学习强化能力。正反馈的力量也可以比喻成权威的意见，而多样性是打破权威并体现其创造性，正是这两点的巧妙结合才使得智能行为涌现出来了。

引申来讲，大自然的进化、社会的进步、人类的创新实际上都离不开这两样东西，多样性保证了系统的创新能力，正反馈保证了优良特性能够得到强化，两者要恰到好处地结合。如果多样性过剩，也就是系统过于活跃，这相当于蚂蚁会过多地随机运动，那么它就会陷入混沌状态；而相反，多样性不够，正反馈机制过强，那么系统就好比一潭死水，这在蚁群中就表现为，蚂蚁的行为过于僵硬，当环境变化了，蚂蚁仍然不能适当地调整。

3. 蚁群算法的最短路径

蚂蚁是如何找到最短路径的？这一要归功于信息素，二要归功于环境（对应于人工智能领域，是计算机时钟）。信息素多的地方，显然经过的蚂蚁会多，因而会有更多的蚂蚁聚集过来。假设有两条路从蚁穴通向食物，开始的时候，走这两条路的蚂蚁数量同样多（或者较长的路上蚂蚁多，这也无关紧要）。当蚂蚁沿着一条路到达终点以后会马上返回来，这样，短的路上蚂蚁来回一次的时间就短，这也意味着重复的频率就高，因而在单位时间里走过的蚂蚁数目就多，蚂蚁播撒下的信息素自然也会多，自然会有更多的蚂蚁被吸引过来，从而播撒下更多的信息素……而长的路正相反。因此，越来越多的蚂蚁聚集到较短的路径上来，最短的路径就近似找到了。

也许有人会问局部最短路径和全局最短路的问题，实际上蚂蚁是逐渐找到全局最短路径的，为什么呢？这是因为蚂蚁会犯错误，也就是它会按照一定的概率不往信息素浓度高的地方走而“另辟蹊径”。这可以理解为一种创新，这种创新如果能缩短路途，那么根据刚才叙述的原理，更多的蚂蚁也会被吸引过来。

9.3.2 蚁群算法的特点及应用

1. 蚁群算法的特点

1）自组织

在系统论中，自组织和他组织是组织的两个基本分类，其区别在于，组织力或组织指令是来自于系统的内部还是外部，来自系统内部的是自组织，来自系统外部的是他组织。如果系统在获得空间、时间或者功能结构的过程中，没有外界的特定干预，我们便说系统是自组织的。在抽象意义上讲，自组织就是在没有外界作用下使得系统熵减小的过程（即系统从无序到有序的变化过程）。蚁群算法充分体现了这个过程，以蚂蚁群体优化为例进行说明。在算法开始的初期，单个的人工蚂蚁无序地寻找解，算法经过一段时间的演化，人工蚂蚁间通过信息素的作用，自发地越来越趋向于寻找到接近最优解的一些解，这就是一个无序到有序的过程。

2）并行

每只蚂蚁搜索的过程彼此独立，仅通过信息素进行通信。因此，蚁群算法可以看作一个分布式的多 Agent 系统，它在问题空间的多点同时开始独立的解搜索，这不仅增加了算法的可靠性，也使得算法具有较强的全局搜索能力。

3）正反馈

从真实蚂蚁的觅食过程中我们不难看出，蚂蚁能够最终找到最短路径，直接依赖于最短路径上信息素的堆积，而信息素的堆积却是一个正反馈的过程。对蚁群算法来说，初始时刻在环境中存在浓度完全相同的信息素，给予系统一个微小扰动，使得各个轨迹上的信息素浓度不相同，蚂蚁寻找食物的不同路径构成一个个解。蚂蚁构造的解中存在优劣，在较优的解中，蚂蚁找到食物的路径更短，往返一次时间更短，经过时间的累积，将在这个路径留下更多的信息素，而更多的信息素又吸引了更多的蚂蚁，构成一个正反馈的过程。这个正反馈的过程使得初始的不同得到不断的扩大，同时又引导整个系统向最优解的方向进化。因此，正反馈是蚂蚁算法的重要特征，它使得算法演化过程得以进行。

4）强鲁棒性

相对于其他算法，蚁群算法对初始路线要求不高，即蚁群算法的求解结果不依赖于初始路线的选择，而且在搜索过程中不需要进行人工的调整。其次，蚁群算法的参数数目少，设置简单，易于将蚁群算法应用于其他组合优化问题的求解。

2. 蚁群算法的应用

蚁群算法最初用于解决 TSP 问题，而经过多年的发展，它已经陆续渗透到其他领域中，比如图着色问题、大规模集成电路设计、通信网络中的路由问题，以及负载平衡问题、车辆调度问题等。蚁群算法在若干领域已经获得成功的应用，其中最成功的是在组合优化问题中的应用。

在网络路由处理中，网络的流量分布不断变化，网络链路或节点也会随机地失效或重新加入。蚁群的自身催化与正向反馈机制正好符合了这类问题的求解特点，因此，蚁群算法在网络领域得到一定的应用。蚁群觅食行为所呈现出的并行与分布特性使得算法特别适合于并行化处理，故完善算法的并行化执行，对于将蚁群算法用于大量复杂的实际应用问题的求解来说，是极具潜力的。

9.4　粒子群算法

9.4.1　粒子群算法详解

1. 粒子群算法的由来

粒子群算法，也称粒子群优化(particle swarm optimization，PSO)算法或鸟群觅食算法，是近年来由 J. Kennedy 和 R. C. Eberhart 等开发的一种新的进化算法(evolutionary algorithm，EA)。PSO 算法与模拟退火算法相似，它也是从随机解出发，通过迭代寻找最优解；它也是通过适应度函数值来评价解的品质，但它比遗传算法规则更为简单，它没有遗传算法的交叉和变异操作，它通过追随当前搜索到的最优值来寻找全局最优。这种算法以其实现容易、精度高、收敛快等优点引起了学术界的重视，并且在解决实际问题中展示了其优越性。粒子群算法是一种并行算法。

在自然界中，鸟群运动的主体是离散的，其排列看起来是随机的，但在整体的运动中它们却保持着惊人的同步性，其整体运动形态非常流畅且极富美感。这些呈分布状态的群体所表现出的似乎是有意识的集中控制，这一直是许多研究者感兴趣的问题。有研究者对鸟群的运动进行了计算机仿真，他们通过对个体设定简单的运动规则，来模拟鸟群整体的复杂行为。

1986 年，Craig W. Reynolds 提出了 Boid 模型，用以模拟鸟类聚集飞行的行为。通过在现实世界中对这些群体运动的观察，Craig W. Reynolds 在计算机中复制和重建了这些运动轨迹，并对这些运动进行抽象建模，以发现新的运动模式。之后，生物学家 F. Heppner 在此基础上增加了栖息地对鸟吸引的仿真条件，提出了新的鸟群模型。这个新的鸟群模型的关键在于以个体之间的运算操作为基础，这个操作也就是群体行为的同步必须在于个体努力维持自身与邻居之间的距离为最优，为此每个个体必须知道自身位置和邻居的位置信息。这些都表明群体中个体之间信息的共享有助于群体的进化。

1995 年，受到 F. Heppner 鸟群模型的影响，社会心理学博士 J. Kennedy 和电子工程学博士 R. Eherhart 提出了粒子群算法。粒子群算法其实也是一种演化计算技术，该算法将鸟群运动模型中的栖息地类比于所求问题空间中可能解的位置，通过个体间的信息传递，导引整个群体向可能解的方向移动，在求解过程中逐步增加发现较好解的可能性。群体中的鸟被抽象为没有质量和体积的“粒子”，这些粒子间的相互协作和信息共享，使其运动速度受到自身和群体的历史运动状态信息的影响。该算法以粒子自身和群体的历史最优位置对粒子当前的运动方向和运动速度加以影响，较好地协调粒子本身和群体之间的关系，以利于群体在复杂的求解空间中进行寻优操作。

PSO同遗传算法类似，是一种基于迭代的优化算法。系统初始化为一组随机解，通过迭代搜寻最优值。但是它没有遗传算法用的交叉及变异操作，而是粒子在求解空间追随最优的粒子进行搜索。同遗传算法比较，PSO的优势在于简单、容易实现并且没有许多参数需要调整。目前，PSO算法已广泛应用于函数优化、神经网络训练、模糊系统控制，以及其他遗传算法的应用领域。

2. 粒子群算法的原理

设想这样一个场景：一群鸟在随机搜索食物，在这个搜索区域里只有一块食物，所有的鸟都不知道食物的确切位置，但是，它们知道当前的位置距离食物还有多远。那么，找到食物的最优策略是什么呢？最简单、有效的方法就是，搜寻目前距离食物最近的鸟的周围区域。PSO算法从这种模型中得到启示，并用于解决优化问题。在PSO算法中，每个优化问题的解都是搜索空间中的一只鸟，也就是所谓的"粒子"。所有的粒子都有一个由适应度函数决定的适应度函数值，每个粒子还有一个决定它们飞行方向的速度和距离。然后粒子们就追随当前的最优粒子在解空间中搜索。

PSO算法与其他演化算法相似，也是基于群体的思想，根据对环境的适应性将群体中的个体移动到好的区域，然而它不像其他的演化算法那样对个体使用演化算子，而是将每个个体看作D维搜索空间中的一个没有体积的粒子(点)，该粒子在搜索空间中以一定的速度飞行。这个速度根据它本身的飞行经验及同伴的飞行经验进行动态调整，然后通过迭代找到最优解。

PSO算法首先在可行解空间中初始化一群粒子，每个粒子都代表极值优化问题的一个潜在最优解，用位置、速度和适应度函数值三项指标表示该粒子特征，适应度函数值由适应度函数计算得到，其值的好坏表示粒子的优劣。粒子在解空间中运动，通过跟踪个体极值P_i和群体极值P_g更新个体位置。个体极值P_i是指个体所经历位置中计算得到的适应性最优位置，群体极值P_g是指种群中的所有粒子搜索到的适应性最优位置。粒子每更新一次位置，就计算一次适应度函数值，并且通过比较新粒子的适应度函数值和个体极值、群体极值来更新个体极值P_i和群体极值P_g位置。

另外也可以不用整个种群，而只是用其中一部分作为粒子的邻居，那么在所有邻居中的极值就是局部极值。

假设在一个D维的搜索空间中，由n个粒子组成的种群$X=\{X_1,X_2,\cdots,X_i,\cdots X_n\}$，其中第$i$个粒子表示为一个$D$维的向量$\boldsymbol{X}_i=[x_{i1},x_{i2},\cdots,x_{iD}]^{\mathrm{T}}$，代表第$i$个粒子在$D$维搜索空间中的位置，亦代表问题的一个潜在解。根据适应度函数(目标函数)即可计算出每个粒子位置$\boldsymbol{X}_i$对应的适应度函数值。第i个粒子的速度为$\boldsymbol{V}_i=[V_{i1},V_{i2},\cdots,V_{iD}]^{\mathrm{T}}$，其个体极值为$\boldsymbol{P}_i=[P_{i1},P_{i2},\cdots,P_{iD}]^{\mathrm{T}}$，种群的群体极值为$\boldsymbol{P}_g=[P_{g1},P_{g2},\cdots,P_{gD}]^{\mathrm{T}}$。

在每次迭代过程中，粒子通过个体极值和群体极值更新自身的速度和位置，即

$$\boldsymbol{V}_{id}^{k+1}=\omega\boldsymbol{V}_{id}^{k}+c_1r_1(\boldsymbol{P}_{id}^{k}-\boldsymbol{X}_{id}^{k})+c_2r_2(\boldsymbol{P}_{gd}^{k}-\boldsymbol{X}_{id}^{k}) \tag{9-1}$$

$$\boldsymbol{X}_{id}^{k+1}=\boldsymbol{X}_{id}^{k}+\boldsymbol{V}_{id}^{k+1} \tag{9-2}$$

式中：ω为惯性权重因子；$d=1,2,\cdots,D$；$i=1,2,\cdots,n$；k为当前迭代次数；$\boldsymbol{V}_{id}$为粒子的速度；c_1和c_2是非负的常数，称为加速度因子；r_1和r_2是分布于$[0,1]$内的随机数。为防止粒子的盲目搜索，一般建议将其位置和速度大小限制在一定的区间，如分别为$[-X_{\max},X_{\max}]$、$[-V_{\max},V_{\max}]$。

3. 粒子群算法的流程

粒子群算法的大致流程如图 9.1 所示。

该流程可进一步描述如下：

(1) 随机初始化一群粒子(群体规模为 n)，包括随机位置和速度；

(2) 计算每个粒子的适应度函数值；

(3) 根据适应度函数值更新 P_i，P_g，更新粒子速度和位置；

(4) 如果达到最大迭代次数或全局最优位置满足最小界限，就结束运行；否则，返回步骤(2)。

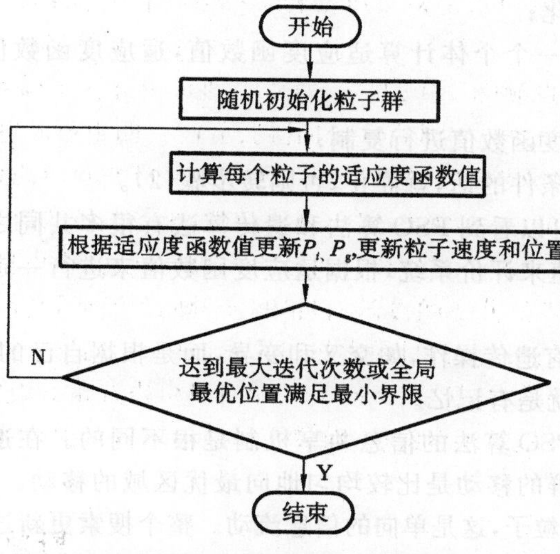

图 9.1　粒子群算法的流程图

9.4.2　粒子群算法的参数分析

应用粒子群算法解决优化问题的过程中有两个重要的步骤：问题解的编码和适应度函数的设置。PSO 算法不需要像遗传算法一样是二进制编码或者采用针对实数的遗传操作。

【例 9.1】　对问题 $f(x)=x_1^2+x_2^2+x_3^2$ 进行求解。

【解析】　粒子可以直接编码为 (x_1,x_2,x_3)，而适应度函数就是 $f(x)$。接着我们就可以利用前面叙述的粒子群算法的运行过程去寻优。这个寻优过程是一个迭代过程，中止条件一般设置为达到最大循环数或者最小错误要求。

PSO 算法中并没有许多需要调节的参数，下面列出这些参数及经验设置。

(1) 粒子数：一般取 20～40。其实对于大部分的问题，10 个粒子已经足够取得好的结果，不过对于比较难的问题或者特定类别的问题，粒子数可以取到 100 或 200。

(2) 粒子的长度：这由优化问题决定，就是问题解的长度来决定。

(3) 粒子的范围：由优化问题决定，每一维可以设定不同的范围。

(4) V_{max}：最大速度，决定粒子在一个循环中最大的移动距离，通常设定为粒子的范围宽度，例如上面的例 9.1 里，粒子 (x_1,x_2,x_3) 属于 $[-10,10]$，那么 V_{max} 的大小就是 20。

(5) 加速度因子：c_1 和 c_2，通常都等于 2。不过在某些文献中也有其他的取值。但是一

般 c_1 等于 c_2，并且在 0 和 4 之间。

(6) 中止条件：最大循环数及最小错误要求。例如，在前面的神经网络训练例子中，最小错误要求可以设定为 1 个错误分类，最大循环数可以设定为 2000。中止条件由具体的问题确定。

9.4.3 粒子群算法与其他算法的比较

1. 遗传算法和 PSO 算法的比较

大多数演化计算(evolutionary computation)技术都具有同样的过程：

(1) 种群随机初始化；

(2) 对种群内的每一个个体计算适应度函数值，适应度函数值与最优解的距离直接有关；

(3) 种群根据适应度函数值进行复制；

(4) 如果满足终止条件的话，就停止，否则转步骤(2)。

从以上步骤，我们可以看到 PSO 算法和遗传算法有很多共同之处：两者都随机初始化种群，使用适应度函数值来评价系统，根据适应度函数值来进行一定的随机搜索，都不保证一定找到最优解。

但是，PSO 算法没有遗传操作，如交叉和变异，而是根据自己的速度来决定搜索。粒子还有一个重要的特点，就是有记忆。

与遗传算法比较，PSO 算法的信息共享机制是很不同的。在遗传算法中，染色体互相共享信息，因此整个种群的移动是比较均匀地向最优区域的移动。在 PSO 算法中，只有 P_g (或 P_i)将信息给其他的粒子，这是单向的信息流动。整个搜索更新过程是跟随当前最优解的过程。与遗传算法比较，在大多数的情况下，PSO 算法所有的粒子可能更快地收敛于最优解。

2. 反向传播算法和 PSO 算法的比较

人工神经网络是模拟大脑分析过程的简单数学模型，反向传播算法是最流行的神经网络训练算法。近年来，也有很多研究开始利用演化计算技术来研究人工神经网络的各个方面。

演化计算可以用来研究神经网络 3 个方面：网络连接权重，网络结构(网络拓扑结构，传递函数)，网络学习算法。不过大多数这方面的工作都集中在网络连接权重和网络拓扑结构上。在遗传算法中，网络权重或拓扑结构一般编码为染色体，适应度函数的选择一般根据研究目的确定。例如，在分类问题中，错误分类的占比可以用来作为适应度函数值。

演化计算的优势在于可以处理一些传统方法不能处理的问题，例如不可导的节点传递函数或者没有梯度信息存在。但是缺点在于：在某些问题上其性能并不是特别好，网络权重的编码和遗传算子的选择有时比较麻烦。

最近已经有一些利用 PSO 算法代替反向传播算法来训练神经网络的论文。研究表明，PSO 算法是一种很有潜力的神经网络算法。PSO 算法执行速度比较快，而且可以得到比较好的结果，没有遗传算法碰到的问题。

这里用一个简单的例子来说明利用 PSO 算法训练神经网络的过程。这个例子使用分类问题的基准函数(benchmark function)和 IRIS 数据集(iris 是鸢尾属植物)。在数据记录中，每组数据包含 iris 花的 4 种属性：萼片长度，萼片宽度，花瓣长度和花瓣宽度。3 种不同的花各有 50 组数据，这样总共有 150 组数据或模式。

我们用 3 层的神经网络来做分类。现在有 4 个输入和 3 个输出。也就是说，神经网络的输入层有 4 个节点，输出层有 3 个节点。我们也可以动态调节隐含层节点的数目，不过这里我们假定隐含层有 6 个节点。我们也可以训练神经网络中的其他参数，这里只是确定网络权重。粒子就表示神经网络的一组权重，应该是 4×6＋6×3＝42 个参数，权重的范围设定为[－100,100]（这只是一个例子，在实际情况中可能需要试验调整）。在完成编码以后，我们需要确定适应度函数。对于分类问题，我们把所有的数据送入神经网络，网络的权重由粒子的参数决定。然后记录所有的错误分类的数目作为那个粒子的适应度函数值，同时，利用 PSO 算法来训练神经网络以获得尽可能低的错误分类数目。PSO 算法本身并没有很多的参数需要调整，因此在实验中，只需要调整隐含层的节点数目和权重的范围，以取得较好的分类效果。

9.5　人工鱼群算法

人工鱼群算法（artificial fish-swam algorithm，AFSA）是由李晓磊等在 2002 年提出的一种基于模拟鱼类群体行为的新型寻优算法。在一片水域中，营养物质多的地方（营养富足区）往往会吸引更多的鱼类来此生存。AFSA 就是根据这个群体特点来模仿鱼类觅食过程中的群体智能行为，从而实现全局的寻优。

在基本 AFSA 中，我们主要利用鱼群的觅食、聚群、追尾和随机行为。觅食行为是指鱼类通过视觉或味觉来寻找水域中的食物并且趋向营养富足区。聚群行为是指鱼类能够聚集成群，并且以群体的行为进行觅食和躲避敌害。追尾行为是指当某一条鱼发现食物并游向食物时，它附近的鱼就会相继跟随过来，进而导致更远处的鱼也会尾随而来抢夺食物。随机行为是指个体鱼在水中自由游动，同时获得更大的搜索范围。人工鱼就是根据以上特点来构造的，每条人工鱼搜索它所处环境的状况（即目标函数的变化情况）和其他人工鱼的游动情况，通过鱼群中个体的局部寻优从而达到全局最优的目的。最终，人工鱼群会聚集在几个极值附近，通过对极值的比较来获得全局极值。AFSA 具有较好的跳出局部极值、获取全局极值的能力。AFSA 只需要比较目标函数的函数值，对初值无要求，对各参数的敏感度也比较低。

1. 人工鱼群算法原理

AFSA 中人工鱼个体的状态可以用向量 $\boldsymbol{X}=[X_1,X_2,\cdots,X_n]^{\mathrm{T}}$ 表示，其中 $X_i(i=1,2,\cdots,n)$ 为个体的寻优变量，通过不断寻找来获取全局最优。人工鱼当前所在位置的适应度函数值（即食物的浓度）通过函数 $Y=f(X)$ 计算得到。两条人工鱼彼此间的距离用 $D_{(i,j)}$ 表示，$D_{(i,j)}=\| X_i-X_j \|$。两条人工鱼彼此间的感知范围用 Visual 表示，即彼此能觉察到的范围。人工鱼单次能够游动的最大步长用 Step 表示，即每一次更新的空间变化量。群体彼此间的拥挤程度用 δ 表示。人工鱼个体在觅食行为中不断搜索尝试的上限用 Max_try 表示。AFSA 首先随机初始化鱼群，再不断地更新以发现较优区，鱼群中个体通过觅食行为、聚群行为和追尾行为来不断更新寻优，从而实现全局寻优。

1）觅食行为

首先，我们设定个体鱼当前的状态为 X_i，然后再为它随机选取一个感知领域之内的伙伴，设伙伴的状态为 X_j。通常我们需要的是求极小值问题，故设定以下规则。

如果 $Y_i<Y_j$，则 X_i 向 X_j 的方向移动一步。不然，再重新选择一个伙伴，判断状态是否前进。如果在搜索尝试的上限内仍找不到更好的伙伴，则个体 X_i 随机选择一个方向移动。

2）聚群行为

已知个体鱼当前的状态为 X_i，感知领域 $D_{(i,j)}<\text{Visual}$ 中个体伙伴的数目 N，以及领域中心的位置 X_{mid}。计算领域中心的适应度函数值 Y_{mid}，如果 $Y_{\text{mid}}/N<\delta Y_i$，则表明当前领域中心位置处有较多的食物并且不拥挤，则个体 X_i 向其游动一步，否则该个体执行一次觅食行为。

3）追尾行为

已知个体鱼当前的状态为 X_i，感知领域 $D_{(i,j)}<\text{Visual}$ 中个体伙伴的数目 N。寻找出伙伴中食物浓度最大的伙伴 X_j，如果 $Y_j/N<\delta Y_i$，则表明伙伴 X_j 的位置处食物充足并且不拥挤，则个体 X_i 向伙伴 X_j 的位置方向游动一步，否则该个体执行一次觅食行为。

4）行为选择

根据所要解决问题的性质和特点，我们需要对人工鱼个体当前所处的环境进行评价，从而为人工鱼的下一步行为做适当的选择。通常我们按照有进步即可的原则对个体鱼的运动行为进行选择。例如先执行一次追尾行为，按照是否进步依次进行聚集和追尾行为，最差情况下执行随机行为。我们这样做的目的是使人工鱼能够选择适当的行为，使其下一状态优于当前状态，从而向最优方向前进。

5）最优人工鱼

我们在算法中初定一条最优人工鱼，每条人工鱼在运动一次后都将当前状态的食物浓度与最优人工鱼状态的食物浓度进行比较，如果优于最优人工鱼则用自身状态替代最优人工鱼的状态。

2. 人工鱼群算法流程及特点

人工鱼群算法流程如下：

(1) 种群初始化，设定感知范围 Visual、最大步长 Step、拥挤程度 δ、搜索尝试上限 Max_try等参数；

(2) 计算每条人工鱼个体的食物浓度，并将其与最优人工鱼进行比较，若较好，则用该个体替代最优人工鱼；

(3) 计算新的感知范围 Visual 和最大步长 Step；

(4) 人工鱼个体进行相应的觅食行为；

(5) 每个个体按行为更新自己的位置；

(6) 检查是否满足终止条件，一般在达到预定迭代次数或者得到较优的适应度函数值的情况下停止更新，如果满足终止条件，输出最优解，算法结束，否则，转步骤(2)。

人工鱼群算法具有快速跟踪极值点的能力和较强的跳出局部极值点的能力。但人工鱼群算法搜索精度不高且获取的是满意解区域，对于精确解的获取，还需要进一步的筛选。并且当人工鱼群中个体数目较少时，算法便不能体现其快速有效的集群性优势。人工鱼群算法的数学理论基础还比较薄弱，缺乏理论分析。

9.6　人工蜂群算法

人工蜂群(artificial bee colony,ABC)算法是由 D. Karaboga 于 2005 年提出的一种元启发式的随机搜索算法。该算法模拟蜂群的采蜜行为,利用蜂群中的蜜蜂各有分工、共同采蜜,并且共享蜜源信息等特点来寻找问题的最优解。经过十多年的发展,人工蜂群算法得到了越来越多的研究与应用。

在 ABC 算法中,根据人工蜂群的蜜蜂在蜜源搜索、蜜源信息传递和蜜源采蜜 3 个过程所负责工作的性质将其分为 3 种,分别为:侦察蜂、观察蜂和采蜜蜂。在蜜源不足时,承担蜜源搜索工作的蜜蜂称为侦查蜂,其工作内容为:随机搜索寻找新蜜源,一旦发现新的采蜜地点时,就会开始采集并飞回蜂巢所在的舞蹈区,通过舞蹈来传达食物源位置、距离远近,以及蜜源的丰富程度和蜜源质量等信息。它们的舞姿会吸引采蜜蜂的注意并指引其他蜜蜂前往新的蜜源采蜜。在蜜源信息传递时,负责在舞蹈区观察、了解其他蜜蜂带回来的信息并去开采的蜜蜂称为观察蜂。在蜜源采蜜时,负责探索开发食物源的蜜蜂称为采蜜蜂,它们的数量与发现的食物源一一对应,即采蜜蜂的个数等于蜜源的个数。采蜜蜂也储存着与食物源相关的信息,并且将这些信息与其他蜜蜂分享。在人工蜂群中,处于采蜜蜂与观察蜂状态的蜜蜂的数量在整个蜂群中近似各占一半,而侦察蜂的数量较少,一般为蜂群总数量的 5%～10%。

在群体智能中,信息传递是非常重要的,通过舞蹈区的信息传递,蜂群能够对食物源的变化做出快速的反应,当一处食物源被耗尽或发现更好的食物源时,采蜜的蜜蜂就能根据蜜源质量的多少,分散开来投入不同的蜜源开采中。这样通过个体的搜索,减少了群体的资源耗费,从而使蜂群能够得到更多的食物。

1. 人工蜂群算法中的相关策略

1) 选择策略

(1) 初始化时,使蜜蜂进行随机搜索,此时它有 2 种选择:

①成为侦察蜂,由内部或者外部环境诱发,并在蜂巢附近搜索蜜源;

②成为观察蜂,并在舞蹈区获得蜜源信息,飞往并且开始开采蜜源。

(2) 在蜜蜂确定蜜源后,它会记录下蜜源的相关信息并开始采集。蜜蜂在蜜源处完成当次采集回到蜂巢后会有如下选择:

①放弃原蜜源成为观察蜂或侦察蜂;

②通过舞蹈传递信息,让更多的蜜蜂到它发现的蜜源,然后再回到蜜源采蜜;

③继续在原蜜源采蜜,不放弃蜜源也不通过舞蹈通知更多的蜜蜂。

(3) 整个人工蜂群算法可大体分为 4 个选择过程:

①全局选择过程,观察蜂根据一定的概率选择蜜源;

②局部选择过程,采蜜蜂和观察蜂根据自身的局部信息对邻近位置进行搜索;

③最优选择过程,将所有采蜜蜂的蜜源信息进行比较,始终记录下最好的蜜源;

④随机选择过程,侦察蜂对新蜜源进行搜索。

2）搜索策略

蜜蜂的每次执行搜索活动可概括为3个方面：

(1) 采蜜蜂发现蜜源，对蜜源进行开采并记录相关信息，回到舞蹈区时分享它们所开采蜜源的相关信息；

(2) 观察蜂通过在舞蹈区的观察，以一定的选择策略选择蜜源；

(3) 采蜜蜂完成开采，放弃原蜜源变为侦察蜂，并且开始在邻近位置随机搜索新的蜜源。

3）更新策略

蜂群的每次更新循环可归纳为以下4个方面：

(1) 将采蜜蜂与蜜源相互对应，记录信息并计算蜜源的花蜜量；

(2) 观察蜂通过在舞蹈区观察侦察蜂所提供的信息以一定的策略选择蜜源，并且记录下蜜源的花蜜量；

(3) 以一定策略确定侦察蜂，并且寻找新的蜜源；

(4) 记录到目前为止发现的最好蜜源。

人工蜂群算法具有高效的搜索能力，能够很好地平衡全局搜索和局部搜索两者之间的关系。但人工蜂群算法也有不足之处，比如收敛速度慢、易陷入局部极值等，另外，该算法在设计上也有许多待改进的空间。

2. 人工蜂群算法原理

标准的人工蜂群算法通过模拟实际蜜蜂的采蜜机制将人工蜂群分为3类：采蜜蜂、观察蜂和侦察蜂。整个蜂群的目标是寻找花蜜量最大的蜜源。在标准的人工蜂群算法中，采蜜蜂利用先前的蜜源信息采蜜、寻找新的蜜源并与观察蜂分享蜜源信息；观察蜂在蜂巢中等待并依据采蜜蜂分享的信息寻找新的蜜源；侦查蜂的任务是寻找一个新的有价值的蜜源，它们在蜂巢附近随机地寻找蜜源。

假设问题的解空间是D维的，采蜜蜂与观察蜂的个数都是S_n，采蜜蜂的个数或观察蜂的个数与蜜源的数量相等。则标准的人工蜂群算法将优化问题的求解过程看成是在D维搜索空间中进行搜索。每个蜜源的位置代表问题的一个可能解，蜜源的花蜜量对应于相应的解的适应度函数值。一个采蜜蜂与一个蜜源是相对应的。与第i个蜜源相对应的采蜜蜂依据如下公式寻找新的蜜源：

$$x'_{id} = x_{id} + \phi_{id}(x_{id} - x_{kd}) \tag{9-3}$$

式中：$i=1,2,\cdots,S_n$；$d=1,2,\cdots,D$；ϕ_{id}是区间$[-1,1]$上的随机数；$k\neq i$。

标准的人工蜂群算法将新生成的可能解$X'_i=(x'_{i1},x'_{i2},\cdots,x'_{iD})$与原来的解$X_i=(x_{i1},x_{i2},\cdots,x_{iD})$做比较，并采用贪婪选择策略保留更优的解。每一个观察蜂依据概率选择一个蜜源，概率公式为

$$p_i = \frac{f_it_i}{\sum_{i=1}^{S_n} f_it_i} \tag{9-4}$$

式中：f_it_i是可能解X_i的适应度函数值。对于被选择的蜜源，观察蜂根据该概率公式(9-4)搜寻新的可能解。当所有的采蜜蜂和观察蜂都搜索完整个搜索空间时，如果一个蜜源的适应度函数值在给定的步骤(定义为控制参数 limit)内没有被提高，则丢弃该蜜源，而与该蜜

源相对应的采蜜蜂变成侦查蜂，侦查蜂通过以下公式搜索新的可能蜜源。

$$x_{id} = x_d^{\min} + r(x_d^{\max} - x_d^{\min}) \tag{9-5}$$

式中：r 是区间[0,1]上的随机数；$x_d^{\min}$ 和 $x_d^{\max}$ 分别是第 d 维搜索空间的下界和上界。

3. 蜂群算法流程

(1) 初始化。

(2) 重复以下过程：

①将采蜜蜂与蜜源一一对应，根据上面公式(9-3)更新蜜源信息，同时确定蜜源的花蜜量；

②观察蜂根据采蜜蜂所提供的信息采用一定的选择策略选择蜜源，根据公式(9-3)更新蜜源信息，同时确定蜜源的花蜜量；

③按一定概率重新确定侦察峰，并根据公式(9-5)寻找新的蜜源；

④记忆迄今为止最好的蜜源。

(3) 判断终止条件是否成立。

第 9 章应用案例

第 10 章　记忆型搜索算法

所谓记忆型搜索算法，就是指在保持已搜索过的状态的同时，又增加了一些记忆机制，以保存特有的搜索信息的算法。

一般的搜索方法中，最普遍的方法是用 Open 表和 Closed 表保存搜索到的状态信息。为了提高效率，在本章讨论的禁忌搜索算法中，引入了一个灵活的"记忆装置"(存储结构)和相应的禁忌准则来避免迂回搜索。这个记忆装置就是禁忌表，使用禁忌表的主要目的是阻止搜索过程中出现循环和避免陷入局部最优。本章讨论的另一个搜索算法——和声搜索算法则增加了和声记忆库 HM(harmony memory)。该算法首先产生 M 个初始解(和声)并放入 HM 内，然后以一定概率 p 在 HM 内搜索新解，又以相反的概率(即$(1-p)$)在 HM 之外自变量值域中搜索。

这两个算法的核心部分是这两个记忆装置——禁忌表和和声记忆库，算法围绕它们进行。

10.1　禁忌搜索算法

禁忌搜索(tabu search，TS)算法是一种全局逐步寻优搜索算法，用长期或是短期记忆来诱导算法跳出局部最优解，是对人类智力过程的一种模拟，是人工智能的一种体现。TS 算法是美国科罗拉多大学教授 Fred Glover 在 1986 年首次提出的一种启发式随机搜索算法。其核心思想就是禁忌表的建立，从过去的搜索历史中总结经验和获取知识，以避免算法在运行过程中重新回到原来的搜索历史中。Glover 教授在 1989 年和 1990 年分别发表了论文 *Tabu Search－Part1* 和 *Tabu Search－Part2*，提到了现在大家所熟知的 TS 算法的大部分原理。

禁忌搜索算法的流行，应归功于苏黎世联邦理工学院(Eidgenössische Technische Hochschule Zürich，ETH)Werra 所带领的团队在 20 世纪 80 年代后期的开创性工作。因为在当时，Glover 的文章在没有"超启发式文化"的情况下并没有被很好地理解。正是 Werra 团队所发表的系列论文在学术界发挥的重要作用，才使禁忌搜索技术广为人知。1990 年，随着介绍禁忌搜索算法的第一本专著的出版，禁忌搜索算法的研究达到了一个高峰。1997 年，Glover 与 Laguna 合著的禁忌搜索专著正式出版，标志着禁忌搜索算法的相关研究日趋完善，并得到了同行的认可。

10.1.1　禁忌搜索算法的基本思想

禁忌搜索算法是由局部搜索算法发展而来，而爬山法是从通用局部搜索算法改进而来。

在介绍禁忌搜索算法之前先来熟悉下爬山法。

1. 爬山法

局部邻域搜索算法又称爬山启发式算法，简称爬山法。其搜索过程可简单表述为：从当前的节点开始，和周围的邻近节点的值进行比较，如果当前节点的值是最大的，那么返回当前节点的值，作为最大值（即山峰最高点）；反之就用最高的邻居节点替换当前节点，从而实现向山峰的高处攀爬的目的。

爬山法的特点如下。

优点：①容易理解，容易实现，具有较强的通用性；②局部开发能力强，收敛速度很快。

缺点：①全局开发能力弱，只能搜索到局部最优解；②搜索结果完全依赖于初始解和邻域的映射关系。

针对上述爬山法，研究者做了些改进：接受劣解，引入禁忌表，引入长期表和中期表。在此基础上，提出了禁忌搜索算法。

2. 禁忌搜索算法的思想

禁忌搜索算法最重要的思想是：标记对应已搜索的局部最优解的一些对象，并在进一步的迭代搜索中尽量避开这些对象（而不是绝对禁止循环）（禁忌），从而保证对不同的有效检测途径的探索。禁忌搜索算法的禁忌策略尽量避免迂回搜索，它是一种确定性的局部极小突跳策略。

禁忌搜索算法充分体现了集中和扩散两个策略。它的集中策略体现在局部搜索，即从一点出发，在这点的邻域内寻求更好的解，以达到局部最优解。为了跳出局部最优解，可通过禁忌表来实现扩散策略。禁忌表中记下已经达到的某些信息，算法通过对禁忌表中点的禁忌，而表达一些没有的搜索点，从而实现更大区域的搜索。

禁忌搜索算法作为一种全局性邻域搜索算法，模拟人类具有记忆功能的寻优特征。它通过局部邻域搜索机制和相应的禁忌准则来避免迂回搜索，并通过破禁忌水平来释放一些被禁忌的优良状态，进而保证多样化的有效搜索，以最终实现全局优化。

简单来说，禁忌搜索算法主要是避免在搜索过程中循环，通过禁忌表来实现只进不退的原则，不会以局部最优作为停止准则，在邻域选优的规则里模拟了人类的记忆功能。

10.1.2　禁忌搜索算法的构成要素

简单的禁忌搜索是在局部邻域搜索的基础上，通过设置禁忌表来避免一些经历的操作，并利用特赦准则来奖励一些优良状态。其中，邻域结构、候选解、禁忌长度、禁忌对象、渴望水平函数、终止准则等是影响禁忌搜索算法的关键。

禁忌搜索算法是一种由多种策略组成的混合式启发式算法。每个策略均是一个启发式过程，它们对整个禁忌搜索起着关键作用。

1. 编码方式

将各不相同的 n 件物品分为 m 组，可以用的编码有如下几类。

1）带分隔符的顺序编码

以自然数 1～n 分别代表 n 件物品，n 个数加上 $m-1$ 个分隔符号混编在一起，随机排列。例如，$n=9$，$m=3$，下面便是一个合法的编码(其中 0 表示分隔符)：

$$1-3-4-0-2-6-7-5-0-8-9$$

2）自然数编码

编码的每一位分别代表一件物品，而每一位的值代表该物品所在的分组。令 $n=9$，$m=3$，得到如下编码：

$$1-2-1-1-2-2-2-3-3$$

2. 初始解的确定

禁忌搜索对初始解的依赖较大。不同的初始解，在搜索过程中耗费的时间和资源往往不同，同一邻域结构，不同的初始点会得到不同的计算结果，好的初始解往往会提高最终的优化效果。一个直观的结论就是：如果初始点选择得足够好，总可以计算出全局的最优解。

初始解的构造可以是随机产生的，但效果往往不够理想，常用的方法是基于问题的特征信息，借助启发式方法产生的，这样可以保证初始解的性能。

3. 邻域的移动

邻域移动亦称邻域操作、邻域变换等，邻域移动是从一个解产生另一个解的途径。它是保证产生好的解和算法搜索速度的最重要因素之一。邻域移动定义的方法很多，对于不同的问题应采用不同的定义方法。通过移动，目标函数值将产生变化，移动前后的目标函数值之差，称为移动值。如果移动值是非负的，则称此移动为改进移动；否则称为非改进移动。最好的移动不一定是改进移动，也可能是非改进移动，这一点就保证搜索陷入局部最优时，禁忌搜索算法能自动跳出。邻域移动的涉及策略既要保证变化的有效性，还要保证变化的平滑性，即产生的邻域解与当前解不同，差异不能太大：不同会使搜索过程向前进行，差异不能太大则保证搜索是有序而非随机的搜索。

4. 禁忌表

禁忌表是用来存放禁忌对象的一个容器，放入禁忌表中的禁忌对象在解禁之前不能被再次搜索。禁忌表模拟了人的记忆机制，主要目的是阻止搜索过程中出现循环和避免陷入局部最优，进而探索更多搜索空间。禁忌表可以使用数组、队列、栈、链表等顺序结构实现。

禁忌表通常记录前若干次的移动，禁止这些移动在近期内返回。在迭代固定次数后，禁忌表释放这些移动，重新参加运算，因此它是一个循环表，每迭代一次，将最近的一次移动放在禁忌表的末端，而它最早的一个移动就从禁忌表中释放出来。为了节省记忆时间，禁忌表并不记录所有的移动，只记录那些有特殊性质的移动，如记录能引起目标函数发生变化的移动。

禁忌表是禁忌搜索算法的核心，禁忌表的大小在很大程度上影响着搜索速度和解的质量。如果选择得好，可有助于识别出曾搜索过的区域。实验表明，如果禁忌表长度过小，那么搜索过程就可能进入死循环，整个搜索将围绕着相同的几个解徘徊；相反，如果禁忌表长度过大，那它将会限制搜索区域，可能会忽略一些优质解，同时，不会改进解的效果反而增加算法运行时间。因此，一个合适的禁忌表长度应该尽可能小却又能避免算法进入循环。禁忌表的这种特性非常类似于“短期记忆”，因而人们把禁忌表称作短期记忆函数。

禁忌表的另一个作用是通过调整自身的长度大小来使搜索发散或收敛。初始搜索时，为提高解的分散性，扩大搜索区域，使搜索路径多样化，这时通常希望禁忌表长度小。当搜索过程接近最优解时，为提高解的集中性，减少分散，缩小搜索区域，这时通常希望禁忌表长度大。为了达到这样的目的，最近越来越多的研究学者允许禁忌表的大小和结构随搜索过程发生改变，即使用动态禁忌表，实验结果表明了动态禁忌表往往比固定禁忌表获得更好的解。

禁忌长度就是每个禁忌对象在禁忌表中的生存时间，也称为禁忌对象的任期；每一个禁忌对象加入禁忌表的时候，设置任期为禁忌长度值，搜索过程每迭代一次，禁忌表中的各个禁忌对象的任期自动减 1，当某一禁忌对象任期为 0 时，将其从禁忌表中删除；任期不为 0 的禁忌对象处于禁忌状态，不能被搜索过程选为新解。

短期记忆用来避免最近所做的一些移动被重复，但是在很多的情况下，短期记忆并不足以把算法搜索带到能够改进解的区域。因此在实际应用中，常常将短期记忆与长期记忆相结合使用，以保持局部的强化和全局多样化之间的平衡，即在加强与优质解有关性质的同时还能把搜索带到未搜索过的区域。

在长期记忆中，频率起着非常重要的作用，使用频率的目的是通过了解同样的选择在过去做了多少次来重新指导局部选择。当在非禁忌移动中找不到可以改进的解时，用长期记忆更有效。

目前，长期记忆函数主要有两种形式。一种通过惩罚的形式，即用一些评价函数来惩罚在过去的搜索中用得最多或最少的选择，并用一些启发方法来产生新的初始点。这种方式获得的多样性可以通过保持惩罚一段时间来得到加强，然后取消惩罚，禁忌搜索继续按照正常的评价规则进行。另一种形式是采用频率矩阵，使用两种长期记忆，一种是基于最小频率的长期记忆，另一种是基于最大频率的长期记忆。使用基于最小频率的长期记忆可以在未搜索的区域产生新的序列；而使用基于最大频率的长期记忆，可以在过去的搜索中被认为是好的可行区域内产生不同的序列。在整个搜索过程中，频率矩阵被不断修改。

5. 选择策略

选择策略即择优规则，是对当前的邻域移动选择一个移动而采用的准则。择优规则可以采用多种策略，不同的策略对算法的性能影响不同。一个好的选择策略应该是既保证解的质量又保证计算速度。当前采用最广泛的两类策略：最优解优先策略和第一个改进解优先策略。最优解优先策略就是对当前邻域中选择一个移动值最优的，它产生的解作为下一次迭代的开始。而第一个改进解优先策略是搜索邻域移动时，选择第一个改进当前解的邻域移动产生的解作为下一次迭代的开始。最优解优先策略相当于寻找最陡路线的下降，这种择优规则效果比较好，但是它需要更多的计算时间；而最快的下降对应寻找第一个改进解的移动，由于它无须搜索整个邻域，所以它所花计算时间较少，对于比较大的邻域，往往比较适合。

6. 破禁水平

破禁水平通常涉及渴望水平函数(aspiration level function)选择，也可称其为藐视准则。当一个禁忌移动在随后 t 次的迭代内再度出现时，如果它能把搜索带到一个从未搜索过的区域，则应该接受该移动，不受禁忌表的限制，即破禁。渴望水平函数是候选集合元素选取的一个评价公式，候选集合的元素根据渴望水平函数值来选取。通常选取当前迭代之前所获得的最好解的目标值或此移动禁忌时的目标值作为渴望水平函数值。渴望水平的设定准则也有很多种形式，如图 10.1 所示。

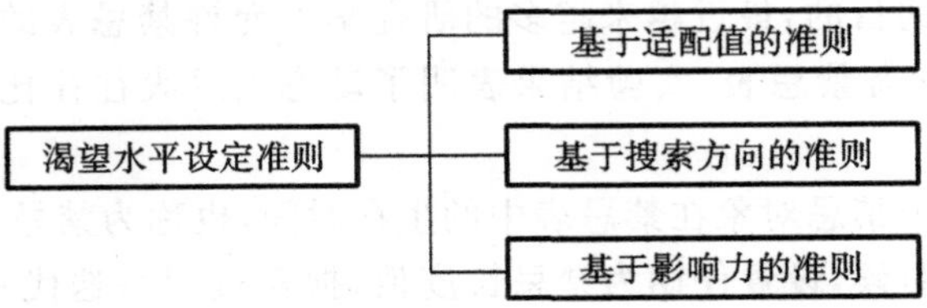

图 10.1　渴望水平设定准则

7. 终止条件

在禁忌搜索算法中，终止条件有以下四种。

(1) 把最大迭代数作为停止算法的标准，而不以全局最优为终止条件。

(2) 在给定数目的迭代内所发现的最优解无法改进或无法离开它时，算法停止。

(3) 最优解的目标函数值小于指定误差。

(4) 最优解的禁忌频率达到指定值。

10.1.3　禁忌搜索算法的流程

简单禁忌搜索算法的基本思想如下。

给定一个当前解（初始解）和一种邻域，然后在当前解的邻域中确定若干候选解。若最佳候选解对应的目标值优于“best so far”解，则忽视其禁忌特性，用其替代当前解和“best so far”解，并将相应的对象加入禁忌表，同时修改禁忌表中各对象的任期；若不存在上述最佳候选解，则在候选解中选择非禁忌的最佳解为新的当前解，而无视它与当前解的优劣，同时将相应的对象加入禁忌表，并修改禁忌表中各对象的任期。如此重复上述迭代搜索过程，直至满足终止条件。

禁忌搜索算法的流程图如图 10.2 所示，具体的算法步骤描述如下：

(1) 给定算法参数，随机产生初始解 x，置禁忌表为空（即 $T=\varnothing$）；

(2) 判断算法终止条件是否满足，若满足，结束算法并输出优化结果，否则继续；

(3) 利用当前解的邻域函数产生其所有或若干邻域解，并从中确定若干候选解；

(4) 对候选解判断是否满足破禁水平，若成立，就用产生的最佳状态 y 替代 x 成为新的当前解，即 $x=y$，并用与 y 对应的禁忌对象替换最早进入禁忌表的禁忌对象，同时用 y 替换“best so far”状态，然后转步骤(6)，否则，继续以下步骤；

(5) 判断候选解对应的各对象的禁忌属性，选择候选解集中非禁忌对象对应的最佳解 x 为新的当前解，同时用与之对应的禁忌对象替换最早进入禁忌表的禁忌对象；

(6) 转步骤(2)。

10.1.4　禁忌搜索算法解决旅行商问题

旅行商问题（TSP）是一类有代表性的已被证明具有 NPC 计算复杂性的组合难题，它的提法是：给定 N 个城市，一名旅行商从某一城市出发，访问各城市一次且仅访问一次后回到原出发城市，要求找出一条最短的巡回路径。该问题等价于 N 个点的圆排列，其路径数为

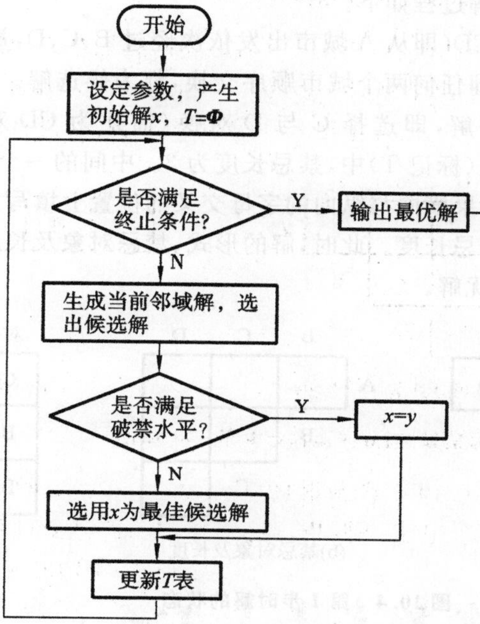

图 10.2　禁忌搜索算法的流程图

(*N*−1)！/2。若按穷举法求解，即使用每秒运算一亿次的计算机对只有 20 个城市的 TSP 求解，也需搜索 350 年之久。由于 TSP 代表一类组合优化问题，在实际工程中有许多应用，如电子地图、交通诱导、超大规模集成电路(VLSI)单元布局、ATM 分组交换网等，因此，利用各种先进算法(如 SA 和 GA)对 TSP 类似的问题进行求解就成为一个值得关注的问题。

事实上，只要能找到用于实际问题的“亚优解”(sub-optimal solution)即可。禁忌搜索算法在这一领域中已显示出强大的优越性，它所得到的亚优解往往优于传统算法得到的局部极值解，而且其搜索效率高，已受到广泛欢迎。我们针对 TSP 的特点，设计了禁忌搜索算法的一种有效实现形式，实验表明，这一方法具有良好的收敛性和较高的搜索效率。

【例 10.1】　求解 4 城市非对称 TSP。4 城市的路径和权值如图 10.3 所示，其中没有箭头的路径表示双向路径，有箭头的路径表示单向路径。

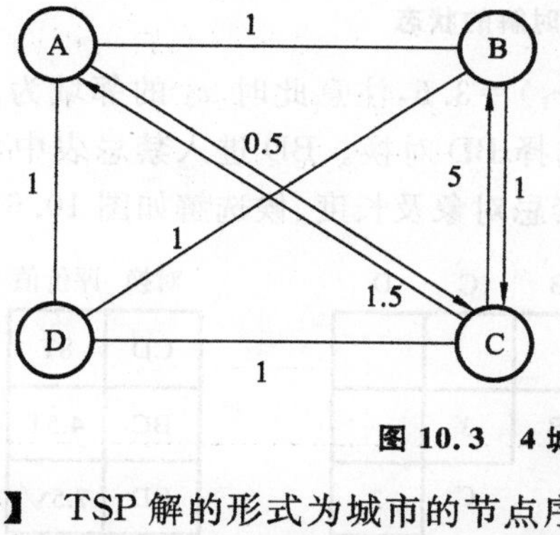

$$W=\begin{bmatrix} 0 & 1 & 0.5 & 1 \\ 1 & 0 & 1 & 1 \\ 1.5 & 5 & 0 & 1 \\ 1 & 1 & 1 & 0 \end{bmatrix}$$

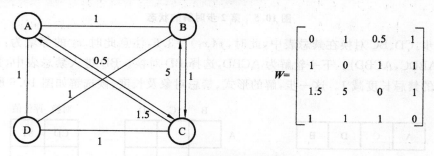

图 10.3　4 城市的路径和权值

【解析】　TSP 解的形式为城市的节点序列，假设始、终点都是 A 城市。初始解为 $x_0=$(ABCD)，$f(x_0)=4$，邻域映射为两个城市顺序对换的 2-opt(两元素之间的最优化)。选择禁忌对象为一对城市节点的位置交换。例如，如果城市 C 和城市 D 置换，ABDC 作为当前最好的解后，CD 就作为禁忌对象。另外，禁忌长度设置为 3，评价函数为计算整个路径的总长度。使用禁忌搜索算法的求解过程如下。

第 1 步：设置初始解为 ABCD(即从 A 城市出发依次经过 B、C、D，最后再回到 A)。初始时禁忌表为空，无禁忌对象，即任何两个城市顺序交换，都为候选解。选择候选解中评价值最小的对换来形成下一轮的解，即选择 C 与 D 对换(简述为 CD 对换)，下一轮解为 ABDC。将 CD 对换加到禁忌表(标记 T)中，禁忌长度为 3。中间的一个表为横向的字母与纵向的字母可组成禁忌对象，如果横向与纵向的字母交叉的位置上填写了数字，这一对字母就是禁忌对象，这个数字就是禁忌长度。此时，解的形式、禁忌对象及长度、候选解如图10.4所示。图中“√”表示当前的最优解。

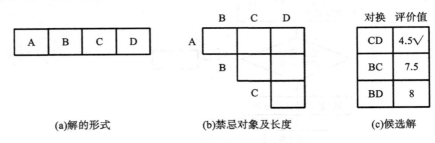

A	B	C	D

(a)解的形式

	B	C	D
A			
B			
C			

(b)禁忌对象及长度

对换	评价值
CD	4.5√
BC	7.5
BD	8

(c)候选解

图 10.4　第 1 步时解的状态

第 2 步：解的形式、禁忌对象及长度、候选解如图 10.5 所示。评价值后标有 T 表示该值正在禁忌表中相应的位置进行交换。对换 CD 进入禁忌表中，在下一轮候选解时将其排除在外。此时，x_1 = ABDC，当前的解 $f(x_1)=4.5$，下一轮解为 x_2 = ABCD，选择评价值最小的 BC 对换。将 BC 对换也加到禁忌表中，禁忌长度为 3。将禁忌表中的其他对象的禁忌长度减 1。

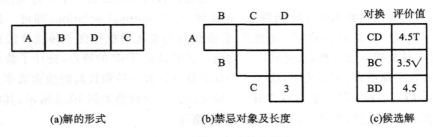

A	B	D	C

(a)解的形式

	B	C	D
A			
B			
C			3

(b)禁忌对象及长度

对换	评价值
CD	4.5T
BC	3.5√
BD	4.5

(c)候选解

图 10.5　第 2 步时解的状态

第 3 步：CD、BC 对换在禁忌表中，此时，$f(x_1)=3.5$，注意此时 x_2 的邻域为：$N(x_2)=$ {ADCB，ABDC，ACBD}。下一轮解为 ACBD，选择 BD 对换。BD 进入禁忌表中，禁忌表中其他对象的禁忌长度减 1。这一步，解的形式、禁忌对象及长度、候选解如图 10.6 所示。

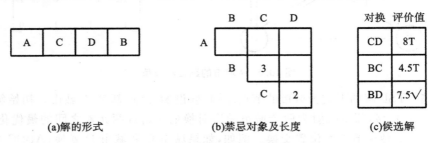

A	C	D	B

(a)解的形式

	B	C	D
A			
B		3	
C			2

(b)禁忌对象及长度

对换	评价值
CD	8T
BC	4.5T
BD	7.5√

(c)候选解

图 10.6　第 3 步时解的状态

第 4 步：x_3 = ACBD，$f(x_3)=7.5$。此时，解的形式、禁忌对象及长度、候选解如图 10.7 所示。

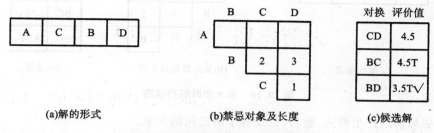

A	C	B	D

(a)解的形式

	B	C	D
A			
B		2	3
C			1

(b)禁忌对象及长度

对换	评价值
CD	4.5
BC	4.5T
BD	3.5T√

(c)候选解

图 10.7　第 4 步时解的状态(破禁前)

此时，CD 应破禁，按禁忌规则应选择 CD 交换，得到的解为 x_4 = ADBC，此时，破禁规则满足，因为 BD 对应的解的评价值最好，因此将 BD 解禁出来，得到的解为 x_5 = ACDB，此时解的形式、禁忌对象及长度、候选解如图 10.8 所示。

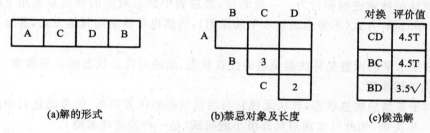

A	C	D	B

(a)解的形式

	B	C	D
A			
B		3	
C			2

(b)禁忌对象及长度

对换	评价值
CD	4.5T
BC	4.5T
BD	3.5√

(c)候选解

图 10.8　第 4 步时解的状态(破禁后)

第 5 步：x_4 = ACDB，$f(x_4)=3.5$，x_4 的邻域为 $N(x_4)$ = {ADCB，ABDC，ACBD}。此时，CD 和 BC 破禁，BD 受禁。选择 BC 交换，得到的解为 x_5 = ABDC，这一步，解的形式、禁忌对象及长度、候选解如图 10.9 所示。

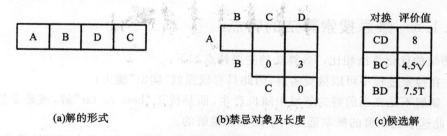

A	B	D	C

(a)解的形式

	B	C	D
A			
B		0	3
C			0

(b)禁忌对象及长度

对换	评价值
CD	8
BC	4.5√
BD	7.5T

(c)候选解

图 10.9　第 5 步时解的状态

第 6 步：x_5 = ABDC，$f(x_5)=4.5$，x_5 的邻域为 $N(x_5)$ = {ABCD，ACDB，ADBC}。此时，CD 和 BC 破禁，BD 受禁。选择 BC 交换，得到的解为 x_6 = ACDB，这一步，解的形式、禁忌对象及长度、候选解如图 10.10 所示。

依此进行下去直至达到终止条件。

可见，简单的禁忌搜索是在邻域搜索的基础上，通过设置禁忌表来避免一些已经完成过的操作，并利用藐视准则来奖励一些优良状态，其中邻域结构、候选解、禁忌长度、禁忌对象、破禁水平、终止准则等是影响禁忌搜索算法性能的关键。需要指出的是以下几点。

(1) 由于 TS 算法是局部邻域搜索的一种扩充，因此邻域结构的设计很关键，它决定了

A	C	D	B

(a)解的形式

	B	C	D
A			
B		3	2
C			0

(b)禁忌对象及长度

对换	评价值
CD	4
BC	3.5T√
BD	4.5T

(c)候选解

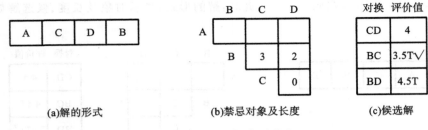

图 10.10　第 6 步时解的状态

当前解的邻域解的产生形式、数目，以及各个解之间的关系。

(2) 出于改善算法的优化时间性能的考虑，若邻域结构决定了不可避免产生大量的邻域解(尤其对大规模问题，如 TSP 的 SWAP 操作将产生 C_n^2 个邻域解)，则可以仅尝试部分互换的结果，而候选解也仅取其中的少量最佳状态。

(3) 禁忌长度是一个很重要的参数，它决定禁忌对象在禁忌表中的时间。其大小直接影响整个算法的搜索进程和行为。一般而言，禁忌表中禁忌对象的替换是采用 FIFO(first input first output)方式(不考虑破禁水平的作用)，当然也可以采用其他方式，甚至是动态自适应的方式。

(4) 破禁水平的设置是算法避免遗失优良状态、激励对优良状态的全局搜索，进而实现全局优化的关键步骤。

(5) 对于非禁忌候选状态，算法无视它与当前状态的优劣关系，仅考虑它们中间的最佳状态为下一步决策，如此可实现对局部极小的跳跃(是一种确定性策略)。

(6) 为了使算法具有优良的优化性能或时间性能，必须设置一个合理的终止条件来结束整个搜索过程。

此外，在许多场合，禁忌对象的被禁次数也被用于指导搜索，以取得更大的搜索空间。被禁次数越高，通常可认为出现循环搜索的概率越大。

10.1.5　禁忌搜索算法的特点

与传统的优化算法相比，TS 算法的主要特点如下：

(1) 在搜索过程中可以接受劣解，因此具有较强的“爬山”能力；

(2) 新解不是在当前解的邻域中随机产生，而是优于“best so far”解，或是非禁忌的最佳解，因此选取优良解的概率远远大于选取其他解的。

由于 TS 算法具有灵活的记忆功能和破禁水平，并且在搜索过程中可以接受劣解，因此其具有较强的“爬山”能力，搜索时能够跳出局部最优解，转向解空间的其他区域，从而增大获得更好的全局最优解的概率。

综上可知，TS 算法是一种局部搜索能力很强的全局迭代寻优算法。

10.1.6　禁忌搜索算法的改进

尽管禁忌搜索算法可以有效地避免陷入局部最优解，但是它却对初始解有很强的依赖性，一个不好的初始解会导致搜索过程出现“停滞”现象。针对禁忌搜索对初始值过于依赖的缺陷，下面给出一种改进的禁忌搜索算法。

改进的算法可采用 I&D(intensification and diversification,集中性和多样性)策略。I&D 策略的思想是:先采用上述的禁忌搜索算法对一个随机初始解进行求解,得到一个局部最优解,此过程称为强化操作;然后对这个局部最优解进行特定的变异操作,此过程称为分化操作;接着用变异操作后的解作为初始解进行强化操作;如此反复进行下去。

在改进禁忌搜索算法中,每一次强化操作都是为了集中搜索出更优的解,每一次分化操作都扩大搜索区域,为前一次的强化操作服务,从而探索出更优的解。I&D 策略与从多个随机初始解进行禁忌搜索的方法相比,其优点在于:I&D 策略利用每次强化后的局部最优解,能够快速地从一个局部最优解跳到另一个改进的局部最优解,使得在获得相同解质量前提下,花费更少的运算时间。I&D 策略相对于运行一次禁忌更长次数迭代的优点在于:I&D 策略在遇到短期停滞时立即大幅度调整当前解,阻止算法的长期停滞,实现在相同的运算时间内获得更好质量的解。

10.2　和声搜索算法

10.2.1　和声搜索算法的简介

和声搜索(harmony search,HS)算法是一种新兴的智能优化算法,它通过反复调整记忆库中的解变量,使函数值随着迭代次数的增加不断收敛,从而来完成优化。和声搜索算法概念简单,可调参数少,容易实现。

类似于模拟退火算法对物理退火的模拟、遗传算法对生物进化的模仿,以及粒子群优化算法对鸟群的模仿等,和声搜索算法模拟了音乐演奏的过程,它是 2001 年韩国学者 Geem 等人提出的一种新颖的智能优化算法。该算法模拟了音乐创作中乐师们凭借自己的记忆,通过反复调整乐队中各乐器的音调,最终达到一个美妙的和声状态的过程。

假设一个需要优化的函数 $f(x)$,且 $X=\{x_1,x_2,\cdots,x_n\}\in R^n$,则可以把 X 看成一个由 n 个成员组成的乐队,他们用不同乐器演奏出音乐 x_i 的和声对应 $X=\{x_1,x_2,\cdots,x_n\}$,$f(x)$可以看成是对这组和声的评价,成员们根据评价不断调整自己演奏的 x_i(搜索过程),直到评价达到要求。图 10.11 所示是七人和声搜索算法示意图。一个由七个人组成的乐队,每个人演奏一种乐器,它们的演奏合起来对应一组和声 $X=\{x_1,x_2,x_3,x_4,x_5,x_6,x_7\}$,他们会不断地进行配合及排练来得到最好的和声效果,整个过程使用一个 $f(x)$函数来衡量和声的效果好坏,这个 $f(x)$就相当于总指挥,对他们演奏出的每一组和声进行权衡,如果达不到要求就继续演奏,直到得到一组满意的和声为止,这就是和声搜索算法的最优化过程。

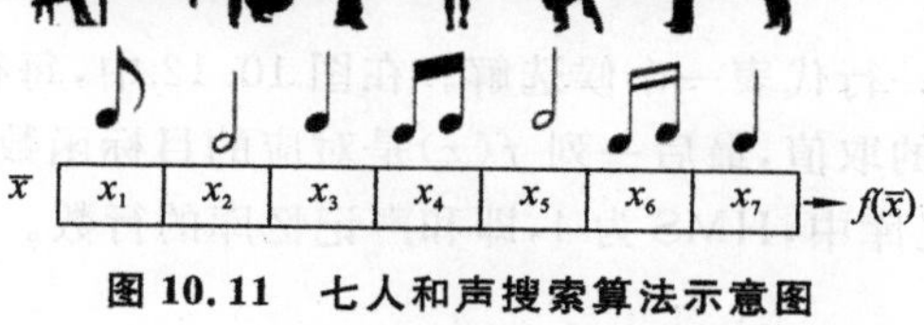

图 10.11　七人和声搜索算法示意图

10.2.2 和声搜索算法的原理

HS算法原理实际上是这样一种类比：优化算法的目的是寻找一个解，使得目标函数的值最大或者最小；乐队演奏的目的是寻找一个最优状态，即美学意义上美妙的和声。目标函数的计算取决于各变量的取值；和声的美妙程度取决于乐队里各种乐器发出的声音。优化算法通过不停的迭代来改善候选解；乐队通过不停的练习来获得更美妙的和声。优化算法与乐队演奏的类比如表10.1所示。

表10.1 优化算法与乐队演奏类比

类比项目	优化算法	乐队演奏
目的	最优解	优美的和声
评估标准	目标函数	美学评估
评估对象	各变量的取值	各乐器的声音
处理对象	每次迭代	每次练习

10.2.3 和声搜索算法的相关参数

和声搜索算法中使用到参数有：和声记忆库大小(harmony memory size，HMS)；和声记忆库权重(harmony memory considering rate，HMCR)；微调概率(pitch adjusting rate，PAR)；音调微调带宽BW；创作的次数 $T_{\max}$。

1. 和声记忆库大小(HMS)

因为每个乐器演奏的音乐具有一定的范围，我们可以通过每个乐器的音乐演奏范围来构造一个解空间，然后通过该解空间来随机产生一个和声记忆库，所以需要先为这个和声记忆库指定一个大小。例如，对于下列函数：

$$f(x)=(x_1-1)^2+(x_2-2)^2+(x_3-3)^2 \tag{10-1}$$

其和声记忆库包含的内容如图10.12中矩阵部分所示。

$$\begin{matrix} x_1 & x_2 & x_3 & \Rightarrow & f(x) \\ \end{matrix}$$
$$\begin{bmatrix} 1 & 2 & 3 \\ 1 & 3 & 5 \\ 2 & 4 & 2 \\ 3 & 2 & 1 \end{bmatrix} \begin{matrix} \Rightarrow & 0 \\ \Rightarrow & 5 \\ \Rightarrow & 6 \\ \Rightarrow & 8 \end{matrix}$$

图10.12 和声记忆库内容的矩阵表示

在和声记忆库中，每一行代表一个候选解。在图10.12中，每行的前面3个值分别是3个决策变量 x_1、x_2 和 x_3 的取值，最后一列 $f(x)$ 是对应的目标函数的取值，用来衡量候选解的质量。在这个和声记忆库中，HMS为4，即和声记忆库的行数。

2. 和声记忆库权重(HMCR)

每次迭代需要通过一定的概率来从这个和声记忆库中取一组和声，并且对这组和声进行微调，得到一组新的和声，然后对这组新和声进行判别，判断其是否优于和声记忆库中最差的和声，这个判别使用的就是上面说的 $f(x)$ 函数。因此，需要随机产生一个和声记忆库取值概率，也就是和声记忆库权重。

3. 微调概率(PAR)

上面已经说过，以一定的概率在和声记忆库中选取一组和声，进行微调，这里指定的就是微调概率。

4. 音调微调带宽(BW)

上面说了会对从记忆库中取出的一组和声进行微调，调整的幅度即 BW。其公式如下：

$$\mathrm{BW}(t)=\begin{cases}\mathrm{BW}_{\max}-\dfrac{\mathrm{BW}_{\max}-\mathrm{BW}_{\min}}{T_{\max}}t & t<T_{\max}/2\\ \mathrm{BW}_{\min} & t\geqslant T_{\max}/2\end{cases}\tag{10-2}$$

式中：$T_{\max}$ 是需要迭代的总次数；t 是当前迭代次数。

5. 创作的次数($T_{\max}$)

这里 $T_{\max}$ 指演奏家需要创作的次数，也就是上面整个调整过程需要迭代的次数。

10.2.4　和声搜索算法的步骤

1. 定义问题、初始化算法参数

和声搜索算法是一种元启发式搜索算法，因此需要将实际的应用问题定义为标准的优化问题：

$$\min f(x),\text{Subject to}\quad x_i\in X_i(i=1,\cdots,N)\tag{10-3}$$

式中：$f(x)$ 是目标函数；x 是决策变量 x_i 的集合；N 是决策变量的个数；X_i 是决策变量 x_i 的取值范围；Subject to 表示约束条件。

2. 初始化和声记忆库

在明确问题后，首先应该做的是初始化和声记忆库，即随机产生 HMS 个候选解并填充到和声记忆库矩阵中。

$$\mathbf{HM}=\begin{bmatrix}x_1^1 & x_2^1 & \cdots & x_{N-1}^1 & x_N^1\\ x_1^2 & x_2^2 & \cdots & x_{N-1}^2 & x_N^2\\ & & \vdots & & \vdots\\ x_1^{\mathrm{HMS}} & x_2^{\mathrm{HMS}} & \cdots & x_{N-1}^{\mathrm{HMS}} & x_N^{\mathrm{HMS}}\end{bmatrix}\begin{matrix}\to f(x^1)\\ \to f(x^2)\\ \vdots\\ \to f(x^{\mathrm{HMS}})\end{matrix}\tag{10-4}$$

3. 基于和声记忆库构造新和声

一个新和声的构造规则有以下 3 条：从和声记忆库中选取、微调、随机选择。如果应用

第一条规则，则决策变量的值从和声记忆库里存在的取值中选取，比如变量 x_1 的取值范围是 $\{x_1^1, x_1^2, \cdots, x_1^{\mathrm{HMS}}\}$。那么什么时候选取第一条规则呢？这个由前面介绍过的参数——HMCR 决定。HMCR 是一个在 0～1 内的数值，表示在和声记忆库中选取变量的值构造新和声的概率（规则 1），(1－HMCR)则表明在变量取值范围内随机选取一个值构造新和声的概率（规则 3）。公式可表示为

$$x_i' \leftarrow \begin{cases} x_i^1 \in \{x_i^1, x_i^2, \cdots, x_i^{\mathrm{HMS}}\} & \text{w. p. HMCR} \\ x_i' \in X_i & \text{w. p. } (1-\mathrm{HMCR}) \end{cases} \tag{10-5}$$

式中：w. p. 表示“概率的大小”。

针对新和声选取规则的规则 1 产生的变量取值，需要依概率应用规则 2 进行调整。这个概率就是前面所提到的 PAR。算法中以概率 PAR 对变量的取值进行微调，以(1－PAR)的概率不做改变。公式可表示为

$$\text{Pitch adjusting decision for} \quad x_i' \leftarrow \begin{cases} \text{Yes} & \text{w. p. PAR} \\ \text{No} & \text{w. p. } (1-\mathrm{PAR}) \end{cases} \tag{10-6}$$

对于不同的变量类型，微调的方法不同。下面是它的具体公式：

离散型变量 $\qquad x_i' \leftarrow x_i'(k+m)$

连续型变量 $\qquad x_i' \leftarrow x_i' + \alpha$

式中：k 为当前变量 x 在离散值域中的序号，即第 k 个元素；m 为一个索引值，其取值范围为 $\{\cdots, -2, -1, 1, 2, \cdots\}$；$\alpha$ 为一个调整区间，具体取值为 $\mathrm{BW} \times u(-1,1)$，BW 为一个任意区间的长度，$u(-1,1)$ 函数产生一个 $[-1,1]$ 内的随机值。

4. 更新和声记忆库

对产生的新解 x^{new} 进行评估，即 $f(x^{\mathrm{new}})$，若它优于和声记忆库的最差解，且与其他的解不同，那么用这个解将和声记忆库里的最差解替换掉；否则，不做修改。

5. 检查终止条件

如果算法终止条件满足，即达到最大迭代次数 $T_{\max}$，算法退出；否则跳转至第 3 步。

和声搜索算法流程如图 10.13 所示。

10.2.5 和声搜索算法的应用

和声搜索算法在许多组合优化问题中得到了成功应用，并在许多问题上显示出了比遗传算法、模拟退火算法和禁忌搜索算法更好的性能。下面讨论几个典型的应用。

1. 函数优化

$$f(x) = 4x_1^2 - 2.1x_1^2 + \frac{1}{3}x_1^6 + x_1x_2 - 4x_2^2 + 4x_2^4$$

采用和声搜索算法对这个函数求解的具体过程如下（附 MATLAB 代码）。

1) 初始化算法参数

设置：和声记忆库的大小（HMS）为 10；和声记忆库权重（HMCR）为 0.85；选取微调权重（PAR）为 0.45。MATLAB 代码如下。

```
HMS= 10;%  Harmony Memory Size(Population Number)
```

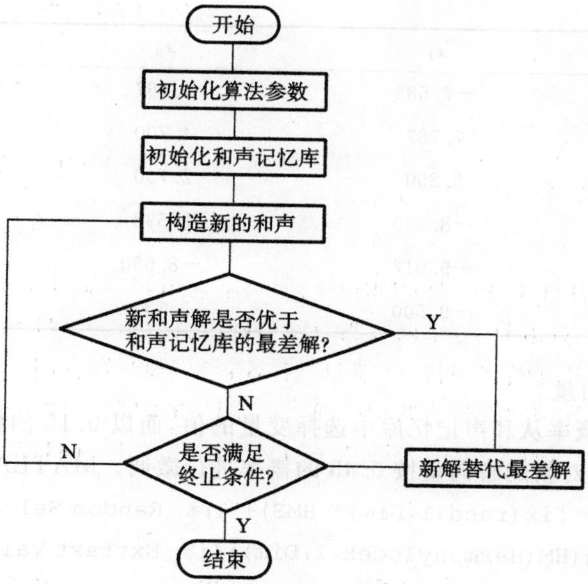

图 10.13　和声搜索算法的流程图

```
BW= 0.2;
HMCR= 0.85;% Harmony Memory Considering Rate
PAR= 0.45;% Pitch Adjustment Rate
MaxItr= 500;% Maximum number of Iteration
```

2) 初始化和声记忆库

随机产生 10 个解向量，并按序排列，其数据如表 10.2 所示。MATLAB 代码如下。

```
HM= zeros(HMS,Dim);% 初始化 x1,x2 的值
x1= zeros(HMS,1);
x2= zeros(HMS,1);
HF= zeros(HMS,1);% 初始化 x1,x2 对应的函数值
for i= 1:HMS
    HM(i,:)= Low+ (High-Low).* rand(1,Dim);  % 随机生成 x1,x2 的值
end
x1= HM(:,1);x2= HM(:,2);
HF= 4.* (x1).^2-2.1.* (x1).^2+ 1/3.* (x1).^6+ x1.* x2-4.* (x2).^2+ 4.*
(x2).^4;  % 得到 x1,x2 对应的 f(x)值
```

表 10.2　初始化和声记忆库时随机产生的 10 个解向量

序号	x_1	x_2	$f(x)$
1	3.183	−0.400	169.95
2	−6.600	5.083	26274.83
3	6.667	7.433	37334.24
4	6.767	8.317	46694.70

续表

序号	x_1	x_2	$f(x)$
5	−7.583	5.567	60352.77
6	7.767	4.700	67662.40
7	8.250	2.750	95865.20
8	−8.300	8.533	120137.09
9	−9.017	−8.050	182180.00
10	−9.500	3.333	228704.72

3）构造新的解向量

首先以 0.85 的概率从和声记忆库中选择变量的值，而以 0.15 的概率从变量的整个值域中进行选择。然后对新的解向量按 0.45 的概率进行微调。MATLAB 代码如下。

```
HarmonyIndex= fix(rand(1,Dim)* HMS)+ 1;% Random Selection of Harmony
Harmony= diag(HM(HarmonyIndex,1:Dim))';% Extraxt Value of harmony from Memory(Can Be better???)
CMMask= rand(1,Dim)< HMCR;
NHMask= (1-CMMask);
PAMask= (rand(1,Dim)< PAR).* (CMMask);
CMMask= CMMask.* (1-PAMask);
NewHarmony= CMMask.* Harmony+ PAMask.* (Harmony+ BW* (2* rand(1,Dim)-1))+ NHMask.* (Low+ (High-Low).* rand(1,Dim));% 计算得到新的和声记忆库
```

假设经过以上步骤产生了一个新的解向量(8.250,6.121)。

4）更新和声记忆库

新的解向量(8.250,6.121)的函数值为 110740；和声记忆库中最差解(−9.50,3.333)的函数值为 228704.72。因此新解优于最差解，对其进行替换。替换后的数据如表 10.3 所示。MATLAB 代码如下。

```
if(NHF< WorstFit)
    HM(WorstLoc,:)= NewHarmony;
    HF(WorstLoc)= NHF;
    [WorstFit,WorstLoc]= max(HF);
```

表 10.3　新解替换最差解得到的和声记忆库

序号	x_1	x_2	$f(x)$
1	3.183	−0.400	169.95
2	−6.600	5.083	26274.83
3	6.667	7.433	37334.24
4	6.767	8.317	46694.70
5	−7.583	5.567	60352.77
6	7.767	4.700	67662.40

续表

序号	x_1	x_2	$f(x)$
7	8.250	2.750	95865.20
8	8.250	6.121	110740.00
9	−8.300	8.533	120137.09
10	−9.017	−8.050	182180.00

5）检查终止条件

经过 2000 次搜索，和声搜索算法找到一个最小解，为(−0.1888,0.7186)。

```
[BestFit,BestLoc]= min(HF);
Best= HM(BestLoc,:);
display(Best)
display(BestFit)
```

思考：最大解怎么去求？

2. 校车路径问题

校车路径问题(school bus routing problem，SBRP)是一个多目标优化问题，旨在找出一条最佳校车路线。衡量一条最佳校车路线的标准有两个：①使用较少数目的校车；②所有校车的运行时间最少。同时，每辆校车有着各自的限制条件：所能装载的乘客数有限和限定的行车时间。违反了这两个限制条件当中的任何一个都会受到“惩罚”。这里所研究的线路网络包括一个校车总站(Depot)、学校(School)和 10 个校车停车点，具体地理位置如图 10.14 所示。

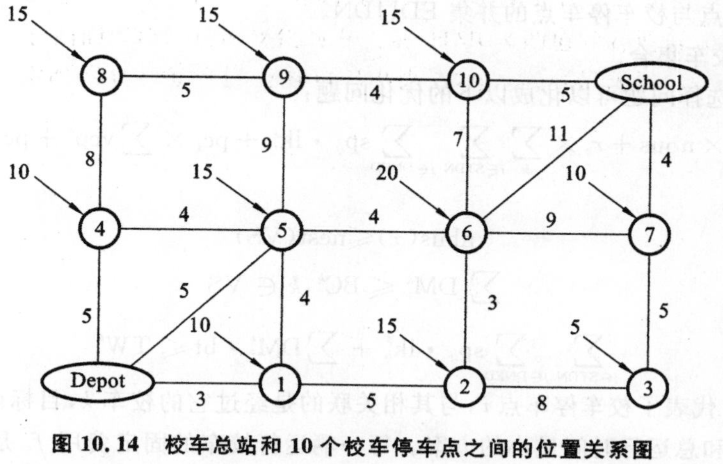

图 10.14　校车总站和 10 个校车停车点之间的位置关系图

图 10.14 中标出了校车总站、停车点、每个停车点等车的学生人数，以及每两个校车停车点之间的行车时间。该问题所涉及的决策变量和其他变量如下。

(1) x_i：代表了第 i 个校车停车点，本例题中共有 10 个校车停车点和 4 辆候选校车。

(2) x：决策变量 x_i 的集合，$i\in \text{DN}$。

(3) nbus：校车数。

(4) $lk_{ij}^{k}=\begin{cases}1 & 校车 k 经过校车停车点 i 和 j \quad k\in VS, i\in STDN, j\in DNED\\ 0 & 其他\end{cases}$

(5) $vcp^{k}=\begin{cases}1 & 校车 k 的装载人数超过了校车的装载能力 \quad k\in VS\\ 0 & 其他\end{cases}$

(6) $vtm^{k}=\begin{cases}1 & 校车 k 的行车时间超过了时间限制 \quad k\in VS\\ 0 & 其他\end{cases}$

该问题的相关参数如下。

f_c:每辆校车的固定消耗费用,比如司机的工资。

r_c:行驶过程中每单位时间消耗的费用。

sp_{ij}:停车点 i 和停车点 j 之间的最短路径(按分计算)。最短路径按 Floyd-Warshall 算法计算的。

pc_1:违反了校车的载客数量限制时"惩罚"费用。

pc_2:违反了校车的行车时间限制时"惩罚"费用。

nset(VS):候选校车的数目。

DM_i^k:校车 k 在校车停车点 i 所载的学生数,$k\in VS, i\in DN$。

BC^k:校车 k 的载客容量。

bt:每个学生上车所消耗的时间。

TW^k:每辆校车运行时间限制。

DN:校车停车点集合。

ST:始点(Depot)。

ED:终点(School)。

STDN:始点和校车停车点的并集 $ST\cup DN$。

DNED:终点与校车停车点的并集 $ED\cup DN$。

VS:候选校车集合。

校车路线选择问题可以化成以下的优化问题:

$$f(x)=f_c\times nbus+r_c\times\sum_{k}\sum_{i\in STDN}\sum_{j\in DNED}sp_{ij}\cdot lk_{ij}^{k}+pc_1\times\sum_{k}vcp^{k}+pc_2\times\sum_{k}vtm^{k}$$

约束条件:

$$nbus(x)\leqslant nest(VS)$$

$$\sum_{i}DM_i^k\leqslant BC^k, k\in VS$$

$$\sum_{i\in STDN}\sum_{j\in DNED}sp_{ij}\cdot lk_{ij}^{k}+\sum_{i}DM_i^k\cdot bt\leqslant TW^k$$

以上的 x_i 代表了校车停车点 i,与其相关联的是经过它的校车 k,目标函数是找出使得参与的校车数和总运行时间最小的方案。每一辆运行校车的固定费用 f_c 是 100 000 元,单位运行时间内的路耗费用 r_c 是 105 元/分钟,校车停车点 i 和校车停车点 j 之间的最短距离 sp_{ij} 是根据 Floyd-Warshall 算法计算出来的。lk_{ij}^{k} 表示校车 k 是否经过校车停车点 i 和 j,如果为 1,则表示校车 k 经过校车停车点 i 和 j;否则为 0。对于超过每辆车的承载能力(这里设为 45 人/车)的"惩罚"pc_1 是 100 000 元,对于超过每辆车的运行时间限制(32 min)的"惩罚"pc_2 是100 000元。每个学生上车的时间是 6 s。

为了利用和声搜索算法来求解校车路径问题,将参数设置如下。

校车停车点 10 个，每个停车点微调的范围为{校车 1，校车 2，校车 3，校车 4}。HMS∈[10,100]，HMCRE∈[0,3,0.95]，PAR∈[0.01,0.05]，终止条件为改进次数达到 1000 次。本例中经过了 1000 次搜索，找出了一种可行的方案，其数据如表 10-4 所示。

表 10.4　和声搜索算法执行 1000 次搜索得到的一种可行方案

目标函数	校车编号	路径	学生数	运行时间
307980	1	Depot→8→9→10→School	45	31.5
	2	Depot→4→5→6→School	45	28.5
	3	Depot→1→2→3→7→School	40	29.0
	4	没有使用	无	无
410185	1	Depot→2→6→School	35	25.5
	2	Depot→1→3→7→School	25	27.5
	3	Depot→5→9→10→School	45	27.5
	4	Depot→4→8→School	25	29.5

由表 10.4 可知，该方案的耗费是 307 980 元，方案中的 4 号校车没有使用。这是从 $4^{10}\approx(1.05\times10^{6})$ 种情况中查找出来的。与其他算法相比，和声搜索算法得到了更高效率的解决方案。

10.2.6　算法比较与分析

这里主要将和声搜索算法与遗传算法进行比较。

它们的相似之处就是在产生新解的过程中都考虑到已经存在的解；而它们的差别就在于如何去利用这些已存在的解去找到一个比其更优的新解。

遗传算法用交叉概率来产生新解；而和声搜索算法采用 HMCR 和 PAR 产生新解。另外，遗传算法的交叉操作是配合其选择操作来的，不断繁殖，通过适者生存的选择操作来达到产生优质后代的目的；和声搜索算法中选择操作退化，因为产生一个解的代价稍高，会影响效率。

和声搜索算法基于群体的解构造方法，提供了在整个群体范围内构造最优解的可能，相比之下，遗传算法在这方面的效率比较低。如在一个 TSP 中，优质边分布在群体中的各解中，遗传算法整合各解中优质边的效率比较低。

然而，和声搜索算法的效率和可靠性也存在改进的地方，比如，如何选择 HMCR 和 PAR 的值的问题就是一个改进算法效率的思路。其中一个解决办法就是随着搜索次数的增加，动态地改变它们的取值。具体变化的方法是，HMCR 的值随着搜索次数增大而增大，PAR 的值随着搜索次数增大而减小，这样可以更快、更好地找到最优解。

第 10 章应用案例

参 考 文 献

[1] 贲可荣,张彦铎. 人工智能[M]. 3版. 北京:清华大学出版社,2018.

[2] 王雪. 人工智能与信息感知[M]. 北京:清华大学出版社,2018.

[3] 张清华. 人工智能技术及应用[M]. 北京:中国石化出版社,2012.

[4] 杰瑞米·瓦特,雷萨·博哈尼,阿格洛斯·K. 卡萨格罗斯. 机器学习精讲:基础、算法及应用[M]. 杨博,译. 北京:机械工业出版社,2018.

[5] 朱福喜. 人工智能基础教程[M]. 2版. 北京:清华大学出版社,2011.

[6] 迈克斯·泰格马克. 生命3.0:人工智能时代人类的进化与重生[M]. 汪婕舒,译. 杭州:浙江教育出版社,2018.

[7] 罗素·诺维格. 人工智能:一种现代的方法[M]. 3版. 北京:清华大学出版社,2013.

[8] 王万森. 人工智能原理及其应用[M]. 北京:电子工业出版社,2018.

[9] 丁世飞. 高级人工智能[M]. 徐州:中国矿业大学出版社,2015.

[10] 周志华. 机器学习[M]. 北京:清华大学出版社,2016.

[11] HARRINGTON P. 机器学习实战[M]. 李锐,李鹏,曲亚东,等,译. 北京:人民邮电出版社,2013.

[12] 李广宇. 人工智能的未来之路[M]. 上海:上海交通大学出版社,2017.

[13] 尼克. 人工智能简史[M]. 北京:人民邮电出版社,2017.

[14] 雷·库兹韦尔. 人工智能的未来[M]. 盛杨燕,译. 杭州:浙江人民出版社,2016.

[15] 玄光男,程润伟. 遗传算法与工程优化[M]. 周根贵,于歆杰,译. 北京:清华大学出版社,2004.

[16] 特伦斯·谢诺夫斯基. 深度学习:智能时代的核心驱动力量[M]. 姜悦兵,译. 北京:中信出版社,2019.

[17] SOWA J F. 知识表示[M]. 北京:机械工业出版社,2003.

[18] 杨英杰. 粒子群算法及其应用研究[M]. 北京:北京理工大学出版社,2017.

[19] 崔奇明,胡绍刚,管祖元,等. 专家系统外壳Pro/3工程与实践[M]. 沈阳:东北大学出版社,2013.

[20] 韩力群,施彦. 人工神经网络理论及应用[M]. 北京:机械工业出版社,2017.

[21] 陈树文. 逻辑学基本原理[M]. 北京:北方交通大学出版社,2003.

[22] 恩格斯. 自然辩证法[M]. 北京:人民出版社,1971.

[23] 陈波. 从人工智能看当代逻辑学的发展[J]. 中山大学学报论丛,2000(02):10-19.

[24] 王建芳. 逻辑在人工智能科学中的应用与前景[C]. 1994年逻辑研究专辑:中国逻辑学会,1994:140-143.

[25] 吴允曾. 吴允曾选集:数理逻辑与计算机科学[M]. 北京:北京科学技术出版社,1991.

[26] 张守刚,刘海波. 人工智能的认识论问题[M]. 北京:人民出版社,1984.

二维码资源使用说明

本书配套数字资源以二维码的形式在书中呈现。读者第一次查看数字资源时，可利用智能手机微信扫码，扫码成功后提示微信登录，授权后进入注册页面，填写注册信息。按照提示输入手机号后点击获取手机验证码，稍等片刻收到 4 位数的验证码短信，在提示位置输入验证码成功后，设置登录密码，点击“立即注册”，注册成功。（若手机号已经注册，则在“注册”页底部选择“已有账号？绑定账号”，进入“账号绑定”页面，直接输入手机号和密码，提示登录成功。）接着系统提示输入学习码，此时需刮开教材封底防伪图层，获取并输入 13 位学习码（正版图书拥有的一次性使用学习码），正确输入后提示绑定成功，即可查看二维码数字资源。手机第一次登录查看资源成功，以后便可直接在微信端扫码登录，重复查看本书所有的数字资源。